冶金专业教材和工具书经典传承国际传播工程

Project of the Inheritance and International Dissemination of Classical Metallurgical Textbooks & Reference Books

普通高等教育“十四五”规划教材

冶金工业出版社

钢化联产理论及应用

主　编　杜　涛

副主编　王义松

本书数字资源

北　京

冶金工业出版社

2025

内 容 提 要

本教材是在碳达峰、碳中和的大背景下，为进一步丰富工业生态学理论体系编写而成。教材从物质流动及能量耦合的角度，系统介绍了钢化联产技术的提出背景、基本概念、基础理论、工艺路线及相关技术应用。以钢化联产的物质能源的产生与利用为主线，详细阐述了钢化联产技术及发展趋势，具体内容包括钢铁企业副产煤气转化为高值化工产品的“以化固碳”、氢基还原炼铁的“以氢代碳”，以及钢化联产的能量耦合及能源利用。此外，还对钢化联产系统中涉及的多种节能减污降碳技术进行了介绍。

本教材以科学性、实用性为原则，内容深入浅出，既可作为高等院校工业生态学等相关课程的辅助教材，拓宽学生的视野，又可为高校科研人员及钢铁化工行业的从业人员提供参考，也适用于对“双碳”领域感兴趣的读者阅读和使用。

图书在版编目（CIP）数据

钢化联产理论及应用 / 杜涛主编；王义松副主编.
北京 ：冶金工业出版社，2025. 4. --（普通高等教育
“十四五”规划教材）. -- ISBN 978-7-5240-0154-6

Ⅰ. TF089；TQ072

中国国家版本馆 CIP 数据核字第 2025PS6824 号

钢化联产理论及应用

出版发行	冶金工业出版社	**电　　话**	(010)64027926
地　　址	北京市东城区嵩祝院北巷 39 号	**邮　　编**	100009
网　　址	www. mip1953. com	**电子信箱**	service@ mip1953. com

责任编辑　夏小雪　王雨童　美术编辑　彭子赫　版式设计　郑小利
责任校对　梁江凤　责任印制　禹　蕊

三河市双峰印刷装订有限公司印刷

2025 年 4 月第 1 版，2025 年 4 月第 1 次印刷

787mm×1092mm　1/16；13. 25 印张；292 千字；196 页

定价 48. 00 元

投稿电话　(010)64027932　投稿信箱　tougao@cnmip. com. cn

营销中心电话　(010)64044283

冶金工业出版社天猫旗舰店　yjgycbs. tmall. com

（本书如有印装质量问题，本社营销中心负责退换）

冶金专业教材和工具书
经典传承国际传播工程
总　　序

钢铁工业是国民经济的重要基础产业，为我国经济的持续快速增长和国防现代化建设提供了重要支撑，做出了卓越贡献。当前，新一轮科技革命和产业变革深入发展，中国经济已进入高质量发展新时代，中国钢铁工业也进入了高质量发展的新时代。

高质量发展关键在科技创新，科技创新离不开高素质人才。党的二十大报告指出："教育、科技、人才是全面建设社会主义现代化国家的基础性、战略性支撑。必须坚持科技是第一生产力、人才是第一资源、创新是第一动力，深入实施科教兴国战略、人才强国战略、创新驱动发展战略，开辟发展新领域新赛道，不断塑造发展新动能新优势。"加强人才队伍建设，培养和造就一大批高素质、高水平人才是钢铁行业未来发展的一项重要任务。

随着社会的发展和时代的进步，钢铁技术创新和产业变革的步伐也一直在加速，不断推出的新产品、新技术、新流程、新业态已经彻底改变了钢铁业的面貌。钢铁行业必须加强对科技进步、教育发展及人才成长的趋势研判、规律认识和需求把握，深化人才培养体制机制改革，进一步完善相应的条件支撑，持续增强"第一资源"的保障能力。中国钢铁工业协会《"十四五"钢铁行业人力资源规划指导意见》提出，要重视创新型、复合型人才培养，重视企业家培养，重视钢铁上下游复合型人才培养。同时要科学管理，丰富绩效体系，进一步优化人才成长环境，造就一支能够支撑未来钢铁行业高质量发展的人才队伍。

高素质人才来源于高水平的教育和培训，并在丰富多彩的创新实践中历练成长。以科技创新为第一动力的发展模式，需要科技人才保持知识的更新频率，站在钢铁发展新前沿去思考未来，系统性地将基础理论学习和应用实践学习体系相结合。要深入推进职普融通、产教融合、科教融汇，建立高等教育+职业教育+继续教育和培训一体化行业人才培养体制机制，及时把钢铁科技创新成果转化为钢铁从业人员的知识和技能。

一流的专业教材是高水平教育培训的基础，做好专业知识的传承传播是当代中国钢铁人的使命。20 世纪 80 年代，冶金工业出版社在原冶金工业部的领导支持下，组织出版了一批优秀的专业教材和工具书，代表了当时冶金科技的水平，形成了比较完备的知识体系，成为一个时代的经典。但是由于多方面的原因，这些专业教材和工具书没能及时修订，导致内容陈旧，跟不上新时代的要求。反映钢铁科技最新进展和教育教学最新要求的新经典教材的缺失，已经成为当前钢铁专业人才培养最明显的短板和痛点。

为总结、提炼、传播最新冶金科技成果，完成行业知识传承传播的历史任务，推动钢铁强国、教育强国、人才强国建设，中国钢铁工业协会、中国金属学会、冶金工业出版社于 2022 年 7 月发起了“冶金专业教材和工具书经典传承国际传播工程”（简称“经典工程”），组织相关高校、钢铁企业、科研单位参加，计划用 5 年左右时间，分批次完成约 300 种教材和工具书的修订再版和新编，以及部分教材和工具书的对外翻译出版工作。2022 年 11 月 15 日在东北大学召开了工程启动会，率先启动了高等教育和职业教育教材部分工作。

“经典工程”得到了东北大学、北京科技大学、河北工业职业技术大学、山东工业职业学院等高校，中国宝武钢铁集团有限公司、鞍钢集团有限公司、首钢集团有限公司、河钢集团有限公司、江苏沙钢集团有限公司、中信泰富特钢集团股份有限公司、湖南钢铁集团有限公司、包头钢铁（集团）有限责任公司、安阳钢铁集团有限责任公司、中国五矿集团公司、北京建龙重工集团有限公司、福建省三钢（集团）有限责任公司、陕西钢铁集团有限公司、酒泉钢铁（集团）有限责任公司、中冶赛迪集团有限公司、连平县昕隆实业有限公司等单位的大力支持和资助。在各冶金院校和相关钢铁企业积极参与支持下，工程相关工作正在稳步推进。

征程万里，重任千钧。做好专业科技图书的传承传播，正是钢铁行业落实习近平总书记给北京科技大学老教授回信的重要指示精神，培养更多钢筋铁骨高素质人才，铸就科技强国、制造强国钢铁脊梁的一项重要举措，既是我国钢铁产业国际化发展的内在要求，也有助于我国国际传播能力建设、打造文化软实力。

让我们以党的二十大精神为指引，以党的二十大精神为强大动力，善始善终，慎终如始，做好工程相关工作，完成行业知识传承传播的使命任务，支撑中国钢铁工业高质量发展，为世界钢铁工业发展做出应有的贡献。

中国钢铁工业协会党委书记、执行会长

2023 年 11 月

《钢化联产理论及应用》

编 委 会

主　　编　杜　涛

副 主 编　王义松

参编人员　（按姓氏拼音排序）

曹　航　贾　贺　李英楠　刘宇轩

那洪明　孙照轶　王骏哲　祥　瑞

虞朝科　赵翠丽　周立峰

前　　言

在碳达峰目标与碳中和愿景下，钢化联产是国家相关产业政策鼓励的发展方向。《钢化联产理论及应用》一书以钢化联产的物质能源的产生与利用为主线，从基本概念、工艺路线、相关技术应用以及发展路径等角度系统介绍了钢化联产技术，进一步丰富了工业生态学环境问题的分析案例。

目前，我国碳排放总量仍呈上升趋势，其中钢铁、化工行业是碳排放大户，是落实碳减排目标的重要责任主体。钢化联产不但能使钢铁生产中的副产物得到高效利用，还能促进化工原料多元供应，最重要的是可将钢铁行业排放的碳元素固定到化工产品中，是实现化石资源替代、减少钢铁和化工行业碳排放的有效途径。2021 年 10 月，国务院印发《2030 年前碳达峰行动方案》，方案提出“深挖节能降碳潜力，鼓励钢化联产”，昭示着国家对钢铁行业实现“双碳”目标提出了产业耦合的循环发展新思路。因此，推进“钢铁+化工”产业耦合是钢铁行业高质量发展和低碳发展的重点任务，也是当前和今后行业发展的重点方向。

为此，作者以文献研究为基础，结合相关政策及案例分析，汇总编写了这本概述钢化联产相关理论及应用情况的教材。教材旨在拓宽本科生的视野，同时也为高校科研人员及钢铁化工行业的从业人员提供参考，为推动“双碳”目标的实现奠定基础。

本教材由东北大学冶金学院杜涛教授担任主编，王义松副教授担任副主编。教材主要包含 7 章内容，第 1 章为绪论，其中，1.1 节由杜涛、李英楠、祥瑞、孙照轶编写，1.2 节由杜涛、贾贺、曹航、赵翠丽编写，1.3 节由杜涛、刘宇轩、李英楠编写，1.4 节由杜涛、贾贺、王骏哲、虞朝科编写，主要介绍了钢化联产的提出背景、基本概念、技术演进及主要挑战；第2章为钢化联产系统，其中，2.1节和2.3节由周立峰编写，2.2节由贾贺、李英楠编写，主要围绕钢铁生产流程，介绍副产煤气在钢铁企业生产中的产生、利用及与其桥接的化工工艺；第3章为钢铁企业副产煤气合成化工产品，其中，3.1节和3.2节由周立峰编写，3.3节由王义松编写，主要结合国内外钢铁生产煤气的利用发展现状，从煤气的净化到利用的角度，介绍并分析钢铁企业进行钢化联产的路径及技术；第4章为钢铁企业尾气CO_2捕集与资源化利用，由王义松编写，主要介绍了碳捕集、利用与封存（carbon capture，utilization and storage，CCUS）技术的类型与进展，以及其耦合钢铁生产过程的基本理论与应用；第5章为氢基还原炼铁，由王义松编写，主要介绍了多种氢基还原炼铁技术的基本理论、工艺特点、应用情况及展望；第6章为钢化联产系统的能源利用，由王义松编写，主要介绍了传统能源介质、可再生能源及氢能在钢铁行业和化工行业的利用情况及对应的技术分析；第7章为余热余能回收与利用，由那洪明编写，主要介绍了钢化联产中余热余能回收利用的具体技术、案例及其面临的挑战与对策。同时，本教材收集了大量的企业数据和工艺技术，附有基本原理图、工艺流程图、指标分析图等，便于读者理解。

本教材在编写过程中，参考了相关教材、专著、学位论文、学术论文等，得到了国家环境保护生态工业重点实验室、东北大学热能工程系各位老师的热心帮助，同时，本书的出版得到了东北大学冶金学院的大力支持与资助，作者在此一并表示衷心的感谢。

由于作者水平有限，书中难免有错误和疏漏之处，敬请读者批评指正。

作 者

2024年12月

目　　录

1 绪　论

1.1 气候变化与温室气体排放

1.1.1 气候变化与温室气体

气候变化是当今全球面临的最严峻的挑战之一。自 18 世纪末工业革命以来，人类社会经历了翻天覆地的变化，伴随而来的是显著的气候变化。气候变化不仅影响了地球的生态系统，也对人类的生存和发展构成了威胁。

1.1.1.1 气候变化

工业化始于 18 世纪的英国，随后迅速蔓延至欧洲和北美，最终扩展到全球。这个时期，科技的进步、生产力的提高和城市化的加速，为人类社会的发展注入了新的活力。然而，工业化的快速推进也伴随着大量的资源消耗和环境污染。煤炭、石油和天然气等化石燃料因能满足生产和交通的需求而被广泛使用，成为推动工业化的重要动力，但这些能源燃烧时也释放了大量的温室气体。根据政府间气候变化专门委员会（IPCC）的报告，过去 40 年间，二氧化碳（CO_2）浓度上升了超过 26%。这种浓度的增加直接导致了全球气温的升高。除了二氧化碳，甲烷（CH_4）、氧化亚氮（N_2O）和氟化气体也是主要的温室气体。甲烷主要来源于农业和畜牧业，氧化亚氮则主要来自农业施肥。此外，随着城市化进程的加快，交通运输需求增加，汽车、飞机等交通工具逐渐普及，加剧了化石燃料的消耗，进一步推动了气候变化。

自工业化以来，全球平均气温显著上升。根据 NASA 的数据，自 1880 年以来，较工业化前，全球温度上升了 1.5 ℃，并且这种升温趋势在近年来愈发明显，尤其是在北极地区，升温幅度更为显著。气温的升高导致了极端天气事件频繁发生，如热浪、干旱、洪涝等。这些气候事件对生态系统和人类社会造成了严重影响。同时，气候变化还导致了全球海平面的上升。根据 IPCC 的报告，全球海平面自 1901 年以来上升了约 20 cm，这主要是由于冰川融化和海水热膨胀引起的。海平面的持续上升威胁着沿海地区的生态系统安全和人类居住环境的稳定，导致更多沿海地区人口面临被迫迁移的风险。

气候变化还改变了全球的气候系统。例如，降水模式发生了显著变化，部分地区降水量增加，而另一些地区则出现干旱现象。这种变化给农业生产和水资源管理带来了诸多难题与挑战。气候变化也会导致作物产量的不稳定，影响全球粮食安全。同时，气候变化给全球经济也造成了巨大的损失。根据世界银行的估计，到 2050 年，气候变化可能导致全球经济损失高达23万亿美元。这些损失主要来自自然灾害、农业减产和基础设施损毁等。此外，气候变化也对人类健康构成了威胁。高温、空气污染、食物和水源短缺等因素可能导致疾病传播范围的扩大，甚至引发公共卫生危机。同时，病媒生物（如蚊子）分布范围的变化可能引发更多的传染病疫情。例如，登革热和疟疾等疾病在某些地区的传播范围显著扩大。

尤其值得关注的是，气候变化对脆弱群体的影响尤为显著，导致社会不平等的加剧。发展中国家和低收入群体往往缺乏适应气候变化的资源和能力，从而面临更大的风险，甚至可能会因此产生资源的争夺，增加社会冲突的风险。

1.1.1.2 温室气体

温室气体具体是指能吸收地面反射的长波辐射，并重新发射辐射的气体，保持地球大气层的热量，使地球气候适宜。其在维持地球温度、气候平衡方面起着至关重要的作用，但人类活动的过度排放导致了温室效应加剧，引发了全球变暖。

温室气体的排放既来自自然过程，也源于人类活动。温室气体的自然来源包括火山喷发、森林火灾、海洋蒸发、植物呼吸等。例如，二氧化碳通过呼吸作用和火山活动自然释放，甲烷通过湿地和泥炭沼泽中的有机物分解产生。而工业革命后，化石燃料的广泛使用、土地利用变化、工业生产及农业活动成为温室气体的主要人为来源。

不同的温室气体在大气中的寿命差异很大。二氧化碳的寿命较长，可能在大气中停留数十到数百年，而甲烷的寿命较短，为10~20年。然而，尽管甲烷寿命短，但其短期引起的温室效应比二氧化碳强几十倍。温室气体的全球增温潜能值（global warming potential，GWP）用于衡量温室气体对全球变暖的相对贡献。以二氧化碳的GWP为1，其他气体如甲烷和一氧化二氮（N_2O）的GWP分别为28和298左右，这表明它们的单位排放量对气候变暖的影响远大于二氧化碳。全球变暖的本质是大气中温室气体浓度的上升改变了地球能量平衡。地球从太阳获得能量，并通过红外辐射的方式将部分能量散射到太空，但温室气体能够吸收这些红外辐射并使能量在大气中滞留更长时间，导致地球表面温度升高，形成温室效应。全球变暖的后果是复杂而深远的，减少温室气体排放，控制全球变暖的步伐，已经成为全球各国亟待解决的问题。

1.1.2 温室气体排放现状

过去几十年中，各类温室气体的排放量显著增加，这与工业化、城市化和全球经济发展密切相关。这些气体的排放趋势及其变化是全球气候变化的主要驱动因素。

1.1.2.1 二氧化碳

二氧化碳是人类活动中排放量最大、对气候变化影响最显著的温室气体。其主要来源包括化石燃料的燃烧（如煤炭、石油和天然气）、工业生产过程（如水泥生产）以及土地利用变化（如森林砍伐）。根据国际能源署（IEA）的数据，自20世纪中叶以来，二氧化碳的年排放量急剧上升，特别是在全球化和工业化进程加速的背景下。二氧化碳排放量的变化趋势见表1.1。

表 1.1 二氧化碳排放量的变化趋势

年份	二氧化碳排放量/tCO_2e	主要来源
1970	22.3×10^8	化石燃料燃烧、工业生产过程
1990	28.93×10^8	化石燃料燃烧、森林砍伐
2010	335×10^8	化石燃料燃烧、工业化扩展
2020	319.8×10^8	化石燃料燃烧、土地利用

从表 1.1 中可以看到，二氧化碳排放量在 1970 年至 2020 年显著增长，已超过一倍，主要驱动力是化石燃料的广泛使用和工业化进程。全球能源需求的增长是二氧化碳排放量增加的主要原因，特别是在亚洲、非洲等快速发展的国家和地区，煤炭等高碳能源的使用仍然广泛。尽管近年来可再生能源如风能和太阳能的使用有所增加，但在很多国家，化石燃料仍然占据主导地位。

1.1.2.2 甲烷

甲烷的 GWP 是二氧化碳的 28 倍左右，但其在大气中的寿命较短。甲烷的排放主要来自农业（特别是畜牧业）、废物处理以及化石燃料的开采和运输。甲烷排放量的变化趋势见表 1.2。

表 1.2 甲烷排放量的变化趋势

年份	甲烷排放量/tCH_4e	主要来源
1970	0.12×10^8	农业、化石燃料开采
1990	1.1×10^8	畜牧业、废物处理
2010	3.5×10^8	农业、化石燃料开采
2020	5.7×10^8	化石燃料开采、废物处理

甲烷排放量自 1970 年以来也显著增加。随着全球人口的增长以及相应食物需求的增加，畜牧业的扩展使得农业成为甲烷排放的主要来源之一。此外，化石燃料的开采，尤其是天然气的开采过程中造成的甲烷泄漏，是另一个重要来源。随着“页岩气革命”的兴起，甲烷排放量进一步增加。

1.1.2.3 一氧化二氮

一氧化二氮的 GWP 约为二氧化碳的 298 倍，且其在大气中的寿命极长，约为 114 年。一氧化二氮主要来自农业活动，尤其是氮肥的使用。此外，一些工业过程如化工生产也排放大量的一氧化二氮。

一氧化二氮的排放量在过去 50 年中持续增长，特别是随着全球粮食需求的增长，农民为提高作物产量大量使用氮肥，这加剧了一氧化二氮的排放。此外，工业过程中的一氧化二氮排放，尽管量相对较小，但在一些化学品生产行业仍然是重要来源。

1.1.2.4 氟化气体

氟化气体（F-gases）是人造的温室气体，尽管其大气浓度较低，但其 GWP 极高。主要的氟化气体包括氢氟碳化物（HFCs）、全氟化碳（PFCs）和六氟化硫（SF_6）。这些气体广泛应用于制冷剂、半导体制造和电力设备中。

氟化气体的排放量相对较小，但其影响不容忽视，特别是随着全球制冷设备的普及（如空调），氟化气体的排放量呈现上升趋势。这些气体被广泛应用于工业和消费品领域，尤其是全球制冷设备数量的增加以及新兴市场电子产业的发展加剧了这些气体的排放。尽管《蒙特利尔议定书》通过减少氯氟烃（CFCs）的使用在一定程度上遏制了部分氟化气体的排放，但新的替代品（如 HFCs）仍对大气构成威胁。

1.1.2.5 各行业温室气体排放比例

全球温室气体排放主要来源于能源、工业、农业、废物处理以及土地利用变化等行业（领域）。每个行业（领域）的排放量和比例各不相同，对全球气候变化的影响也各有不同。各行业（领域）温室气体的排放情况见表 1.3。

表 1.3 各行业（领域）温室气体的排放情况

行业（领域）	温室气体排放比例/%	主要气体	排放来源
能源（燃烧与生产）	73	CO_2、CH_4	化石燃料燃烧、发电
工业	19	CO_2、氟化气体	水泥生产、钢铁制造、化工生产
农业	10	CH_4、N_2O	畜牧业、作物生产
废物处理	3	CO_2、CH_4	垃圾填埋、废水处理
土地利用变化	6	CO_2、CH_4	砍伐、土壤侵蚀

能源行业是全球温室气体排放的最大来源，主要包括电力和热力的生产、运输、建筑供能等。根据 IEA 的统计，2020 年能源行业温室气体的排放量占全球温室气体总排放量的 73%，其中二氧化碳排放量占主导地位。能源的生产和使用高度依赖煤炭、石油和天然气等化石燃料，特别是在发展中国家。随着全球对能源需求的增加，尤其是中国、印度等新兴经济体的崛起，导致能源行业的温室气体排放量持续增加。虽然近年来可再生能源的使用率有所上升，但化石燃料依然占据能源消费的主要份额。为了减少能源行业的温室气体排放，许多国家和地区制定了碳中和目标，例如欧盟承诺在 2050 年实现碳中和，中国计划在 2060 年实现这一目标。同时，风能、太阳能等清洁能源的普及也为减排提供了重要的机会。

工业部门是全球第二大温室气体排放源，约占全球排放量的 19%。主要排放源包括水泥、钢铁、化工等高能耗行业。水泥生产过程中的碳酸钙分解和钢铁制造中的化石燃料使用，都是二氧化碳的主要排放途径。此外，化工行业还释放大量氟化气体。在排放量方面，工业部门的排放量在全球范围内具有显著差异。在发达国家，由于技术进步和环保法规的实施，工业排放量趋于稳定或减少；而在新兴经济体，随着工业化进程的加速，排放量仍在上升。工业部门的减排潜力在于技术革新，如碳捕集与封存（carbon capture and storage，CCS）技术、替代材料的使用等。同时，推广低碳工业生产技术也将有助于减少温室气体的排放。

农业也是温室气体排放的重要来源，约占全球总排放量的10%。农业排放主要以甲烷和一氧化二氮为主，特别是畜牧业的牲畜消化过程和水稻生产过程，如牛的反刍作用会产生甲烷以及水稻生产过程中大量水分覆盖的条件也促进了甲烷的产生。此外，氮肥的过度使用也导致了大量的一氧化二氮排放。减少农业排放的策略包括改进饲料、增加牲畜管理效率以及采用更环保的耕作方式。例如，精准农业技术和保护性耕作可以有效减少氮肥的使用，从而减少一氧化二氮排放。

从过去几十年的数据可以看出，二氧化碳、甲烷、一氧化二氮和氟化气体的排放量均呈上升趋势，尤其是在工业化和全球经济快速发展的背景下。尽管全球已采取措施应对气候变化，但温室气体排放量的减少仍然是未来几十年面临的重大挑战。只有通过国际合作和有效政策，才能成功控制温室气体排放，减缓气候变化带来的全球影响。

1.1.3 应对全球气候变化的策略

气候变化作为全球性挑战，需要国际社会的广泛合作才能有效应对。到目前为止，为了应对全球气候变暖的危机，各国政府、国际组织、学术机构和社会团体通过多边框架下的国际合作，制定并实施了多项政策与行动方案。其中，比较具有代表性和里程碑意义的国际协议包括《京都协定书》《哥本哈根协议》《坎昆协议》《巴黎协定》等。这些政策为全球气候治理提供了一个共同的行动框架，通过约束性和非约束性目标，推动各国在不同发展阶段共同努力减少温室气体排放，并增强应对气候变化的能力。

1.1.3.1 《京都议定书》简介

20世纪90年代，全球气候变化问题日益严重，科学界普遍认为，温室气体的增加是导致气候变化的主要原因。1992年，联合国在巴西里约热内卢召开了“环境与发展大会”，签署了《联合国气候变化框架公约》(UNFCCC)。该公约旨在稳定温室气体浓度，防止气候变化带来的危害。然而，由于气候变化的复杂性和各国发展水平的差异，减少温室气体排放成为一个艰巨的任务。

为了解决这一问题，1997年在日本京都召开的第三次缔约方会议上，各国代表通过了《京都议定书》。该协议是第一个具有强制性减排目标的国际气候协议，规定了发达国家在特定时期内的温室气体减排目标。

《京都议定书》明确规定了37个发达国家和欧盟的温室气体减排目标。具体来说，签署国在2008年至2012年需将其温室气体排放量比1990年平均减少5.2%。考虑了各国的经济发展水平和减排能力，不同国家的减排目标各不相同。为了帮助各国实现减排目标，《京都议定书》引入了几种灵活机制：

(1) 国际排放交易：允许发达国家之间交易减排配额，从而以成本效益更高的方式实现减排；

(2) 清洁发展机制（clean development mechanism，CDM）：发达国家可以通过在发展中国家投资低碳项目，获得减排信用；

(3) 联合履行（joint implementation，JI）：发达国家可以通过共同实施减排项目，分享减排成果。

该协议还要求签署国定期提交温室气体排放和减排措施的报告，以便国际社会进行监督。虽然《京都议定书》主要关注减排，但也强调了对发展中国家的支持，包括技术转让和适应资金，以帮助它们应对气候变化的影响。

《京都议定书》的实施依赖于多个机制。缔约方会议是《京都议定书》的最高决策机构，负责监督协议的实施和各缔约方的遵守情况。技术专家组为各国提供技术支持，帮助其制定和实施减排计划。该协议还设立了严格的审计机制，对各国的减排进展进行评估，确保其符合减排目标。

《京都议定书》的签署标志着国际社会在应对气候变化方面迈出了重要一步，促进了全球对气候变化的重视，推动了多国采取减排措施。此外，灵活机制为减排提供了新的途径，促进了可再生能源和清洁技术的发展。但它也存在其局限性，许多重要的排放国家（如美国）未能通过该协议，影响了其有效性。而且尽管发达国家承担了主要的减排责任，但许多发展中国家未被要求承担具体的减排目标，这引发了争议。还有一些批评者指出，减排目标可能不足以应对气候变化的严重性，导致后续的协议如《巴黎协定》更加强调全球温控目标。

总体而言，《京都议定书》为后续的气候谈判奠定了基础。尽管其实施效果有限，但它促进了全球气候治理机制的形成，为《巴黎协定》的达成提供了经验。它是国际气候治理的重要尝试，虽然在实施过程中面临诸多挑战，但它在提高公众意识、推动国际合作方面发挥了积极作用。随着全球对气候变化的认识不断加深，未来的气候治理将继续依赖于各国的共同努力和协作。通过对《京都议定书》的分析，我们可以更好地理解气候变化问题的复杂性和解决方案的多样性。

1.1.3.2 《哥本哈根协议》简介

2009 年 12 月，联合国气候变化大会在丹麦哥本哈根举行，会议旨在评估全球气候变化的进展，并为实现减排目标制定新的国际框架。在此之前，全球对气候变化的关注不断增加，科学家和公众对气候变化的影响产生了广泛共识。尽管《京都议定书》为减排提供了初步框架，但其实施效果受到质疑，特别是在发达国家和发展中国家之间的减排责任分配问题上。会议的召开旨在制定一项具有全球影响力的新协议，以应对不断加剧的气候变化问题，确保各国共同努力减少温室气体排放。

《哥本哈根协议》并不是一项正式的法律文件，但对全球气候治理产生了一定的政治影响。各国被鼓励提出各自的减排目标，发达国家根据各自情况提出减排承诺，部分国家提出在 2020 年前将温室气体排放量减少到 1990 年的水平，而发展中国家则承诺采取适应措施，并在经济发展与气候变化之间寻找平衡。该协议明确了目标，即将全球气温升幅控制在 2 ℃以内，旨在防止气候变化带来的严重后果。《哥本哈根协议》还强调了发达国家向发展中国家提供气候变化应对资金的重要性，提出在 2020 年之前，发达国家每年向发展中国家提供 1000 亿美元，以帮助其应对气候变化和实现可持续发展。而且《哥本哈根协议》要求各国定期提交减排进展报告，以确保透明度并促进各国之间的信息共享，这一机制被称为“国际磋商与分析”，旨在增强该协议的可执行性。最后，《哥本哈根协议》承认适应气候变化的重要性，并呼吁加强对发展中国家的技术转让和能力建设支持，以帮助其应对气候变化带来的挑战。

哥本哈根会议的筹备工作十分复杂，各国在减排目标、资金支持等问题上存在较大分歧，会议初期氛围紧张，但最后仍形成了一项共同的政治性协议。同时，这一协议虽然没有法律约束力，但反映了全球气候治理的共识。会议的关键在于各国领导人之间的磋商与协商。尽管最终达成的协议未能满足所有国家的期望，但它为未来的气候谈判奠定了基础，并为《巴黎协定》的达成提供了重要经验。

虽然《哥本哈根协议》缺乏强制性实施机制，但其内容强调了各国的自愿承诺与透明度。各国在提交减排目标时考虑了国家的实际情况，《哥本哈根协议》鼓励各国在减排目标的制定和实施中加强合作。为增强《哥本哈根协议》的有效性，该协议提出了一系列监测与评估机制，要求各国在特定时间内向《联合国气候变化框架公约》秘书处提交报告，展示各自的减排进展。这一机制旨在提高各国的责任感，确保《哥本哈根协议》得到落实。

1.1.3.3 《坎昆协议》简介

2010 年 11 月，联合国气候变化大会在墨西哥坎昆举行，会议旨在继续推进全球应对气候变化的努力，并为《哥本哈根协议》的实施提供进一步的支持。2009 年的哥本哈根会议虽未达成具有法律约束力的协议，但在气候变化领域的讨论与合作已形成共识，国际社会对气候变化的关注度持续上升。在这样的背景下，《坎昆协议》作为坎昆会议的重要成果，旨在通过国际合作促进减排、适应气候变化和加强技术转让，为全球气候治理提供更为全面的框架。

《坎昆协议》强调各国在减排方面的自主性，鼓励发达国家和发展中国家根据自身国情，提出具体的减排目标。这一机制旨在确保减排承诺的灵活性和可行性，促使更多国家参与到减排行动中。《坎昆协议》明确了全球气温控制的目标，呼吁各国努力将全球温度升幅限制在 2 ℃以内，并为此制定了长期减排目标。《坎昆协议》重申发达国家在气候融资方面的承诺，确认了每年向发展中国家提供 1000 亿美元的资金支持目标，帮助其应对气候变化及实现可持续发展。《坎昆协议》强调了适应气候变化的重要性，呼吁加强对发展中国家的技术转让与能力建设，确保各国能够有效应对气候变化的影响。该协议建立了一套透明的监测和报告机制，要求各国定期向《联合国气候变化框架公约》秘书处提交减排进展报告，以提高各国在减排方面的责任感和透明度。同时，《坎昆协议》强调了气候变化的综合性，鼓励各国在气候政策中考虑经济、社会、环境等方面因素，推动可持续发展。

《坎昆协议》的形成过程是在坎昆气候大会期间，通过各国代表的协商与讨论实现的。尽管与会各国在减排目标、融资机制等方面存在分歧，但会议的气氛相对友好，各国代表展现出合作的意愿。会议的关键在于充分的磋商和妥协。它为全球气候治理提供了重要的政治框架，促进了各国在气候变化应对方面共同努力，使得更多国家能够参与到减排和适应气候变化的行动中。

但《坎昆协议》并不具备法律约束力，导致各国的承诺在落实过程中面临不确定性。尽管该协议中提到发达国家每年向发展中国家提供1000亿美元的资金承诺，但资金的落实和有效分配仍然存在挑战。协议虽然鼓励发展中国家采取减排措施，但缺乏具体的法律约束，可能导致一些国家在减排方面的努力不足。

《坎昆协议》是全球气候治理的重要一步，尽管在实施和效力方面存在局限，但它成功引起了全球对气候变化的关注，促进了各国在减排和资金支持方面的深入讨论。《坎昆协议》的签署为未来的气候谈判提供了重要的经验，尤其是在推动全球合作、提高透明度方面。

1.1.3.4 《巴黎协定》简介

2015年12月，来自195个国家的代表在法国巴黎举行的第21届《联合国气候变化框架公约》第二十一次缔约方大会（COP21）上正式通过了《巴黎协定》。该协定的达成标志着全球气候治理迈入了一个全新的阶段。与《京都议定书》等不同，《巴黎协定》不仅要求发达国家承担减排责任，也首次要求所有国家，特别是新兴经济体和发展中国家，为全球气候减排承担相应的责任。

《巴黎协定》最重要的创新在于“国家自主贡献”（nationally determined contributions, NDCs）机制。每个国家根据自身的国情和能力，制定自主的减排目标和行动计划，并定期提交评估和更新。这一机制给予了各国较大的灵活性，允许它们根据自己的发展阶段调整减排步伐，同时也增强了全球气候行动的透明度和可追责性。

《巴黎协定》的核心目标是将全球平均气温上升幅度控制在比工业化前水平高2 ℃以内，并尽量将增温幅度控制在1.5 ℃以内。这一目标的设定基于科学研究，IPCC的报告指出，若气温上升超过1.5 ℃，全球生态系统将遭受不可逆的损害，许多地区将面临更为频繁的极端天气灾害，包括干旱、洪水、热浪和飓风等。

《巴黎协定》鼓励各国根据自己的经济发展水平、国情和技术能力，自主制定减排目标，并定期更新。各国提交的NDCs将受到国际社会的监督和审查，确保其透明度和有效性。《巴黎协定》规定每五年进行一次“全球盘点”，审查各国在应对气候变化上的总体进展，并对其NDCs提出改进建议。这种定期评估机制为各国政策的调整提供了科学依据，并推动全球气候目标逐步提升。

除了短期的NDCs，《巴黎协定》还强调了到21世纪下半叶尽快实现温室气体的“平衡”，即二氧化碳等温室气体的排放量与自然系统或技术手段吸收的量相等。这一目标为全球向低碳经济转型提供了方向，也要求各国逐步淘汰高排放产业，推动可再生能源和清洁技术的发展。

除了减缓气候变化，《巴黎协定》还特别关注气候适应问题，特别是对于那些最容易受到气候变化影响的发展中国家和小岛屿国家。《巴黎协定》要求发达国家提供资金、技术和能力建设支持，帮助这些国家提高应对气候变化的能力。发达国家承接了此前协定的承诺，每年为发展中国家提供1000亿美元的气候资金，用于应对气候变化的适应和减缓行动。绿色气候基金（GCF）是这一承诺的重要执行机制，帮助最脆弱的国家获得资金支持。发达国家还承诺向发展中国家转让低碳技术，帮助它们在减少排放的同时实现经济发展。

《巴黎协定》标志着全球气候治理进入了一个新阶段，不再局限于发达国家的单方面责任，而是要求所有国家共同应对气候变化。这一广泛参与的框架使得全球气候行动的范围更广，合作的深度也进一步加深。《巴黎协定》强调“共同但有区别的责任（CBDR）”，虽然所有国家都要为气候行动作出贡献，但发达国家和发展中国家的责任有所不同，允许各国根据自身国情设定合理的减排目标。

《巴黎协定》为各国政策协调提供了一个国际平台，推动了国家间政策的一致性和透明性。通过 NDCs 和全球盘点机制，各国能够定期交流政策进展，分享经验与技术，从而形成良性互动。这不仅促进了全球范围内减排政策的协调，也为绿色技术的传播和国际合作提供了动力。

《巴黎协定》对全球能源结构转型和绿色技术发展起到了强大的推动作用。为了实现温室气体净零排放，各国需要逐步淘汰化石燃料，扩大风能、太阳能等可再生能源的使用。可再生能源的推广不仅减少了碳排放，还带来了新的经济增长点，促进了相关绿色产业的发展。《巴黎协定》还推动了低碳技术的研发和国际技术合作，使绿色技术能够在全球范围内得到更广泛的应用。

气候变化对最脆弱地区的影响最为严重，《巴黎协定》通过资金和技术支持，增强了这些地区的气候适应能力。该协定特别强调对最不发达国家、小岛屿国家和非洲国家的援助，帮助它们提高对极端天气、海平面上升等气候风险的抵御能力。通过 GCF，发展中国家能够获得更多的资金支持，从而更有效地应对气候变化带来的挑战。

《巴黎协定》是国际社会共同应对气候变化的多边合作范例，它强调了全球共同治理的理念，并为其他全球性问题的解决提供了参考。《巴黎协定》的成功表明，尽管各国在经济发展水平、利益诉求和历史责任上存在分歧，但全球合作仍然可以通过灵活、包容的机制达成共识。《巴黎协定》的达成，也为其他领域的国际合作（如生物多样性保护、海洋环境治理等）提供了有益的经验。

全球气候治理不仅是环境问题，更是发展、经济和安全问题。通过《巴黎协定》及其后续行动，国际社会有望构建一个更具可持续性和公平性的全球发展模式，确保全球气候目标的实现，为后代创造一个更加美好的未来。

1.2 中国钢铁工业能源消耗与碳排放进程

1.2.1 中国钢铁工业的能源消耗现状

中国是世界上最大的钢铁生产国，钢铁工业在国民经济中占有重要地位。随着经济的快速发展，钢铁生产对能源的需求不断增加。同时，钢铁工业的高能耗、高排放特点也使其在应对气候变化和环境保护方面面临巨大压力。因此，深入分析中国钢铁工业的主要能源来源及其使用效率，对于促进钢铁工业的可持续发展、降低温室气体排放具有重要意义。

1.2.1.1 中国钢铁工业的主要能源来源

中国钢铁工业的主要能源来源包括煤、天然气、电力和可再生能源等。这些能源在钢铁生产的不同环节中发挥着重要作用。

煤是中国钢铁工业最主要的能源来源，主要用于炼焦和直接还原。炼焦是钢铁生产中不可或缺的一环。中国的高炉炼铁主要依赖焦炭作为还原剂和燃料。在炼焦过程中，煤被加热至高温，去除水分和挥发物，形成焦炭，这一过程同时造成大量的二氧化碳排放。数据显示，中国 2019 年炼焦煤的消费量达到了 8.23 亿吨。除了高炉炼铁，煤还用于直接还原铁矿石。在直接还原法中，煤作为还原剂与铁矿石反应，生成生铁，这一过程的能效相对较低。

随着清洁能源的发展，天然气逐渐成为钢铁生产中的重要能源。天然气主要用于高炉热风炉的加热和直接还原铁矿石。由于天然气燃烧过程中排放的二氧化碳显著低于煤，而被视为一种更清洁的能源。因此，越来越多的钢铁企业开始尝试在生产过程中以天然气替代部分煤炭。此外，在直接还原工艺中，天然气可以作为还原剂替代焦炭，这一过程不仅降低了二氧化碳排放，还提高了能源利用效率。

电力在中国钢铁工业中也占有重要地位，主要用于电弧炉炼钢。电弧炉主要用于回收废钢，电力在这一过程中被用作熔化金属的主要能源。相关数据显示，电弧炉的能耗相对较低，能够有效降低能源消耗和二氧化碳排放。虽然电力是钢铁生产的一个重要组成部分，但其主要来源仍然是火力发电，导致其间接的碳排放问题。随着可再生能源的快速发展，未来电力的来源有望更加多样化。

近年来，随着可再生能源技术的发展，太阳能、风能等在钢铁生产中的应用逐渐受到重视。虽然太阳能和风能在钢铁生产中的直接应用尚处于探索阶段，但其在电力供应中的潜力巨大。随着储能技术的进步和电力市场的改革，可再生能源有望在钢铁工业中占据更大份额。使用可再生能源可以显著降低钢铁生产过程中的碳足迹，有助于行业的可持续发展。

1.2.1.2 不同能源在钢铁生产过程中的利用情况及其利用效率

不同能源在钢铁生产中的应用不仅影响能源的整体利用效率，还对生产成本和环境产生重大影响。比如在高炉炼铁过程中，煤是钢铁生产中最主要的能源，其转化效率受多种因素影响。根据研究，传统高炉炼铁的煤炭转化效率为 60%~70%，但在炼焦过程中，由于高温和化学反应的复杂性，使得煤的能量损失较为明显。此外，煤炭燃烧产生的二氧化碳和其他污染物对环境造成了严重威胁。因此，行业内逐渐推行煤炭清洁利用技术，如高效煤气化技术和焦炭生产过程中的废热回收等，以提高煤的利用效率并减少排放。

天然气的使用提高了高炉的热效率。与煤炭相比，天然气的热值更高，燃烧时产生的二氧化碳和硫化物排放更少。研究表明，使用天然气的高炉热效率可以达到 85%~90%。

由于其清洁的燃烧特性，天然气在直接还原中的应用也显著降低了二氧化碳的排放。相较于使用煤炭的还原过程，天然气还原铁矿石排放的二氧化碳可以减少 40%~60%。

在炼钢过程中，电弧炉的能源利用率较高。通过对废钢的回收利用，电弧炉能够在较低能耗的情况下实现钢材的生产。研究表明，电弧炉的能源利用效率可达到 75%~85%。然而，电弧炉的能源利用效率在很大程度上取决于电力的来源。如果电力主要来自燃煤发电，其碳排放效益将大打折扣。因此，推动可再生能源在电力供应中的比例能够进一步提高电弧炉的环境效益。

目前，中国钢铁工业中可再生能源的直接应用尚处于起步阶段，但未来发展潜力巨大。通过将可再生能源与传统能源相结合，钢铁生产过程中的能效将得到显著提升。例如，利用风电或光伏发电为电弧炉提供电力，可以在不增加生产成本的前提下，实现清洁生产。

1.2.1.3 钢铁工业的节能技术

余热回收技术是钢铁工业中常用的一种节能技术，通过回收高温废气、热水等，将其转化为可再利用的热能。余热回收技术的应用有助于提高可再生能源的利用率。

引入高效设备也是提高钢铁生产能效的重要手段。相较于传统的炉型，高效电弧炉通过优化电弧炉的设计和操作，能够显著提高电能的利用效率。某钢铁企业在改造电弧炉后，其能耗降低了约 30%，达到每吨钢节能 300 kW · h 的水平。此外，在高炉和转炉的风机和泵系统中，采用高效电机和变频器控制也可以有效降低能耗。例如，一些企业通过改造风机系统，使得风机能效提高了 15%~20%。

清洁生产技术的推广与应用也在节能减排中发挥了重要作用。近年来，氢冶炼技术逐渐受到关注。通过使用氢气替代传统的煤炭作为还原剂，能够有效降低钢铁生产过程中的二氧化碳排放量。例如，某钢铁企业通过氢冶炼实验，发现使用氢气的还原反应可以使二氧化碳的排放量降低到几乎为零。还有一些企业开发了基于废钢回收的绿色炼钢工艺，能够通过电弧炉和其他先进技术，使生产过程中的能源消耗大幅下降。例如，电弧炉炼钢的能耗已经从过去的每吨钢 600 kW · h 降至 300 kW · h，节能效果明显。

1.2.1.4 中国钢铁工业能源利用的现状与未来展望

虽然中国钢铁工业在能源结构上已经发生了一定的转变，但整体依赖煤炭的现状仍然明显。钢铁工业的高能耗和高排放特征使其面临着严格的政策和市场压力。随着国家对环境保护要求的提高，钢铁企业面临着转型升级的迫切需求。

未来，中国钢铁工业应继续推动能源结构的优化，增加天然气和电力在钢铁生产中的比重，逐步减少煤炭的使用比例。通过技术创新和设备升级，提升能源利用效率是钢铁行业可持续发展的重要途径，重点在于发展先进的炼钢技术，如低碳炼铁、氢冶炼等。从政府层面来看，政府应继续完善能源政策和市场机制，激励企业进行清洁生产和绿色转型，同时，鼓励可再生能源的开发和利用，为钢铁行业提供更多的清洁能源选择。

1.2.2 中国钢铁工业的碳排放现状

全球变暖和气候变化的加剧促使人们对碳排放的来源及其影响进行深入研究。碳排放主要源自化石燃料的燃烧、工业生产、农业活动和土地利用变化等。在这些来源中，钢铁生产过程因其高能耗和高排放而备受关注。

1.2.2.1 钢铁生产过程中的碳排放

钢铁生产是全球最大的工业碳排放源之一。根据国际钢铁协会的数据，钢铁行业的二氧化碳排放量约占全球的7%。钢铁生产的主要环节包括炼铁、炼钢和轧制等，每个环节的碳排放特征和来源有所不同。

炼铁是钢铁生产的第一步，主要通过高炉或直接还原法将铁矿石转化为生铁。在这一过程中，碳排放主要来源于高炉炼铁。在高炉炼铁过程中，煤炭（焦炭）作为还原剂，与铁矿石反应生成生铁，并释放出二氧化碳。根据研究，每吨生铁的生产约会排放1.8 t的二氧化碳。与高炉炼铁相比，直接还原法炼铁使用天然气作为还原剂，二氧化碳的排放量相对较低。

炼钢是将生铁转化为钢材的过程，主要通过转炉和电弧炉等方式进行。在转炉炼钢过程中，通常会添加少量的焦炭或铁水以控制碳含量。在这一过程中，每吨钢的碳排放量约为0.5 t。电弧炉炼钢使用电能将废钢熔化，碳排放主要来自电力生产。如果电力来源于化石燃料，电弧炉的碳排放量可能较高，但如果使用可再生能源，碳排放量将显著降低。根据研究，使用可再生能源时，电弧炉的碳排放量可低至每吨钢0.2 t。

轧制是将钢坯加工成成品钢材的过程。在这一过程中，碳排放主要来源于热轧和冷轧，这两个过程基本上是利用电能进行的，碳排放量相对较低。根据不同的生产工艺，轧制环节每吨钢的碳排放量一般在0.1 t左右。

1.2.2.2 不同技术路线的碳排放差异

钢铁生产中存在多种技术路线，不同技术路线在碳排放上存在显著差异。主要的技术路线包括高炉—转炉（BF-BOF）流程和直接还原流程等。高炉—转炉流程是目前全球最广泛使用的钢铁生产技术。该流程的碳排放特征是高碳排放和低能效，其中碳排放量较高主要是由于焦炭的使用和转炉炼钢中碳的输入。研究显示，使用这一流程每吨钢的碳排放量平均在1.8~2.2 t，且由于该流程能效相对较低，导致资源和能源的浪费，增加了整体的碳排放量。

直接还原流程相较于高炉—转炉流程碳排放量显著降低。直接还原法利用天然气作为还原剂，替代了焦炭，显著降低了碳排放量。研究表明，利用直接还原法进行钢铁生产，每吨钢的碳排放量在0.5 t左右，远低于高炉—转炉流程。而且直接还原法的能效相对较高，能够有效利用天然气中的氢气进行还原，减少了能源浪费。

1.2.2.3 中国钢铁行业碳排放的历史变化及未来趋势

钢铁行业是中国经济的重要支柱之一，同时，中国也是全球最大的钢铁生产国。随着经济的快速发展，钢铁的需求量持续增加，然而，钢铁生产过程中的高能耗和高碳排放问题也日益凸显。根据 IEA 统计，中国钢铁行业的碳排放量占全国总碳排放量的近 15%。因此，了解中国钢铁行业碳排放的历史变化及未来趋势，对实现低碳发展目标具有重要意义。

在 20 世纪 80 年代和 90 年代，中国钢铁行业经历了快速增长。在这一时期，中国钢铁的年产量从 1980 年的约 3700 万吨增加到 1996 年的 1 亿吨。随着钢铁产量的增加，碳排放量也显著上升。这一时期，煤炭作为主要能源，支撑了钢铁产量的增长。根据相关数据，20 世纪 80 年代，钢铁生产中的煤炭使用占比达到 80%以上。由于缺乏清洁技术，导致每吨钢材生产的碳排放量相对较高。在此期间，政府出台了一系列政策促进钢铁工业的发展，但在环保和节能方面未能进行有效监管，这导致碳排放的监管和管理相对滞后。

进入 21 世纪，中国钢铁行业持续快速扩张，钢铁年产量迅速攀升，2006 年首次超过 4 亿吨，成为全球钢铁生产的主要国家。根据国家统计局发布的数据显示，2000 年至 2010 年，中国钢铁行业的碳排放量约从 1.27 亿吨增加到 6.39 亿吨，增幅超过 100%。虽然这一时期的碳排放量较高，但一些企业开始引入现代化的生产工艺，提高能源利用效率，如高炉技术的改进和电弧炉的应用，其虽然仍未大规模普及，但开始展现出减排潜力。面对日益严重的环境问题，政府逐渐认识到钢铁行业的高排放问题，随后开始加强对行业的监管，推动节能减排政策的出台。

21 世纪 10 年代，中国钢铁行业在经历了高速发展后，逐渐进入了稳定发展阶段。在这一时期，政策引导和技术创新对钢铁行业的碳排放产生了积极影响。根据《全国碳排放权交易市场建设实施方案》，预计在 2020 年之前，中国钢铁行业的碳排放量将达到峰值。根据中国钢铁工业协会的统计，2015 年钢铁行业的二氧化碳排放量已达到 16.8 亿吨。为了实现节能减排目标，企业纷纷采取余热回收、高效设备等新技术、新手段。例如，一些大型钢铁企业通过建设余热发电设施，将生产过程中产生的废热转化为电能，有效降低了能耗和碳排放量。政府相继发布了《钢铁工业调整升级规划（2016—2020 年）》《关于钢铁行业化解过剩产能实现脱困发展的意见》等政策，推动钢铁行业加速转型升级。这些政策旨在提升钢铁生产的环保标准，并引导企业向低碳、环保方向发展。

根据中国钢铁工业协会的预测，未来钢铁行业的碳排放量将逐步趋于平稳。此外，中国也确定了在 2030 年之前实现碳达峰，并力争在 2060 年之前实现碳中和的目标。随着低碳技术的不断发展，钢铁行业将逐步采用清洁能源和新技术，进一步降低碳排放。例如，氢冶金等新兴技术的研究和应用，有望大幅减少传统高炉生产过程中的碳排放。中国钢铁行业也在积极探索循环经济的发展模式，通过废钢回收利用、余热利用等手段，降低资源消耗和碳排放。根据相关研究，若能实现废钢利用率的提高，钢铁行业的碳排放量可减少 20%。

为了实现低碳发展目标，政府可继续加强政策引导，鼓励企业投资清洁生产技术。同时，国际合作也将是实现钢铁行业低碳转型的重要手段。政府可通过财税优惠、技术支持等手段，鼓励企业采用节能减排技术。《“十四五”工业绿色发展规划》提出，到 2025 年，单位工业增加值二氧化碳排放降低 18%，钢铁、有色金属、建材等重点行业碳排放总量控制取得阶段性成果。在全球气候治理的大背景下，中国钢铁行业应加强与国际组织、其他国家的合作，共同研发低碳技术，分享减排经验，这将有助于提升中国钢铁行业的全球竞争力。

中国钢铁行业的碳排放经历了从无序增长到逐渐规范的发展过程。在未来的低碳发展道路上，钢铁行业面临着技术创新和政策支持的双重挑战。通过采用新技术、转变生产方式以及加强政策引导，中国钢铁行业有望在实现碳达峰与碳中和（“双碳”）目标的过程中推动经济和社会的可持续发展。

1.2.3 钢铁行业低碳转型路径

随着全球气候变化问题日益严峻，消费者、政府和企业对绿色产品的需求不断增加。这种需求的变化不仅源于对环境问题的关注，还与政策推动、消费者意识提升以及技术创新密切相关。

1.2.3.1 市场需求变化背景

全球气候变化是推动市场对绿色产品需求增长的最重要背景之一。根据 IPCC 的研究，全球变暖趋势正在加速，极端气候事件频发。气候变化不仅影响生态系统，也对全球经济发展构成威胁。各国政府和国际组织通过政策和法规引导企业减少碳排放，推动绿色产品的发展，绿色产品市场需求的增加与各国政府的政策推动密不可分。例如，《巴黎协定》要求各国通过减排措施控制全球温升在 1.5 ℃以内，许多国家因此制定了严格的环境法规和激励措施，鼓励企业发展绿色技术和产品。在中国，为实现碳达峰和碳中和的目标，政府实施的一系列政策也进一步推动了绿色产品的市场需求。

此外，消费者意识的提升也是绿色产品需求增长的关键。消费者对环保问题的关注逐渐增强，这极大地推动了绿色产品市场的扩展。越来越多的消费者倾向于选择对环境影响较小的产品。例如，一项由世界银行进行的全球调查显示，超过 70%的消费者更愿意购买环保产品，即使这意味着支付更高的价格。消费者越来越关心产品的生命周期、碳足迹以及生产过程中的可持续性，这也为企业提供了巨大的市场机会。随之而来的是消费者行为的变化，这不仅体现在对环保产品的偏好上，还反映在对企业社会责任的重视。一些研究表明，消费者更愿意支持那些具有环保意识的品牌。例如，Kurunov 等人指出，品牌的环保形象已经成为影响消费者购买决策的重要因素。企业若能有效展示其在环保方面的努力，将有助于提升品牌忠诚度和市场竞争力。

1.2.3.2 对企业的影响

绿色产品不仅是应对气候变化的手段，其也为企业带来了新的竞争优势。研究表明，采用绿色生产技术的企业往往在市场上具有更强的竞争力。例如，Wang 和 Li 指出，绿色技术的应用能够帮助企业降低生产成本、提升产品质量，从而在激烈的市场竞争中占据优势地位。

除了消费者外，投资者和监管机构对企业的环保表现也越来越关注。许多投资者开始根据环境、社会和治理（environmental，social and governance，ESG）标准选择投资对象。

Liu 等人的研究表明，具有良好环境表现的企业能够吸引更多的绿色投资，同时减少因环境违规行为带来的监管风险。绿色产品的市场需求不仅是短期趋势，更是推动企业长期可持续发展的关键因素。随着全球资源的逐渐枯竭和环境压力的增加，企业必须通过绿色创新保持可持续发展。Chen 和 Zhang 提出，企业通过实施能源管理系统、优化资源配置，可以在确保盈利的同时，实现环境效益和社会效益的平衡。

1.2.3.3 企业的策略

面对市场对绿色产品需求的增加，企业纷纷采取措施进行绿色创新。一些企业已经通过技术创新减少其产品的碳排放和能源消耗。例如，宝山钢铁股份有限公司（以下简称"宝钢"）在其环境管理报告中指出，通过节能减排技术的应用，其钢铁生产过程中的碳排放量显著减少。类似的创新不仅提高了企业的环保形象，也为企业开拓了新的市场。

企业还通过管理供应链的方式来应对市场对绿色产品的需求。企业的环境影响不仅体现在产品本身的制造过程中，还体现在整个供应链上。根据世界钢铁协会的研究，钢铁生产行业通过优化供应链、提高资源利用效率、减少运输过程中的排放，可以显著减少整体碳足迹。越来越多的企业开始考虑其供应链的环保性，推动了绿色产品供应链的形成。

汽车行业是绿色产品需求增长最为明显的行业之一。随着各国政府对汽车行业排放标准的逐步提高，电动汽车、混合动力汽车等低碳产品的需求大幅增加。根据 IEA 的数据，2020 年全球电动汽车的销售量相比 2019 年增长了 40%以上，这一趋势预计将在未来持续上升。

制造业是能源密集型行业，面对越来越严格的环保政策，企业必须转向绿色生产模式。例如，Huang 等人研究了氢冶金技术在钢铁生产中的应用，发现该技术可以显著减少碳排放，推动钢铁行业的绿色转型。制造业通过采用可再生能源、废料回收等手段，逐步满足市场对绿色产品的需求。

建筑行业也是绿色产品需求的重要领域。绿色建筑材料、节能建筑设计、可再生能源的应用等逐渐成为行业的新标准。根据 Wang 等人的研究，绿色建筑材料的市场需求持续增加，特别是在发达国家和新兴经济体中，消费者对建筑材料的环境影响越来越敏感，推动了该行业的绿色转型。

1.2.3.4 未来市场需求趋势

未来，随着各国政府对环境问题关注度的提升，市场对绿色产品的需求将进一步扩大。例如，欧盟"绿色新政"计划通过一系列政策推动欧洲经济的绿色转型，涵盖能源、交通、建筑等多个领域。类似的政策不仅在欧洲，在全球范围内都将推动绿色产品的快速发展。

未来消费者对绿色产品的需求将更加多样化。除了关注产品的低碳性外，消费者还将更加关注产品的全生命周期，包括生产、运输、使用和回收环节造成的环境影响。根据 Zhao 等人的研究，生命周期评估（life cycle assessment，LCA）将成为未来绿色产品市场的一个重要指标，消费者将更倾向于选择那些具有明确环保标识的产品。

随着技术的不断创新，绿色产品的种类和应用范围将不断扩大。例如，氢能、电池技术、生物材料等领域的技术进步将推动更多行业向绿色化方向发展。Xu 和 Gao 指出，未来的绿色产品不会局限于某一特定行业，而是跨行业、多领域的综合应用，这将为市场带来更多机会。

总之，市场对绿色产品的需求正在快速增长，这一变化受气候变化、政策推动、消费者意识提升和技术创新等多重因素的影响。企业通过技术创新、供应链优化等方式积极应对这一趋势，不仅提高了竞争力，还为长期可持续发展奠定了基础。未来，随着政策力度的加大和技术的进步，绿色产品的市场前景将更加广阔，企业需要抓住这一机遇，以适应市场需求变化，实现绿色转型。

1.2.4 国外减排经验及技术

在全球应对气候变化的背景下，钢铁行业作为能源密集型产业，减排压力巨大。许多钢铁生产大国已经探索并实施了多种减排技术和政策，推动行业向低碳和可持续方向发展。以下是几个国际上钢铁行业发展领先国家的减排经验及技术。

1.2.4.1 日本：氢冶金技术与资源循环利用

日本作为全球领先的钢铁生产国之一，在低碳钢铁技术研发上具有显著的领先地位。日本钢铁企业如日本制铁株式会社（Nippon Steel Corporation）和 JFE 钢铁株式会社（以下简称“日本 JFE 公司”）正在推进氢冶金技术的开发与应用。这一技术旨在用氢气代替传统的焦炭作为还原剂，减少高炉炼铁过程中的二氧化碳排放。此外，日本还重视资源循环利用，推动废钢的高效回收利用，通过电弧炉炼钢减少碳排放。

根据 IEA 的数据，电弧炉炼钢的能源消耗仅为高炉—转炉路线的一半左右，且废钢回收利用比例越高，碳排放强度越低。通过技术创新和资源高效利用，日本的钢铁行业在减排方面取得了显著进展。

1.2.4.2 德国：CCS 与氢能

德国作为欧洲最大的钢铁生产国，一直致力于推动钢铁行业的低碳转型。德国的“氢能战略”与“工业转型路线图”强调了通过使用氢能来减少钢铁行业的碳足迹。德国主要钢铁企业如蒂森克虏伯集团（ThyssenKrupp）正在积极研发基于氢的炼铁技术，以减少高炉炼铁过程中的碳排放。

此外，德国在 CCS 技术上也处于全球领先地位。通过将炼铁过程中产生的二氧化碳捕集并安全封存于地下储存库，德国希望在未来实现大规模的二氧化碳减排。德国的这些举措不仅帮助其钢铁行业减少碳排放，也为全球提供了重要的技术参考。

1.2.4.3 瑞典：HYBRIT 项目与完全无化石能源的钢铁生产

瑞典的 HYBRIT（hydrogen breakthrough ironmaking technology）项目由瑞典钢铁公司（SSAB）、瑞典国有铁矿石公司（LKAB）和瑞典大瀑布电力公司（Vattenfall）三家公司联合发起，旨在通过完全无化石能源的生产流程，彻底消除钢铁生产过程中的二氧化碳排放。HYBRIT 项目的核心技术是通过使用氢气替代传统的焦炭还原铁矿石，从而消除钢铁生产中的化石燃料依赖。该项目已于2021年成功生产出世界上首批无化石燃料的钢铁产品。

瑞典的经验表明，通过创新的技术路线和能源结构调整，钢铁行业可以大幅降低碳排放，并为全球其他国家提供了一个向完全脱碳方向发展的示范。

1.2.4.4 美国：数字化与能效管理

美国钢铁行业近年来在节能减排方面的进展主要体现在数字化技术的应用与能效管理上。通过大数据、人工智能和物联网等技术，美国的钢铁企业正在优化生产流程，减少能源消耗和碳排放。例如，电弧炉炼钢技术得到了广泛应用，并通过智能控制系统提高了能源利用效率。此外，美国也在积极推进碳捕集、利用与封存（carbon capture，utilization and storage，CCUS）技术，以减少炼钢过程中的温室气体排放。

美国的钢铁行业通过技术进步与智能化管理，极大地提高了生产过程中的能源利用效率，降低了碳排放强度，为其他国家提供了借鉴。

1.2.4.5 中国在全球范围内提升低碳技术的应用与合作

中国作为全球最大的钢铁生产国，面对巨大的碳减排压力。在实现“双碳”的战略目标下，中国不仅在国内积极推动减排技术的研发与应用，还在全球范围内开展广泛的合作，提升低碳技术的应用。

中国在低碳钢铁技术领域的研发投入逐年增加，积极参与国际科技合作。例如，中国钢铁企业与瑞典、德国、日本等国的企业和科研机构开展合作，共同开发氢冶金、电弧炉炼钢和CCUS技术等低碳解决方案。通过共享技术成果和创新经验，这些合作推动了全球低碳钢铁技术的进步。此外，中国还积极参与国际会议和技术交流活动，如联合国气候变化大会和IEA的技术会议，进一步促进全球钢铁行业在低碳转型上的合作。在《巴黎协定》的框架下，中国与其他国家共同应对气候变化，致力于制定碳减排路线图和标准化技术规范，加强了多方协同。

“一带一路”倡议也为中国与相关国家在钢铁行业的低碳合作提供了重要平台。中国在这些国家投资钢铁生产设施的同时也推动了低碳技术的转移与应用。例如，中国企业在中亚、东南亚等地区建立的钢铁项目，采用了更先进的节能技术和污染控制措施，显著降低了钢铁生产过程中的碳排放。

通过“一带一路”，中国不仅在全球范围内推广了低碳技术，还帮助其他发展中国家实现了工业现代化与可持续发展目标。这种合作模式为全球钢铁行业的绿色转型奠定了基础，并有助于应对全球气候变化挑战。

近年来，在低碳技术标准的制定方面，中国也取得了显著进展，并逐步推动这些标准的国际化。中国的钢铁企业积极参与了国际标准化组织（ISO）和其他国际组织的技术规范制定，特别是在节能减排和低碳生产领域。通过推动技术标准的全球统一，中国在国际市场上获得了更多的认可，并促进了低碳技术的全球应用。同时，低碳技术标准的输出不仅提升了中国钢铁企业的国际竞争力，也为全球钢铁行业的低碳转型提供了宝贵的经验。此外，中国的低碳钢铁产品通过了国际认证，进入了全球市场。

作为全球应对气候变化的重要参与者，中国在全球气候治理框架下的合作至关重要。中国不仅参与了《巴黎协定》及其相关的国际谈判，还在国内实施了更为严格的碳排放政策。例如，中国的全国碳排放权交易市场于2021年启动，这是全球最大的碳交易市场之一。通过市场机制，中国希望进一步推动钢铁行业的碳减排目标。

同时，中国也通过双边和多边框架与其他国家合作，推动更具约束力的碳减排政策。例如，与欧盟、美国、日本等国家和地区在碳排放控制和低碳技术开发方面的合作，进一步强化了全球钢铁行业的减排力度。

总体而言，全球钢铁行业的减排是实现气候目标的关键一环。通过日本、德国、瑞典、美国等国的先进经验可以看出，低碳技术的研发与应用是钢铁行业未来发展的重要趋势。中国作为钢铁生产大国，不仅需要在国内推动低碳转型，也应通过国际合作提升全球范围内低碳技术的应用和推广。在“一带一路”倡议、技术标准输出、全球气候治理等领域的积极参与将进一步推动中国钢铁行业的可持续发展，并为全球应对气候变化做出更大的贡献。

1.3 钢化联产的概念

1.3.1 钢化联产概述

钢铁行业是全球最重要的工业部门之一，承担着支撑经济发展的重任。然而，传统的钢铁生产工艺在能源消耗和环境影响方面面临巨大挑战。为了应对这些问题，钢化联产作为一种新型的钢铁生产模式逐渐受到关注。

传统钢铁生产依赖于高能耗的高炉和转炉等设备，导致能源资源的浪费和环境污染。中国钢铁工业协会发布的数据显示，钢铁行业的能源消费在全国工业能源消费中占据了相当大的比重。为了实现可持续发展，钢铁行业亟须寻求更高效的生产方式。随着可持续发展理念的推广，循环经济逐渐成为全球经济发展的重要模式。钢铁行业的转型不仅需要优化资源利用，还需在生产过程中实现废物的再利用。钢化联产在这一背景下应运而生，旨在通过资源的综合利用提高生产效率。

钢化联产是指在钢铁生产过程中，将钢铁冶炼与热能的利用进行有机结合的一种生产模式。这一模式通过回收和利用生产过程中的余热，实现钢铁冶炼与能源生产的协同效应。而且钢化联产并不仅限于钢铁产品的生产，还可以通过合理设计，生产副产品，如电力、热水和其他化学品，实现多产品联产，提升经济效益。同时，通过对整个生产系统的优化，能够提升能源利用效率，降低环境污染，实现资源的高效利用。

钢化联产的基本原理可以用热能回收、多产品联产和系统集成这三项技术概括。在传统钢铁生产中，尾气中会含有大量的热能，如高炉煤气和转炉煤气，热能的损失是非常显著的。钢化联产通过热能回收技术，如烟气余热回收装置，能够有效捕捉和利用冶炼过程中的废热。根据研究，回收的余热可以用于发电或供热，大幅提高能源利用效率。余热回收后，通过热交换器等设备将其转化为其他形式的能量。例如，余热可以转化为蒸汽用于驱动涡轮发电机，或者用于供热系统。这一过程不仅提高了能源利用效率，还降低了对化石燃料的依赖。钢化联产的核心在于系统集成。通过将钢铁冶炼、余热回收和其他相关工艺有机结合，形成一个闭环的生产系统，不仅能有效利用能源，还能减少排放，实现生产过程的整体优化。

1.3.2 钢化联产的效益

1.3.2.1 钢化联产的经济效益

在传统的钢铁生产中，能源消耗主要集中在高炉和转炉的冶炼过程中，通过引入余热回收系统，钢化联产能够显著降低冶炼过程中的能耗。根据IEA的研究，采用钢化联产技术的钢铁生产企业，其能源利用效率可以提高15%~30%。这一提升主要得益于余热的有效回收与利用。通过回收高炉煤气进行发电，企业能够将高炉的能源利用效率提升至70%以上。例如，某钢铁企业通过回收转炉烟气中的热量，减少了30%的能源消耗，使得单位产品的能源消耗降至历史最低水平。这一转变不仅提高了生产效率，还为企业带来了可观的经济效益。

钢化联产的实施还使钢铁企业的整体运行效率获得提升。通过优化生产过程和能源管理，企业能够更好地协调不同能源的使用。例如，采用余热发电后，企业不仅可以自给自足，还可以将多余的电力出售，从而增加收入。这不仅提升了企业的经济效益，也为其他企业提供了良好的示范效应。

此外，通过提高能源利用效率，钢化联产显著降低了生产过程中的能源成本。根据研究，实施钢化联产的钢铁企业，其单位产品的生产成本可降低10%~20%。这一降低不仅体现在电费和燃料费用上，还包括其他运营成本的减少，如废物处理和排放控制的费用降低等。钢化联产模式强调资源的高效配置与管理。通过对生产过程的全面监控和优化，企业能够更好地利用资源，降低物料浪费和不必要的开支。例如，某企业在实施钢化联产后，原材料的利用率提高了5%，这使得单位产品的生产成本进一步降低。

1.3.2.2 钢化联产的环境效益

钢铁行业的环境治理成本在整体运营中占据重要位置。传统生产模式下，企业需要支付大量的环保费用以满足排放标准。实施钢化联产后，企业的二氧化碳排放量显著降低，环境治理成本随之下降。例如，某企业在推行钢化联产后，二氧化碳排放量降低了25%，同时环保支出减少了15%。这使得企业在环保方面的负担减轻，进一步提高了经济效益。钢化联产在减少碳排放量的同时，还能够降低其他污染物的排放量。根据研究，实施钢化联产的企业，其硫氧化物和氮氧化物的排放量也显著减少。这对于改善区域空气质量、保护生态环境具有重要意义。

钢化联产作为一种新兴的钢铁生产模式，凭借其余热回收、能源效率提升和多元化产品生产的优势，展现出了在减少碳排放方面的巨大潜力。尽管面临技术成熟度、投资成本和政策支持等挑战，但随着技术的不断进步和政策的日益完善，钢化联产将在钢铁行业的低碳发展中发挥越来越重要的作用。

1.4 钢化联产技术的发展

1.4.1 技术演进与创新

钢铁行业是全球经济的重要支柱，同时也是二氧化碳排放的主要来源之一。随着对环境保护和可持续发展的关注不断增加，钢铁生产方式也在经历转变。钢化联产技术作为一种新型的生产模式，通过高效利用能源和资源，实现了钢铁生产的低碳化和高效化。

1.4.1.1 传统钢铁生产方式

传统钢铁生产方式以高炉—转炉流程为主。在这一流程中，铁矿石经过高炉冶炼得到生铁，然后将生铁转入转炉，经过氧化反应得到钢。这种生产方式的能耗、碳排放量都很高，资源利用低效。传统高炉冶炼需要消耗大量的焦炭和煤炭，能源消耗高达每吨铁555 kg标准煤。而且由于使用化石燃料，二氧化碳排放量较高，每吨钢的二氧化碳排放量约为1.8 t。对副产品的利用低，废热和气体通常被排放，导致资源浪费。

因此，传统生产方式的生产效率相对较低，无法满足快速增长的市场需求。随着全球钢铁需求的增加，传统流程的局限性逐渐显露，迫切需要改进与创新。

1.4.1.2 钢化联产技术的起源

钢化联产技术的起源可以追溯到20世纪70年代。当时，随着环境保护意识的提高和能源危机的爆发，钢铁行业开始寻求更高效的生产方式。在这一时期，余热回收技术逐渐受到关注。研究人员发现，传统钢铁生产过程中产生的废热可以通过余热回收系统转化为可利用的能量。例如，许多国家开始引入锅炉和蒸汽轮机等设备，以实现废热的利用。随着市场对钢铁产品多样化需求的增加，钢铁生产企业开始考虑通过联合生产其他能源或产品，以提高经济效益。这一趋势为钢化联产技术的发展提供了动力。

在20世纪80年代，钢化联产技术开始在部分钢铁企业中初步应用。在这一阶段，余热回收系统逐渐被引入，但技术成熟度较低，回收效率不高。进入20世纪90年代末，随着材料科学和工程技术的进步，钢化联产技术经历了快速发展。在这一阶段，余热回收系统的效率显著提高，企业逐渐认识到其经济和环境效益。进入21世纪后，钢化联产技术逐渐成熟，并成为钢铁行业的重要发展方向。在这一阶段，钢铁企业不仅关注经济效益，还将环境保护纳入战略目标。我国政府相继出台政策，鼓励钢铁企业采用低碳生产技术。例如，《钢铁工业“十二五”发展规划》中明确提出支持钢铁企业开展节能减排工作。随着全球气候变化问题的加剧，各国开始加强在钢铁行业的国际合作。例如，IEA发布了《钢铁行业技术路线图》，为全球钢铁行业的低碳转型提供指导。

1.4.1.3 现代钢化联产技术的核心要素

现代钢化联产技术的核心在于高效的余热回收系统。通过高温热交换器、蒸汽发生器等设备，企业能够高效地回收生产过程中的废热，转化为电力和热能，从而减少对化石燃料的依赖。现代钢化联产技术还结合了智能化生产管理系统。通过大数据分析和互联网技术，企业能够实时监控生产过程，优化资源配置，提高能源利用效率。许多现代钢铁企业已开始将可再生能源与钢化联产技术结合。例如，利用风能和太阳能等可再生能源为生产提供电力，进一步减少碳排放。

钢化联产技术的发展历程反映了钢铁行业在环境保护和可持续发展方面的不断努力。从传统的高炉—转炉流程到现代的钢化联产技术，钢铁生产模式的转变不仅提高了生产效率，也为减少碳排放提供了有效途径。未来，随着技术的不断创新和政策的支持，钢化联产技术有望在全球钢铁行业的低碳转型中发挥越来越重要的作用。

1.4.1.4 新兴技术在钢化联产中的应用

智能制造是指利用现代信息技术、智能设备和大数据分析，实现生产过程的自动化、智能化和网络化。其核心在于通过数据驱动的决策，提高生产效率和灵活性，同时降低资源消耗和对环境的影响。在钢化联产中，智能制造的第一步是数据采集与分析。通过传感器和互联网技术，企业可以实时监测生产过程中的各种参数，如温度、压力、能耗等。数据的实时采集为后续的分析和优化提供了基础。智能制造的另一个重要方面是自动化控制。在钢化联产中，通过集成先进的控制系统，可以实现对生产过程的自动调节。例如，企业可以根据实时数据自动调整原料配比和炉温，以提高生产效率和产品质量。智能制造还可以通过数据分析实现设备的预测维护。通过监测设备的运行状态，企业可以提前发现潜在问题，从而减少设备故障的发生，提高生产的连续性和稳定性。

工业互联网是指将互联网技术与工业制造深度融合，形成智能化的生产网络。其主要目的是通过互联互通的设备和系统，实现生产过程的全面优化和智能化管理。在钢化联产中，工业互联网技术使得各类设备之间能够实现互联互通。通过将生产设备、仓储系统和物流系统连接起来，企业能够实现更高效的资源配置和生产调度。工业互联网还可以通过大数据分析为企业提供决策支持。通过分析生产数据、市场数据和环境数据，企业可以做出更加科学的决策，以应对市场变化和环境挑战。工业互联网在钢化联产中的应用也延伸到了供应链管理。通过实现供应链的透明化和实时监控，企业能够更好地管理原材料的采购、生产和销售，降低运营成本。

智能制造与工业互联网的结合，能够实现对整个生产过程的整体优化。在钢化联产中，企业可以通过实时监测和数据分析，优化原材料的使用、生产过程的调度以及设备的运行状态，从而提高整体效率。智能制造和工业互联网的结合还为企业提供了持续改进的基础。通过不断地监测和分析生产数据，企业可以持续发现问题并进行改进，从而在激烈的市场竞争中保持优势。

新兴技术的应用为钢化联产的转型升级提供了新的机遇。通过智能制造和工业互联网的融合，钢铁行业不仅可以提高生产效率、降低能源消耗，还能在环境保护方面取得积极进展。未来，随着技术的不断发展和政策的支持，钢铁行业的可持续发展将迎来更广阔的前景。

1.4.2 当前技术的主要挑战

钢化联产技术作为一种创新的生产模式，旨在通过集成多种能源和原材料的利用，实现资源的高效转化并降低对环境的影响。但在实际实施过程中，钢铁企业面临着一系列技术、经济和政策障碍，制约了钢化联产技术的推广和应用。

1.4.2.1 技术障碍

尽管钢化联产技术在理论上具有显著的优势，但在推广和实施过程中仍然面临一些挑战。一方面，钢化联产相关技术在不同企业中的成熟度和适用性存在差异，部分企业在实施过程中可能面临技术瓶颈；另一方面，技术成熟度存在不足，一些新技术尚处于试验阶段，缺乏足够的实证数据和应用案例，这使得企业在决策时缺乏信心。同时，钢化联产涉及多个生产环节和系统的协同运行，不同技术之间的集成往往存在困难。例如，将高炉、转炉和发电系统有机结合，需要进行复杂的系统设计和调试，而这一过程通常需要耗费大量的时间和资源。

钢化联产技术的实施往往还伴随着大量数据的产生和传输。在当前信息化程度不断提升的背景下，数据管理和安全问题愈加突出，企业需要建立完善的数据管理体系，以确保数据的准确性和安全性。此外，实施钢化联产技术需要具备相关专业知识的人才。然而，目前钢铁行业内高素质人才短缺，尤其是在智能制造和工业互联网领域，这进一步加大了技术实施的难度。

1.4.2.2 经济障碍

钢化联产技术的实施通常需要大量的初始投资，包括设备更新、技术改造以及员工培训等。对于一些中小型钢铁企业而言，这种高额的投资压力可能会导致其无法承受，从而选择继续使用传统生产方式。此外，尽管钢化联产技术在长期运行中能够显著降低能源成本和对环境的影响，但其经济回报周期通常较长，企业在短期内难以看到明显的经济效益，导致管理层对技术投资的积极性降低。同时，在全球钢铁市场竞争日益激烈的背景下，企业需要在价格和质量上保持竞争力，这使得一些企业在选择技术升级时更加谨慎，往往倾向于选择低风险、短期收益的方案。各国的经济政策和市场环境变化莫测，企业在投资新技术时面临着政策风险。例如，环保政策的变化可能会直接影响企业的运营成本和市场竞争力。

1.4.2.3 政策障碍

尽管许多国家和地区出台了支持钢铁行业转型的政策，但在具体的实施过程中，政策的落实和支持力度往往存在不足。例如，针对钢化联产技术的专项资金支持和技术研发的补贴不够，导致企业在技术研发上的投入不足。钢化联产技术的推广还需要相应的法规和标准作为保障。然而，现有的法律法规往往滞后于技术的发展，导致企业在技术实施过程中面临合规风险。例如，在环保标准和安全规范上，企业可能需要承担额外的合规成本。不同政府部门在推动钢铁行业转型时，有时会因缺乏有效的协调机制，导致政策之间的冲突和重叠。例如，环保政策与产业政策之间的矛盾可能会导致企业在选择技术时面临困扰。此外，钢化联产技术的推广需要国际合作与交流。然而，由于贸易壁垒、技术壁垒等因素，不同国家和地区在技术转移和合作方面存在障碍，影响了全球钢铁行业的协同发展。

综上所述，在实施钢化联产技术过程中的各种障碍不仅影响了企业的投资决策，还制约了钢铁行业的可持续发展。

1.4.2.4 应对策略与研究方向

钢铁行业在钢化联产技术的实施过程中，首先需要加强技术研发与创新。通过提升生产过程的智能化水平，优化设备性能，实现生产环节的自动化和数字化，企业能够显著提高生产效率和能源利用率。不仅如此，企业在实施钢化联产技术时，应注重提升能源利用效率，通过余热回收、能源管理系统等技术手段，减少能源的浪费，实现能源的循环利用。这不仅有助于降低生产成本，还能减少温室气体排放。

在合作方面，钢铁行业可通过促进与其他行业的合作，借鉴其他领域的先进经验与技术。例如，在可再生能源的利用、材料循环利用等方面，钢铁企业可以与新能源公司、环境科技公司进行深入合作，推动技术的进步与应用。

在政策方面，行业协会和企业应积极参与政策制定过程，向政府提出针对钢铁行业的支持政策建议。通过加强政策倡导，企业可以获得更多的政策支持和财政补贴，从而降低技术转型的成本。

在人才培养方面，人才是技术研发和实施的关键，钢铁企业应加大对人才培养的投入，与高校和职业院校合作，培养适应钢铁行业发展的高素质人才。此外，企业还应积极引进国际高端技术人才，提升自身的技术水平。

此外，钢铁企业应积极探索循环经济模式，通过原材料的回收利用和废物的再生利用，实现资源的高效利用以及减少对环境的影响。这不仅能够降低生产成本，还有助于提升企业的可持续发展能力。未来，钢铁行业也应加大对新材料和新工艺的研发投入，研究新型低碳钢材、耐高温合金等材料的制备工艺，探索新型炼钢技术，提高产品的性能和质量，并且研发过程中的创新也能为行业带来新的发展机遇。同时，随着信息技术的快速发展，数字化转型与智能制造成为钢铁行业的重要研究方向。通过引入物联网、大数据分析和人工智能技术，钢铁企业可以实现生产过程的智能化和自动化，提高资源利用效率，降低生产成本。碳捕集与利用（CCU）技术也是当前应对气候变化的重要手段。钢铁行业应加大对碳捕集技术的研究和应用，通过捕集和利用生产过程中的二氧化碳，降低碳排放，实现绿色生产。

针对政策障碍，未来的研究应关注钢铁行业的政策与经济激励机制。通过深入分析国内外政策实施效果，为政府制定更有效的支持政策提供依据。同时，研究不同激励机制对企业技术转型的影响，促进企业在技术创新方面的积极性。

在国际合作与技术交流方面，未来钢铁行业可通过参与国际合作项目，借鉴先进国家的成功经验，推动国内钢铁行业的技术进步。同时，加强与国际科研机构、高校的合作，共同开展技术研发与标准制定。

随着环境保护意识的提升，钢铁企业在技术实施过程中应加强环境影响评估与管理。通过科学评估技术实施对环境的影响，制定相应的管理措施，确保企业在实现经济效益的同时，降低对环境的负面影响。

在实施钢化联产技术的过程中，钢铁行业面临着技术、经济和政策等多方面的障碍。针对这些挑战，行业应采取有效的应对策略，包括加强技术研发、提升能源利用效率、促进跨行业合作、政策倡导、人才培养以及实施循环经济等。同时，未来的研究方向应聚焦于新材料与工艺研发、数字化转型与智能制造、CCS 技术、政策与经济激励机制、国际合作与技术交流、环境影响评估与管理等方面。通过以上措施与研究，钢铁行业有望在可持续发展中取得显著成效。

1.4.3 未来发展趋势与前景

钢铁行业作为全球经济的重要支柱，其发展对资源的消耗和环境的影响备受关注。随着全球对低碳经济和可持续发展的重视，钢铁行业急需转型升级。钢化联产技术因其在节能减排和资源利用效率方面的优势，正成为推动行业发展的关键技术之一。

1.4.3.1 低碳化发展方向

低碳化是钢铁行业应对气候变化、实现可持续发展的核心目标，钢化联产技术在低碳化方面具有重要潜力。CCUS 技术是降低钢铁生产中二氧化碳排放的重要手段。通过在钢化联产过程中引入 CCUS 技术，企业能够有效捕获生产过程中产生的二氧化碳，并将其转化为有用的产品或安全储存。随着可再生能源技术的发展，钢铁行业还可以考虑采用低碳燃料（如氢气、生物质等）替代传统的化石燃料。此外，电弧炉技术作为一种低碳钢铁生产方式，正逐步受到重视。

在钢化联产过程中，通过提升资源利用效率，也可以有效降低生产过程中的碳排放。这包括优化原材料的使用、推广废物的再利用和循环利用。钢铁企业应在供应链管理中引入绿色理念，推动上下游企业的低碳化转型。通过与原材料供应商合作，促进绿色采购与低碳生产。

1.4.3.2 智能化发展方向

智能化是钢铁行业未来发展的另一重要方向。钢化联产技术的智能化不仅能提升生产效率，还能降低能耗和排放。随着物联网和大数据技术的快速发展，钢铁企业可以通过实时监测和数据分析，提高生产过程的智能化水平。通过智能监测技术，企业可以对设备的运行状态进行实时监控，实施预测性维护，降低设备故障率，提高生产效率。通过对生产数据的分析，企业能够优化生产流程，降低能源消耗。另外，人工智能技术在钢铁生产过程中的应用可以显著提高生产的自动化水平。通过智能算法，企业能够预测设备故障，优化生产调度，从而提高生产效率。还有虚拟现实（VR）与增强现实（AR）技术，在钢铁生产中可以用于培训和维护。通过虚拟环境，员工能够进行真实场景的模拟培训，提升安全操作技能。

因此，钢化联产技术的未来发展方向应集中在低碳化和智能化上。通过实施碳捕集技术、采用低碳燃料、提高资源利用效率、推动绿色供应链管理等措施，钢铁行业可以有效降低碳排放。通过物联网、大数据、人工智能等技术的应用，可提升生产的智能化水平，进一步推动钢铁行业的转型升级。同时，政策和行业支持将在这一过程中发挥重要作用，促进企业在低碳化与智能化发展方面的投资与创新。

1.4.3.3 国际市场对钢化联产的需求变化及其潜在影响

全球范围内，许多国家和地区正在制定更加严格的环保法规，以应对气候变化和空气污染问题。例如，欧盟在《绿色协议》中提出了到 2030 年减少温室气体排放至少 55%的目标。这些法规促使钢铁生产企业寻求低碳化的生产方式，钢化联产技术因此受到重视。同时，消费者对绿色、环保产品的偏好也推动了钢化联产技术的需求。许多建筑和基础设施项目要求使用低碳钢材，以符合可持续发展目标。此外，随着各国之间的贸易摩擦加剧，国际贸易环境发生变化，钢铁产品的出口受到影响。许多国家开始寻求提高国内生产的自给率，从而推动了钢铁生产技术的升级。

钢化联产技术的需求变化将推动全球钢铁行业的结构调整。许多传统的高碳、高能耗的生产方式将逐渐被淘汰，取而代之的是低碳、智能化的生产模式。钢化联产技术的应用将重塑全球钢铁供应链。低碳钢材的生产和需求将促使供应链各环节进行优化，降低整体碳排放。例如，某钢铁企业通过钢化联产技术的应用，将产品碳足迹降低了 30%，并在全球市场中获得了竞争优势。这种变化将影响其他国家和地区的钢铁生产和贸易模式。一项研究显示，随着钢化联产技术需求的增加，相关企业的研发投入增长了 15%。这种趋势不仅促进了技术的进步，也推动了整个行业的可持续发展。

值得一提的是，钢化联产技术的推广可能会对就业产生深远影响。一方面，新的生产方式和技术的应用将需要更多具备专业技能的人才；另一方面，传统生产方式的转型可能导致部分工人面临失业风险。研究指出，尽管新技术的引入会造成短期内的失业，但从长期来看，钢铁行业将需要更多的技术工人和管理人才，整体就业市场将趋于改善。

总之，国际市场对钢化联产的需求变化反映了全球钢铁行业面临的转型压力和机遇。在环保法规、市场需求、国际贸易等多重因素的推动下，钢化联产技术将逐步成为钢铁行业的重要发展方向。尽管面临技术、经济和政策等方面的挑战，但钢化联产的推广将为钢铁行业的可持续发展和全球环境保护做出重要贡献。

参考文献

[1] Intergovernmental Panel on Climate Change（IPCC）. Climate change 2021: The physical science basis

[R]. Geneva: IPCC, 2021.

[2] Parties. Nationally determined contributions under the Paris Agreement [R]. Bonn: United Nations Framework Convention on Climate Change (UNFCCC) Secretariat, 2020.

[3] World Bank. Climate risk and adaptation in Asian coastal megacities [R]. Washington, D. C.: World Bank, 2021.

[4] World Health Organization (WHO). Climate change and health [R]. Geneva: WHO, 2021.

[5] IPCC. Global warming of 1.5 ℃ [R]. Geneva: IPCC, 2018.

[6] 朱德庆，潘建，郭正启，等. 钢铁冶炼设备 [M]. 北京：冶金工业出版社，2023.

[7] 张宏，李仲学. 煤炭需求因素及情景分析 [J]. 煤炭学报，2007 (5): 557-560.

[8] KURUNOV I F, FILATOV S V. Evaluating the efficiency of blast furnaces and the prospects of blast-furnace smelting [J]. Metallurgist, 2014, 58 (5): 372-376.

[9] 宝山钢铁股份有限公司，鞍山星源达科技有限公司，绍兴市上虞宏兴机械仪器制造有限公司，等. 高炉用铁矿石 用最终还原度指数表示的还原性的测定：GB/T 24189—2024 [S]. 北京：中国标准出版社，2024.

[10] 周美洁，艾立群，洪陆阔，等. 氢冶金基础研究和新工艺探索 [J]. 材料导报，2023，37 (13): 168-173.

[11] WANG X, LI Q. The application of high-efficiency electric arc furnaces in steel production [J]. Metallurgical and Materials Transactions B, 2020, 51 (5): 2585-2594.

[12] ZHOU T, HU R. Energy efficiency improvement in steel plants through advanced pump systems [J]. Energy, 2017, 127: 798-810.

[13] HUANG H, SUN Y. Hydrogen metallurgy: A clean path for steel production [J]. Journal of Sustainable Metallurgy, 2021, 7: 1-13.

[14] XU M, GAO Y. Green steelmaking: An overview of the development and application [J]. Resources, Conservation and Recycling, 2019, 143: 236-243.

[15] CHEN L, ZHANG J. Energy management system implementation in steel production [J]. Journal of Industrial Ecology, 2020, 24 (4): 837-849.

[16] International Energy Agency (IEA). World energy outlook 2020 [R]. Paris: IEA, 2020.

[17] IPCC. Climate change 2014: Mitigation of climate change [R]. Geneva: IPCC, 2014.

[18] IPCC. Climate change and land [R]. Geneva: IPCC, 2019.

[19] World Steel Association. Steel's contribution to a low carbon future [R]. Brussels: World Steel Association, 2020.

[20] WU M, MA L, FAN J. An expert classification consensus reaching model based on fuzzy trust relationship matrix in the application of steel industry [J]. Expert Systems with Applications, 2025, 266: 126180.

[21] CHANG M, ZHAO S, TANG L, et al. A reinforcement learning based Lagrangian relaxation algorithm for multi-energy allocation problem in steel enterprise [J]. Computers and Chemical Engineering, 2025, 194: 108948.

[22] YANG J, TIAN H, FU Z, et al. Historical inventories and future scenarios of multiple hazardous air pollutants (HAPs) emissions from the iron and steel production industry in China [J]. Science of the Total

Environment, 2025, 958: 178051.

[23] LIU X, LI J, BAI C, et al. Optimum low-carbon transformation pathways of China's iron and steel industry towards carbon neutrality based on a dynamic CGE model [J]. Energy, 2024, 313: 134023.

[24] CAO T, SUGIYAMA M, JU Y. Corrigendum to "Prospects of regional supply chain relocation for iron & steel industry decarbonization: A case study of Japan and Australia" [J]. Resources, Conservation & Recycling, 2025, 212: 107929.

[25] FISHER J O, SADHUKHAN J, DANIEL T, et al. Techno-economic analysis and process simulation of alkoxylated surfactant production in a circular carbon economy framework [J]. Digital Chemical Engineering, 2024, 13: 100199.

[26] KWEON O, KIM I B. Many-to-many locomotive routing problem for the steel industry [J]. International Journal of Production Research, 2024, 62 (23): 8373-8396.

[27] World Steel Association. World steel in figures 2020 [R]. Brussels: World Steel Association, 2020.

[28] 国家统计局. 中国统计年鉴 2019 [M]. 北京：中国统计出版社，2019.

[29] 乐江. 全面认识新常态主动适应新常态大力提高钢铁工业发展的质量和效益——在中国钢铁工业协会第五次会员大会上的报告 [J]. 中国钢铁业，2015 (2)：5-12.

[30] 高祥明. 继往开来、砥砺奋进，为可持续发展的未来努力奋斗——在中国钢铁工业协会六届一次会员大会上的工作报告 [J]. 冶金管理，2020 (2)：4-7.

[31] 何格钢. 未来 10 年中国钢铁行业发展趋势展望 [J]. 冶金管理，2023 (12)：57-66.

[32] TIKADAR B, SWAMI D, CHOWDHARY V. Process-level emission analysis and decarbonization pathway for BF-BOF route in Indian iron and steel industry[J]. Journal of Environmental Management, 2024, 373: 123483.

[33] ZHANG C, LIU H. Emission reduction potential of the steel industry in China [J]. Energy Reports, 2019, 5: 16-22.

[34] IPCC. Climate change 2021: The physical science basis [R]. Geneva: IPCC, 2021.

[35] 中国煤炭工业协会. 2020 煤炭行业发展年度报告 [R]. 北京：中国煤炭工业协会，2020.

[36] World Bank. Climate change and the future of agriculture [R]. Washington, D. C.: World Bank, 2018.

[37] 宝钢股份. 宝钢股份环境管理与可持续发展报告 [R]. 上海：宝钢股份，2021.

[38] World Steel Association. Steel's contribution to a low carbon future [R]. Brussels: World Steel Association, 2020.

[39] CHEN X, ZHANG L. Energy management systems and corporate sustainability in China [J]. Energy Policy, 2020, 146: 111748.

[40] European Commission. The European green deal [R]. Brussels: European Commission, 2019.

[41] ZHANG X, DING Y, LIU G, et al. Feasible low-carbon technological pathway: Sustainable development strategies in the vanadium titanium steel industry [J]. Applied Energy, 2025, 379: 124919.

[42] XU J, GAO H. Innovation and green product development: Opportunities in the global market [J]. Technology Analysis & Strategic Management, 2019, 31 (10): 1132-1144.

[43] CHOWDHURY R U M, MAHAMUD T, SARKER S M, et al. Towards resilient infrastructure: Assessing steel-concrete composite and RCC structures in Bangladesh [J]. Discover Civil Engineering, 2024,

1 (1): 124.

[44] LIU H, WANG T. Energy consumption and carbon emissions of China's iron and steel industry [J]. Energy Reports, 2020, 6: 38-45.

[45] IEA. Iron and steel technology roadmap [R]. Paris: IEA, 2021.

[46] GHORAI S, KARIM S, SAHA S, et al. Cobalt-based molecular electrocatalyst-mediated green hydrogen generation: A potential pathway for decarbonising steel industry [J]. Energy and Climate Change, 2024, 5: 100168.

[47] ALI A, MEHMOOD K, ZABBIH U Z, et al. Establishment of ferroalloy production facility—A feasibility study [J]. Key Engineering Materials, 2024, 993: 105-110.

2 钢化联产系统

本章将围绕钢铁生产流程介绍其产生的副产煤气，以及我国钢化联产利用副产煤气的几类方法。最后简单介绍钢化联产中基础的化工工艺，为本书内容的展开做铺垫。

2.1 钢铁生产流程与工艺

2.1.1 中国钢铁行业发展现状

人类的文明史与材料、能源、信息的发展史相伴而行，自从进入铁器时代，钢铁制造技术被发现发明之后，钢铁就一直是人类的好工具与好材料，并随着时代的发展变得愈发重要。作为世界上应用最为广泛的金属材料，钢铁已成为现代工业的粮食。

钢铁行业是以从事黑色金属矿物采选和黑色金属冶炼加工等工业生产活动为主的工业行业，包括金属铁、铬、锰等的矿物采选业、炼铁业、炼钢业、钢加工业、铁合金冶炼业、钢丝及其制品业等细分行业，是国家重要的原材料工业之一。此外，由于钢铁生产还涉及非金属矿物采选和制品等其他一些工业门类，如焦化、耐火材料、炭素制品等，因此通常将这些工业门类也纳入钢铁工业的范围中。我国是世界上最大的钢铁生产国，钢铁行业是我国国民经济的支柱产业之一，在国家经济建设、社会发展、财政税收、国防建设及就业等方面占据重要地位。

回顾新中国现代钢铁工业的崛起、壮大，大体经历了改革开放之前的高度集中的计划经济时期（1949—1978 年）、改革开放初期（1978—1992 年）、社会主义市场经济初期（1993—2000 年）和深化改革扩大开放国民经济高速增长时期（2001 年以来）四个发展阶段。2022 年以来，钢铁行业进入高质量发展阶段。长期以来，传统钢铁生产以高碳化石燃料为主，具有高能耗、高排放的特点，随着全球气候变化问题成为焦点，引发了全社会对钢铁生产所造成的环境影响的担忧。据统计，2023 年我国粗钢产量 10.19 亿吨，占全球总量的 54%；我国钢铁工业吨钢 CO_2 排放强度约为 1.79 t，CO_2 排放量约为 18.23 亿吨，约占我国 CO_2 排放总量的 15%，是制造业 31 个门类中碳排放量最大的行业。钢铁行业的制造流程和工序复杂，炼焦、烧结、炼铁、炼钢和轧钢等过程都要消耗大量的能源、流失掉许多热量并产生大量烟粉尘及冶炼废渣。我国钢铁生产一次能源以煤炭为主，这使得我国钢铁生产的能耗比世界水平更高，因此我国吨钢排放也高于世界平均水平。在中国，生产 1 t 粗钢需要 0.6~0.8 t 煤炭，1.6 t 铁矿石，3~8 t 水，排放 2 t 大气污染物和 0.5~0.8 t 固体废物。因此，由于钢铁行业庞大的生产规模和大量的废物排放，在钢铁行业推行节能减排和绿色发展对我国应对生态环境恶化和可持续发展具有重要意义。

在2021年的《政府工作报告》中，碳中和被第一次定为未来五年我国的主要目标之一，同时我国也于2020年在联合国大会上明确提出二氧化碳排放力争于2030年前达到峰值，努力争取2060年前实现碳中和的目标。在我国“双碳”目标背景下，推动钢铁工业实现低碳发展具有尤为重要的意义。2021年2月，国务院发布的《关于加快建立健全绿色低碳循环发展经济体系的指导意见》提出，预计在2025年初步形成绿色低碳循环发展体系到2035年重点行业资源利用效率达到国际先进水平。这一目标要求加快推进钢铁等行业的绿色升级和绿色发展，提高产业园区和产业集群循环化水平，形成开放、协同、高效的创新生态系统。钢铁工业作为能源密集型产业和流程制造业，在产业网络形成方面具有独特的优势，鉴于这种易于与其他产业形成共生体系的特点，钢铁化工联合生产应运而生。

钢铁生产是一项系统工程，目前世界上主要有两条工艺路线，即长流程和短流程。短流程炼钢以电力为主要能源，每吨钢碳排放量约为0.6 t，长流程钢的吨钢碳排放量是短流程钢的3倍多。2022年，我国转炉长流程粗钢产量约占我国粗钢总产量的90.1%，电炉短流程粗钢产量约占9.9%。由此可见，基于钢铁生产长流程的钢化联产具备较大潜力，是未来钢铁行业实现绿色低碳转型发展的重要方向。

2.1.2 钢铁生产流程介绍

钢铁企业的加工工艺是非常复杂的过程，包含了物质的各种变化，以及工艺过程中原材料的最佳配比和状态控制，是一个包含多种物质流动的控制管理体系。按照大的生产工艺先后工序可以分为：料场、焦化、烧结、球团、炼铁、炼钢、连铸和轧钢八大工序。

2.1.2.1 料场

料场是钢铁制造流程物质、能量和信息的输入端与集成体，汇集了铁矿粉、煤炭、石灰石等天然资源/能源，还包括社会大宗废弃物等二次资源/能源。料场的物质流主要包括以铁矿粉、块矿等为代表的铁素物质流，以石灰石为代表的钙素物质流等；能量流主要是以煤炭为主的碳素能量物质，煤炭是现代钢铁制造长流程不可或缺的一次能源和燃料，且具有物质和能量的双重属性；信息流主要包括输入料场中各类物料（包括铁矿粉、石灰石、煤炭等）的物理化学成分、性能和形状参数、产地、批次等基本信息。这些信息是构建钢铁制造流程的最基本参数，对生产过程、节能降耗以及产品的质量和性能等都具有极其重要的影响。

2.1.2.2 焦化

焦化厂由多个工序所构成，各工序之间紧密配合，以流程化方式处理煤炭。焦化工序是将一定配比的煤炭在无空气环境下高温干馏，生产焦炭和焦炉煤气的过程，同时副产各种化学产品。整个生产过程主要原料是煤，经过加热干馏后生成焦炭，并产生副产物如焦炉煤气等。焦炭在后段工序高炉炼铁中具有还原剂和发热剂的作用，而焦炉煤气则是一种重要的二次能源。整个炼焦过程主要消耗原煤和焦炉煤气，同时产生焦炭和焦炉煤气。从物质与能量转化的角度，也认为是碳素物质从原煤转化为固态焦炭、气态和液态碳-氢化合物的过程。在高炉炼铁工艺中，焦炭具有四大功能：发热剂（燃料）、还原剂、渗碳剂以及为炉料提供骨架的支撑作用。焦化工序的功能主要包括生产高质量冶金焦、实现能源转化以及废塑料等废弃物的消纳与处理。

2.1.2.3 烧结

烧结的主要作用就是为接下来的高炉炼铁生产烧结矿，以满足高炉炼铁对精料的要求，实现整体资源的有效利用，丰富炼铁所需要的原料种类。同时，烧结还能回收一些对环境和生产有危害的原料，降低污染，并改善矿石的特殊金属性能，达到高炉在冶炼过程中对铁矿石的冶炼标准，使高炉炼铁中的一些重要经济指标得到相对的改善。烧结工序是将原料按照合适的比例进行均匀混合后造粒，通过点火使混合的原料在炉内反应时产生高温，蒸发其中水分的同时发生化学和物理反应。反应后物料经过冷却成为块状，经过处理和筛选后，最终得到高炉炼铁所需的重要原料——烧结矿。

2.1.2.4 球团

球团工艺是铁矿粉造块的另一种主要工艺，更加适用于粒度更细的铁矿粉（精矿粉）的造球。该工艺通过成型设备将铁矿石制成粒度为 9~16 mm 的生球，再经过带式焙烧机或回转窑等装置焙烧固结，生产出机械强度高、热态性能稳定、冶金性能优良的人造矿石——球团矿。

2.1.2.5 高炉炼铁

高炉是将铁矿石还原成液态生铁的工艺装置，是钢铁制造流程中物质与能量转化的中心。炼铁工艺过程就是通过一系列化学反应，将开采出来的铁矿石原料或其他含铁化合物中的铁还原出来的一个加工过程。高炉炼铁工艺是目前炼铁技术领域中十分常见的一种技术，该项技术以古代竖炉炼铁为基础，之后不断经历优化与改进。虽然随着目前科技和生产方式的进步，更多高效率、高质量的生产技术涌现出来，但由于高炉炼铁技术的生产工序简单、产量大和经济指标良好等优点，这种生产方式在目前的生产中仍然有着非常重要的地位。高炉炼铁工艺首先将焦化工序和烧结工序所获得的产物和其他一些工业生产原料按照特定的组成进行处理，以符合企业生产要求。之后从高炉的炉顶将这些混合好的原料装入高炉内，并在高炉热风炉的协助下，向高炉鼓入热风协助焦炭的燃烧，在高温下，高炉内的原料与空气中的气体发生化学反应，生成 CO_2、CO 和 H_2 等气体，并释放出热量。随着反应的进行，炉内的混合原料逐渐熔化并减少，同时发生还原、脱碳等反应，生成铁水和其他产物，如固体产物炉渣和气体高炉煤气。反应产生的铁水用特定的容器收集后送往下一道工序。炉渣主要是由混合原料中的杂质和反应后的残留物构成，从高炉的排渣口排出。经过一系列的处理，炉渣可以作为水泥生产的原料或其他工业用途。高炉煤气从高炉顶部的煤气管网导出，经过进一步处理，可以作为助燃剂或用于发电等用途。综上，高炉的主要功能包括：（1）冶金过程反应器；（2）铁氧化物的还原和渗碳器；（3）液态生铁的发生器和连续供应器；（4）能源转换器；（5）冶金质量调控器。高炉炉体是一个结构复杂的高温、高压、密闭的冶金反应器。高炉炼铁过程是多元-多相-多态的复杂巨系统，是开放的、远离平衡的不可逆过程，是有大量物质、能量和信息输入/输出的耗散过程。

2.1.2.6 转炉炼钢

在转炉炼钢过程中，通过高炉炼铁得到的液态铁水、废钢和造渣剂等，按照一定比例和时间加入转炉中。其中原料在转炉内依靠自身的热量和炉内鼓入的气体发生反应，使铁水中的硅元素、磷元素和碳元素快速氧化。随着炉内热量的不断增加，加入的废钢逐渐熔化，并使得钢水的温度升到规定的数值。这些加入转炉的物质，有的元素与其他元素反应生成钢渣，有的元素在反应过程中转化为转炉煤气，经除尘后，由钢铁企业中的煤气管网导出，最终剩下钢水。通过对剩下的钢水进行脱氧处理，就得到企业所需要的钢水，供后续工序使用。

2.1.2.7 连铸

炼钢得到的钢水倒入到企业特定的、没有底部的模具中，模具的外部是流动的水流，钢水在模具中受到外部水冷的作用慢慢冷却，到达模具的底部时，钢水已经冷却为固态。通过重力和外部滚轮的牵动，固态钢被缓慢拉出，达到指定的长度时，由设备切断成固定的长度。连铸过程就是以上工序保持持续不断的状态进行生产。通过连铸所获得的钢坯——连铸坯，将通过设备运送到下一工序。

2.1.2.8 轧钢

生活中所见到的钢材种类各式各样，如建造房屋所需要的钢材、制造汽车所用的钢材和建造轮船所用的钢材等，这些钢材都各不相同。仅通过连铸工序所获得的钢材无法满足现实生活中各种不同的用途，因此，需通过轧钢工序进一步加工。轧钢工序运用不同的方法和技术对钢材进行加工，使其发生形状上的改变，形成具有一定尺寸和形状的产品。轧钢的目的主要有两方面：得到所需形状的产品和改善钢的内部质量，以满足企业对产品性能的特殊要求。目前企业所采用的方法按照操作温度的不同可分为热轧和冷轧。热轧工艺是将上一工序运送来的连铸坯经过加热炉进行加热，先在初轧机上进行轧制，符合一些基本要求后，再由精轧机进行轧制，整个过程属于压力加工。在企业加工工艺生产线上，轧坯首先进行加热软化，送入轧机进行反复轧制，最终获得符合特定工艺尺寸的产品。相比热轧工艺，冷轧工艺由于不需要加热处理，整个加工分布比较分散，送过来的钢卷先进行技术处理，去除钢卷表面的氧化膜，最终送至冷轧机组上进行加工。冷轧过程可以根据用户的不同需求进行加工处理，如铁化处理、磷化处理以及覆盖有机层等，这些经过特殊处理后的产品可以直接满足社会生产的需求。正是由于冷轧后的产品是直接供社会生产使用的，所以冷轧工艺的生产线比较复杂，并且分布分散，也是整个炼铁、炼钢工艺工程中比较重要的一部分。总之，轧钢工序是对钢铁的物理特性进行加工处理，过程中能源的消耗主要是电力消耗和煤气消耗。

2.1.2.9 短流程

短流程钢铁企业的生产流程具体如下：将废钢铁等金属废料装入电弧炉中，通过通电使其熔化为钢水，然后将钢水倒入钢包，使用天车或吊车等运输设备将钢包运至氩氧脱碳炉中进行脱碳操作，然后再运至精炼炉中进行脱氧、脱硫、去除夹杂物等精炼操作。精炼后的钢水注入连铸机上方的中间包中，经过结晶器冷却、拉矫机拉坯以及火焰切割机切割等操作，最终被连续浇铸成铸坯。最后根据订单要求选择不同类型的轧机将铸坯轧制成合乎规格的钢材。由上述生产流程可知，短流程钢铁企业的主要生产设备包括电弧炉、脱碳炉、精炼炉、连铸机与轧钢机，在其上完成的工序依次为初炼、脱碳、精炼、连铸与轧制。

2.1.3 钢铁生产流程副产煤气的产生

在钢铁产品的生产过程中，会产生大量的副产煤气，包括焦炉煤气、高炉煤气和转炉煤气。典型的长流程钢铁企业中，这三种煤气的总资源量每吨钢达到 10 GJ(标准煤当量为 340 kgce)，约占余热余能总量的 68%，占总能耗的 50%，在钢铁企业的能源平衡中占有十分重要的地位。冶金过程中，消耗的煤炭资源约 60%转化为煤气。各钢铁企业中，高炉、焦炉、转炉三种副产煤气的产生量（以标准煤计）之比约为 6∶3∶1，且各钢铁企业之间煤气产生比差异较小，这与钢铁企业长期发展形成的生产模式有关。钢铁企业的副产煤气是最重要的二次能源，其利用效率的提高和价值的优化能有效降低钢铁生产过程中的消耗和排放。同时，副产煤气中含有丰富的碳、氢元素，可以成为钢铁行业和化工行业高效链接、协同发展的切入点。因此，钢铁企业副产煤气的高效和高质量利用是实现钢铁企业可持续发展的关键之一。三种煤气的组成及其他相关情况见表 2.1。

表 2.1 钢铁生产的副产煤气

组成（体积分数）/%	焦炉煤气	转炉煤气	高炉煤气
H_2	55~60	0.5~2.0	1.5~3.0
N_2	3~7	10~20	55~60
CO	5~8	50~70	23~27
CO_2	1.5~3.0	10~25	15~19
CH_4	23~27	—	0.2~0.5
O_2	0.3~0.8	0.3~0.8	0.2~0.4
C_mH_n	2~4	0.2~0.6	—
其他	硫化氢（H_2S），氰化氢（HCN）	碳化物	灰
发热值/$kJ \cdot m^{-3}$	16000~17500	6300~8400	3000~3800

2.1.3.1 焦炉煤气

焦炉煤气是炼焦过程中，煤在高温环境下进行干馏时的副产品，是产出焦炭和焦油的同时所附产的一种可燃性气体。我国每年焦炉煤气的产生量超过 1500 亿立方米。焦炉煤气的组成成分和特性如表 2.1 所示，主要由 H_2 和 CH_4 构成，其中 H_2 占 55%~60%，CH_4 占 23%~27%，此外气体中还含有 CO，占 5%~8%，N_2 占 3%~7%，还有 C_2 及以上的烃类和 CO_2 等成分。其中焦炉煤气的可燃部分主要由 CH_4、H_2、CO 和烃类气体构成，不可

燃成分主要由 NO_2 和 CO_2 构成。

焦炉煤气每立方米的热值比其他副产煤气的热值要高得多，为 17000～19000 kJ/m^3。由于气体中 H_2 含量比较高，所以焦炉煤气燃烧速度较快，火焰相对较短。焦炉煤气属于高热值气体燃料，是一种无色、有毒、有臭味的易燃易爆气体，其着火温度为 550～650 ℃，理论燃烧温度约为 2150 ℃。因此，在煤气的管网运输过程中，要特别注意煤气管网的检查与维护，防止潜在的隐患，确保企业生产工序和工人的安全。

2.1.3.2 高炉煤气

高炉煤气是钢铁生产过程中高炉炼铁工序的产物，其组成成分的含量和特性见表 2.1。炼铁过程中由于一些物理和化学变化会产生大量的高炉煤气，热值为 3000～3800 kJ/m^3，产量丰富，是钢铁企业副产煤气中占比最多的气体。高炉煤气的主要特点是无色、无味，由于含有大量的 CO，所以毒性较大。此外，高炉煤气的产量大、热值低，成分比较复杂，不仅包含可燃气体，还有大量不可燃气体，其中不可燃气体的成分约占高炉煤气总量的 70%，因此导致高炉煤气的单位热值相对偏低。高炉煤气中 CO 的含量占 23%～27%，是主要的可燃部分，H_2 和 CH_4 两种可燃气体含量相对较少；不可燃气体中，CO_2 的含量为 15%～19%，N_2 所占的比例最高，为 55%～60%。此外，高炉煤气的热值和成分比例并不是保持不变的，这和高炉炼铁时所用的燃料、铁的品种以及过程工序等都有不同的关系。目前大多数钢铁企业采用大容积的高炉，通过高温环境以及先进的生产工艺进行炼铁，大大提高了冶炼的生产效率，并且节省了大量的能耗。然而，这种新工艺生产的煤气热值较低。若将煤气单一放散，会造成资源的浪费，而且难以找到有效的利用方案，从而大大增加了企业的处理难度。高炉煤气中的不可燃气体（如 CO_2 和 N_2）在高炉煤气的利用过程中，不仅不能起到助燃的作用，还会在反应过程中吸收部分能量，这就导致理论上的燃烧热值比实际的热值高，平均只有 3500 kJ/m^3 左右。

2.1.3.3 转炉煤气

转炉煤气也称 LDG（Lin-Donawitz converter gas）或 LD 煤气，是转炉吹氧炼钢时的副产煤气，目前每生产 1 t 粗钢可回收 70～80 m^3 转炉煤气。在生产过程中，转炉煤气会伴随大量的氧化铁粉尘一并从炉口喷出，并且温度很高，因此需经过降温、除尘等一系列处理后方能利用。净化后的转炉煤气主要成分是 CO 和 CO_2，以及少量 N_2、H_2 和微量 O_2，是无色、无味、易燃、易爆的气体，在运输、储存和使用过程中需严格操作，防止泄漏。转炉煤气在钢铁企业生产过程中属于中等热值的燃料，着火温度为 650～700 ℃，其理论燃烧温度比高炉煤气要高。

2.2 化工生产煤气利用工艺路径

2.2.1 制甲烷

相比于煤，天然气具有高热值，且无硫、无粉尘及其他有害物质的特点，并且燃烧时产生的CO_2较少。因此，用天然气逐步取代煤能够有效解决污染问题。过去几十年中，我国天然气的取得主要依赖于国内开采，但是我国天然气储备相对较少，并且分布不均，这在一定程度上限制了天然气的广泛使用。“十一五”以来，随着洁净煤技术的发展，可以通过煤气化工艺实现煤制天然气，该方法能够解决我国天然气储量问题和分布问题。考虑到我国当前阶段的能源消耗情况，煤制甲烷工业预计在未来几十年中将快速发展。

煤制甲烷工艺兴起于20世纪60年代，由于对天然气需求的增长，国内外学者对此进行了大量的研究，使煤制甲烷工艺迅速的发展。煤制甲烷工艺可分为煤气化转化技术和直接合成甲烷技术。煤气化转化技术是将原料煤加压气化，由于气化得到的合成气达不到甲烷化的要求，因此需要经过气体转换单元提高 H_2 与 CO 比再进行甲烷化。而直接合成甲烷技术以煤为原料一步气化生成甲烷。但由于直接合成甲烷技术所需要的工艺要求较高，同时生产甲烷成本高于煤气化转化技术，因此，煤气化转化技术更适合用于当前阶段煤制甲烷的工业生产。在煤气化转化技术中，煤、水蒸气和 O_2 在气化炉里发生一系列化学反应，生成以 CO 和 H_2 为主的粗合成气，其中 CO 的含量远高于 H_2。因此，粗合成气通过水气置换单元发生水气置换反应，提高 H_2 的比例。随后，合成气进入低温甲醇洗单元，利用甲醇物理吸附的方法除去 H_2S、CO_2 等酸性气体。最后，净化后的合成气进入甲烷化单元，通过甲烷化反应生成 CH_4。

2.2.2 合成氨

煤化工合成氨（NH_3）工艺是一项重要的化工生产过程，其在现代农业和工业中扮演着关键角色。合成氨作为一种重要的化工原料，广泛用于化肥、农药、塑料、药品等领域，是全球农业生产和工业制造的重要基础。煤化工合成氨主要分为以下几个步骤：制取原料气、原料气的净化和脱硫、原料气的精炼、氨的合成以及氨的分离。

制取原料气的过程通常涉及高温高压环境下的煤炭气化，这是通过将煤炭内的有效燃烧成分与 O_2、水蒸气等进行化学反应来实现的。这个过程通常使用气化炉进行，此装置促使固体煤炭转化为可燃性气体，通常被称为合成气。合成气中的气体通常包括 H_2、CO、CO_2、H_2S 和水蒸气等成分。煤炭气化过程可以分为四个不同的阶段：干燥、燃烧、热解和气化。首先，在干燥阶段，煤炭在高温条件下被加热，以去除其中的水分。其次，在燃烧阶段，煤炭的有效燃烧成分与 O_2 发生反应，释放出高温和热能。再次，在热解阶段，煤炭开始分解并释放出挥发性物质，这些物质在进一步的加热和反应中生成气态产物。最后，在气化阶段，这些气态产物（如 CO、CO_2、H_2S、水蒸气等）经过一系列的反应和冷却步骤，最终形成合成气。总之，通常采用煤炭气化工艺制取原料气，通过添加催化剂、O_2 等促进煤炭的高温加热和气化反应，有助于获得合成氨所需的 H_2 和 CO 等可燃性气体。

原料气的净化和脱硫旨在确保原料气的高纯度，以维持合成氨反应的高效性和催化剂的稳定性，具体如下所示。首先，为了剔除 CO，通常采用催化剂促使 CO 与水蒸气反应，将其转化为更容易剔除的气体，如 CO_2 和 H_2。这种转化过程有助于提高原料气的品质，因为 CO 对合成氨反应的催化剂具有不利影响，将 CO 转化为无害的成分可以确保反应过程更为高效和稳定。其次，原料气中可能含有 H_2S 和其他硫化物，这些物质不仅对合成氨反应的催化剂具有破坏性作用，还具有毒性。因此，必须进行脱硫处理，将硫化物从原料气中去除。脱硫工艺通常采用物理吸收法或化学吸收法，这些方法通过与 H_2S 发生反应将其转化为更容易处理的形式，以确保原料气的硫化物浓度降至极低水平，这不仅有助于维护反应器和催化剂的长期稳定性，还确保了工艺的环保性和安全性。

原料气的精炼旨在提高合成氨反应的效率和质量，确保合成氨的纯度达到所需标准。在原料气的净化和脱硫过程后，仍然会存在少量的 CO、CO_2、O_2 和水蒸气等杂质。因此，精炼步骤的主要目标是将这些杂质降至最低水平。常用的原料气精炼方法主要有铜氨液吸收法、甲烷化法和深冷液氮洗涤法。

氨的合成旨在将原料气中的 H_2 和 N_2 在高温、高压的条件下，经催化剂的协助，成功合成氨气。这种合成过程的特殊性导致合成氨的气体纯度较低，通常在 10%~21%。为了提高合成氨的含量，煤化工合成氨工艺通常配备 H_2-N_2 的循环系统。通过持续循环气体，可以提高氨的分离效率，并增加合成氨的整体合成效率，有助于将未反应的 H_2 和 N_2 重新投入反应中，从而减少气体的浪费。合成氨反应器内通常包含催化剂床层，催化剂的质量和分布对反应的成功至关重要。为了确保气体在催化剂床层内均匀分布，工程师们不断优化合成氨反应器的设计和操作条件，以最大程度地提高控制过程的可操作性，提高反应的实际运行效率和安全性，同时减少能源消耗，以增加合成氨的产量。

在合成氨反应器中，只有部分 H_2 和 N_2 成功合成氨气，未参与反应的 H_2 和 N_2 占比相对较高。因此，为了提高合成氨的纯度并有效利用未反应的气体资源，需要将氨从混合气中分离出来。通常，氨的分离过程采用水吸收法或冷凝分离法。在水吸收法中，混合气体通过水时，氨气会在水中溶解，而其他气体则不溶解。随后，通过蒸发或其他方法将氨从溶液中分离出来。这种方法能够有效提高氨的纯度，但需要处理大量的水资源。另一种常用的方法是冷凝分离法，通过将混合气体冷却至低温，使氨气从气态冷凝为液态。然后，利用分离器将氨气与其他气体分离。这种方法更节约水资源，但需要严格的温度控制和冷却设备。氨的分离步骤是确保最终产品纯度和质量的关键环节，同时也有助于提高合成氨工艺的效率和经济性。

2.2.3 制乙二醇

乙二醇是化工行业较为重要的基本原材料，市场容量仅次于烯烃，其广泛用于生产聚酯和防冻液，聚酯生产能力的逐年提高，也极大地刺激了乙二醇的需求，近十年来，全球乙二醇消费量的平均增长速率超过 45.90%，其中我国乙二醇消费总量增速达到 98.03%，消费量跃居世界首位，占全球乙二醇消费量的 50%以上。2020 年我国乙二醇行业的产能为 1615 万吨，产量为 970 万吨，同比增长了 19.00%。进口量呈现逐年递增的趋势，对外依存度较高，虽然整体看有缓慢下降的趋势，但长期维持在 60%左右。我国煤制乙二醇的生产现状呈现出以下几个特点：

（1）产能规模不断扩大。随着技术的不断进步和市场的日益增长，我国煤制乙二醇的产能规模不断扩大。一些大型煤化工企业纷纷投资建设煤制乙二醇生产线，使得我国煤制乙二醇的生产能力不断提高。

（2）技术水平持续提升。我国煤制乙二醇的生产技术经过多年的研发和实践，已经取得了长足进步。一些大型煤化工企业已经掌握了先进的煤制乙二醇技术，并且不断投入资金进行技术研发和创新，提升生产效率和产品质量。

（3）产业链完善。这也是我国煤制乙二醇生产现状的一个重要特点。

煤制乙二醇将煤炭、净化焦炉气等原料，经 CO 变换、硫碳脱除、原料气分离、草酸二甲酯的合成、乙二醇的合成及精制等工序。合成方法分为直接合成法和间接合成法。直接合成法是最简单的生产工艺，理论上最符合原子经济性。但由于催化剂活性、反应压力、反应气体转化率和乙二醇选择性等因素的限制，不能满足工业化要求，尚未实现工业化生产。

在实际应用中，间接合成法最常用的是草酸酯合成法，其工艺流程短，成本低，是我国目前最受关注的煤制乙二醇技术。该工艺流程包括：煤气化、合成气制备、草酸二甲酯合成、草酸二甲酯加氢。

煤气化步骤主要将煤转化为合成气，主要成分是 CO 和 H_2。此步骤可采用高温炉内气化反应的方式进行，在高温（通常为 1000~1300 ℃）和 O_2 存在的情况下，煤中的碳与 O_2 反应生成 CO 和 H_2。在这个步骤中，煤的种类、温度和 O_2 的量等因素都会影响到产物的组成和纯度。

合成气制备包括气体净化、变换和合成气制备三个步骤：

（1）气体净化。该步骤旨在去除合成气中的杂质，以保证合成气的纯度。这个过程中会使用到各种净化技术，如物理吸附、化学反应等，以去除 CO_2、硫化物等杂质。

（2）变换。变换是将 CO 和 H_2 转化为一定比例的甲烷、乙烯等物质。此过程需控制温度和压力等参数，以获得最佳的产物组成。

（3）合成气制备。合成气制备是将变换后的气体与适量的水蒸气进行反应，生成符合要求的合成气。这个过程中也需要严格控制反应条件，如温度、压力、催化剂的种类和用量等。

草酸二甲酯的合成是将甲醇与草酸反应生成的亚硝酸甲酯再与 CO 反应，生成草酸二甲酯。这个过程需要严格控制反应条件，如温度、压力、催化剂的种类和用量等，同时需要对生成的草酸二甲酯进行分离和提纯，以获得高纯度的产品。

草酸二甲酯加氢步骤是草酸二甲酯与 H_2 反应生成乙二醇。在这个步骤中，催化剂的选择和使用也是关键因素之一，通常会使用贵金属催化剂如铂、钯等，以促进氢化反应的进行并提高乙二醇的收率。此外，还需要对催化剂进行定期更换或再生以保证其活性。

此外，还有一条生物质路径能够生产乙二醇，但尚未实现工业化，该方法的主要原料为生物甘油、生物糖醇和植物纤维等生物质能材料。目前，在水热条件下利用植物纤维催化氢解制备乙二醇的研究很多，该方法具有较高的转化率和选择性，是潜力巨大的乙二醇生产方法。生物质法生产乙二醇通常不需要大量的氧气消耗，也不会产生大量的废水和废气排放，是一种环境友好、可持续的绿色技术。

2.2.4 制甲醇

甲醇（CH_3OH）是一种重要的基础化工原料，广泛用于生产甲醛、醋酸、碳酸二甲酯等产品，还可用于冗余电力和化学能的存储。随着我国对甲醇需求的不断增长，2023 年我国甲醇产量已上升至 8424 万吨。我国以煤炭资源为主要能源之一，超过七成的甲醇来自煤化工工艺。煤制甲醇是一个通过煤气化产生合成气，再由合成气合成甲醇的热化学过程。目前，我国煤制甲醇工艺路线比较成熟，可以概括为：煤气化制取合成气，再将合成气经水煤气变换调节碳氢比，再通过酸气脱除单元净化合成气，最后反应合成甲醇。其涉及四个基本单元：空气分离单元、煤气化单元、水煤气变换单元和甲醇合成单元。

首先，将煤与水混合后加入气化炉，煤与来自空气分离装置的 O_2 发生剧烈化学反应，生成粗煤气，其主要成分为 CO、CO_2、H_2。该过程中所需的 O_2 通过低温空气分离技术获取。生成的粗煤气经过激冷和洗涤后，除去灰渣，随后被送至 CO 变换工序，最后进入甲醇合成环节。接下来，粗煤气进入低温甲醇洗工段，在该工段中，先后通过洗氨塔除氨、甲醇洗涤塔脱硫，脱碳后得到合格的合成气。随后，净化后的合成气进入甲醇合成单元，在高温高压的环境下反应生成合格的甲醇产品。

2.3 钢化联产煤气利用工艺路径

钢铁行业是我国国民经济的支柱性产业，2021 年我国粗钢产量为 10.352 亿吨，约占世界粗钢产量的 53%，能耗约占全国总能耗的 11.6%，二氧化碳排放量约占全国碳排放总量的 15%，是典型的高耗能和高碳排行业。我国钢铁产量大，以煤炭为主的能源结构使得钢铁行业在实施“双碳”战略中面临着巨大的挑战和难题。2021 年 10 月，国务院印发了《2030 年前碳达峰行动方案》，明确提出了“推广先进适用技术，深挖节能降碳潜力，鼓励钢化联产”；2022 年 2 月，工业和信息化部、国家发展和改革委员会和生态环境部联合印发《关于促进钢铁工业高质量发展的指导意见》，提出“积极推进钢铁与建材、电力、化工、有色等产业耦合发展，提高钢渣等固废资源综合利用效率”，因此产业间耦合发展是实现钢铁行业“双碳”目标的有效措施。钢铁生产比较独特，传统的钢铁行业归属“粗犷型”领域，钢化联产技术可促使企业迈入精细化领域，不只是呈现出低碳绿色的优势，还可实现降本增效。钢铁以及化工作为传统工业的主要类型，其中，钢铁作为高温低压的代表，化工作为低温高压的代表，以往的交叉性不强，钢化联产技术可为钢铁行业的发展以及化工行业的发展提供沟通桥梁，将钢铁副产物当作化工原料，不仅提升企业经济效益，还能提升企业生产效率，推动钢铁、化工两大行业的发展。

据世界钢铁协会统计，2022 年全球粗钢产量为 18.85 亿吨，钢铁行业吨钢 CO_2 排放量的平均值为 1.91 t，直接碳排放量约 36 亿吨，占全球碳排放总量的 7%～9%。其中，高炉—转炉长流程的吨钢 CO_2 排放量为 2.33 t，占全球粗钢产量的 72%，直接碳排放量达

31.71亿吨；以废钢为原料的电炉短流程的吨钢 CO_2 排放量为0.68 t，是长流程的0.29倍，占全球粗钢产量的21%，直接碳排放量为2.70亿吨。由此可见，钢铁制造长流程在减排方面具有较大潜力，是未来钢铁行业实现绿色低碳转型的重要方向。此外，发达国家的化工原料主要以石油和天然气为主，钢铁生产以电炉短流程为主，钢铁焦化联合企业较少，不具备钢化联产的基础，因此国外对钢化联产技术的研究较少。而我国钢铁工业以高炉—转炉长流程钢铁企业为主，钢铁和焦化联合企业较多，具备推广实施钢化联产项目的基础条件。

目前钢化联产最常利用的方式是将副产煤气作为燃料直接利用，如发电、作为工业和民用燃料使用，或将其中的一氧化碳、二氧化碳、氢气、甲烷等分离提纯，生产甲醇、乙醇、乙二醇等化工产品。但是，钢厂生产的各个环节均会产生大量余热，且粗钢冶炼过程会产生大量钢渣，这些余热和钢渣如果直接排放到环境中，会造成极大的资源和能量浪费以及引发环境安全问题。若将钢铁企业生产过程中产生的煤气、余热和钢渣都与化工行业进行耦合，进行全组分的化工高值化利用，可形成碳中和背景下的钢化联产利用新模式。例如，副产煤气进一步衔接利用化工制造技术生产化学品，特别是煤化工企业，可省去煤气化工段，减少煤炭资源的使用，大幅降低化工行业的碳排放；钢厂余热可通过余热综合利用技术产生低品位蒸汽或热水，用于需要更低热源的化工生产过程中；废弃钢渣则可采用钢渣深度冶炼技术和建筑材料制备技术，用于化工生产过程中催化剂的合成及功能材料的制备，从而为钢铁企业节省大量钢渣的处置成本。钢化联产的新模式使钢厂副产的物质和能量“变废为宝”，在碳中和的目标下，这种多行业耦合增效、重构工业可持续发展生态链的措施尤为重要。

2.3.1 剩余煤气混烧发电

一般情况下，钢铁联合企业根据企业各种煤气资源及各种炉型的热值要求，实施高炉、转炉和焦炉煤气单烧或混烧，用于轧钢加热炉、厂内锅炉、石灰窑、焦炉（高炉煤气与焦炉煤气混烧）等。大多钢铁联合企业将用作燃料后的各种剩余煤气混烧发电，常见发电方式主要有以下三种。

（1）采用CCPP发电机组（燃气-蒸汽联合循环发电机组）发电：即煤气经压缩机加压，与送至燃烧室的空气混合燃烧，生成高温、高压气体。该气体经燃气透平机膨胀做功，推动燃气透平带动压缩机和外部负荷高速旋转，从燃气透平中排出的乏汽被引至余热锅炉，产生高温、高压蒸汽，驱动汽轮机与燃气透平一起带动发电机发电。其特点是发电效率高，约2.7 m^3 高炉煤气可发电1 kW·h或1 m^3 焦炉煤气发电2 kW·h；但投资较大。

（2）采用高温超高压发电机组发电：即将各种煤气混合后直接燃烧，产生高温、高压蒸汽，驱动汽轮机带动发电机发电。其特点是发电效率较高，2.9~3 m^3 高炉煤气发电1 kW·h或1 m^3 焦炉煤气发电1.8 kW·h；单位千瓦投资较低，只有CCPP发电机组的50%~65%。

（3）采用燃气机发电机组发电：即将煤气燃烧后，机械驱动压缩机组及发电机发电。其特点是发电效率高，约1 m^3 焦炉煤气发电2 kW·h；但其单位千瓦投资是CCPP发电机组的 110%~150%，且日常维护费用也高于其他两种发电机组。

2.3.2 制氢气

氢气是一种无碳、高效、清洁、可持续的能源，是实现碳达峰、碳中和的重要途径。氢能的大规模发展离不开低碳、高效的制氢工艺与技术，目前，国内的氢气生产中大约有52%来自煤制氢，32%来自化工、石化、冶金等工业副产气制氢，12%来自天然气制氢，其余来自电解水制氢等工艺。工业上煤制氢、天然气转化制氢等工艺会造成较大量的 CO_2 排放，电解水制氢无直接 CO_2 排放。工业副产气制氢是副产气资源化利用的途径之一，能够实现有效成分氢气的回收，在制氢工艺过程中脱除了硫化物等污染物。这一过程中除能源动力等能量外不引入其他碳源，故其 CO_2 排放量主要为副产气本身的原始排放和制氢过程能源消耗带来的间接排放量，间接 CO_2 排放强度介于化石燃料制氢和可再生能源电解水制氢之间。制氢工艺的选择是在低碳性和经济性之间寻求平衡。在当前技术经济水平下，可再生能源制氢技术尚未实现规模化工业应用，而煤制氢和天然气制氢的经济性较好，但其碳排放较高。相比之下，工业副产气排放量大、来源广，用其制氢碳排放经济成本较低，是当前低碳低成本氢气来源的较好选择，是推动氢能发展和碳减排的有效路径。

2016 年，国家发展和改革委员会和国家能源局联合发布的《能源技术革命创新行动计划（2016—2030 年）》明确提出了能源技术革命重点创新的行动路线图，“氢能与燃料电池技术创新”也被纳入其中，标志着氢能产业上升到国家战略。与此同时，在碳中和背景下，全球主要发达国家高度重视氢能产业发展，关键核心技术日趋成熟，氢能基础设施建设明显提速，规模明显增大，区域性氢能供应网络正在形成，燃料电池出货量快速增长且成本持续下降。在能源安全、气候变化和技术进步三大动力驱动下，世界各国都将发展氢能提升到国家战略层面。

我国主流的钢铁生产工艺是高炉—转炉长流程，这种生产流程碳排放强度较高，导致钢铁行业的碳排放量占全国排放总量的比例约为 16%。“双碳”背景下，钢铁企业面临巨大的减排压力。氢能源作为清洁、高效、可持续的“无碳能源”，与钢铁企业资源、环境和可持续发展的诉求不谋而合。钢铁工业既可以是利用工业副产气制氢的产氢单位，又可以是用氢气代替焦炭作为还原剂进行钢铁冶金的用氢单位。“以氢代碳”是钢铁工业绿色低碳、高质量发展的主要出路。基于当前钢铁工业传统工艺技术的创新改进难以实现深度脱碳，因此，氢能冶金是替代碳还原最为可行的途径，将对钢铁行业深度脱碳乃至“净零碳”起到决定性作用。

工业副产气制氢工艺普遍采用变压吸附（pressure swing adsorption，PSA）气体分离技术，该技术是通过固体吸附剂对一定压力下的混合气体中的某些组分进行选择性吸附，气体组分在吸附床层中于高压下吸附、低压下解吸，从而实现目标组分的净化与富集。吸附剂通常为比表面积较大的微孔材料，其吸附气体量与气固之间的相互作用力密切相关，随着压力和温度等因素显著变化。经过近五十年的发展，PSA 技术已经成为工业上氢气分离与提纯的主要技术之一。

氢能冶金的主流技术包括高炉富氢、氢基直接还原和氢基熔融还原等。高炉富氢冶炼改造成本低，经济性强，但技术上难以实现“近零碳排放”。氢基直接还原是最具发展潜力的低碳冶金技术之一，不使用焦炭，可大幅降低炼铁过程中的碳排放，纯氢竖炉炼铁的碳减排能力可达到98%，预计到2040年后将具备大规模推广条件。氢基熔融还原是将熔融还原与氢还原相结合，具有工艺简单、技术先进、能耗低、污染小、投资少、成本低、原料适应性强等优势，是未来氢冶金的重要发展方向。国内外大型钢铁企业纷纷投入各自氢冶金技术的研发，并取得了成效。

2.3.3 生产化工产品

工业煤气中CO、H_2含量较高，通过分离提取CO和H_2，可配成碳氢比不同的合成气以满足不同的生产需要。例如，焦炉煤气组分中含有体积分数为55%~60%的H_2，通过分离即可以获得大量的H_2。工业上从煤气中制取H_2的技术应用广泛，有PSA、变温吸附和变压膜分离等多种方法。目前，通过PSA提取H_2的技术已经相当成熟，且纯度较高，如可从焦炉煤气中提取体积分数为99.99%左右的H_2，其制氢成本仅相当于电解水成本的1/4~1/3。此外，我国CO分离纯化技术也发展迅速，其中PSA分离CO技术克服了传统深冷分离法中CO与N_2难以分离的问题，且近年来关于CO吸附剂的研究也取得了巨大进展，因此，该技术目前同深冷分离法、膜分离法、溶剂吸收法等方法在工业上都有着广泛的应用。通过PSA提氢及CO分离纯化技术，所获得的H_2和CO不仅可以作为清洁替代能源，还可以作为化学化工原料以生产各种高附加值产品，用于机械、农业、医疗、印染、电子及军事等行业。通过这些化工产品的生产和应用，不仅增加了工业富余煤气的利用途径，获得了较好的经济效益，还大大降低了环境污染的可能性。

从理论上讲，焦炉煤气中的H_2与高炉煤气、转炉煤气中的CO可以合成或衍生多种化工产品，形成完整的产业链。从已实施的项目情况看，利用钢铁行业的煤气实施钢化联产已建成的产业链主要有5条，分别是甲醇及衍生品产业链、H_2（可联产天然气）产业链、乙二醇产业链、甲酸产业链和乙醇产业链。

其中，以焦炉煤气添加部分高炉煤气或转炉煤气为原料制甲醇，下游衍生产品种类非常多，有数十种，常见的产品有以下四种：（1）甲醇进一步制成二甲醚；（2）甲醇氧化制成甲醛，然后聚合生成聚甲醛树脂，作为工程塑料销售；（3）甲醇低压羰基合成醋酸，醋酸酯化加工成醋酸酯；（4）甲醇经过催化、裂解、精制生产烯烃，烯烃产品如乙烯可用于生产聚乙烯，丙烯可用于生产聚丙烯。甲醇及衍生品形成的产业链示意图如图2.1所示。

单纯焦炉煤气提氢一般采用PSA制氢工艺，有时也采用先深冷分离再提氢的技术路线，联产液化天然气（liquified natural gas，LNG）。钢铁企业可以焦炉煤气为主，配合高炉煤气或转炉煤气，通过甲烷化工艺制取天然气或LNG。此外，也可选择先通过PSA法提氢，再进行甲烷化制成天然气或LNG。在这些过程中，H_2或其生产过程中产生的废气混合物可用于苯加氢或用作燃料等。H_2（可联产天然气）形成的产业链示意图如图2.2所示。

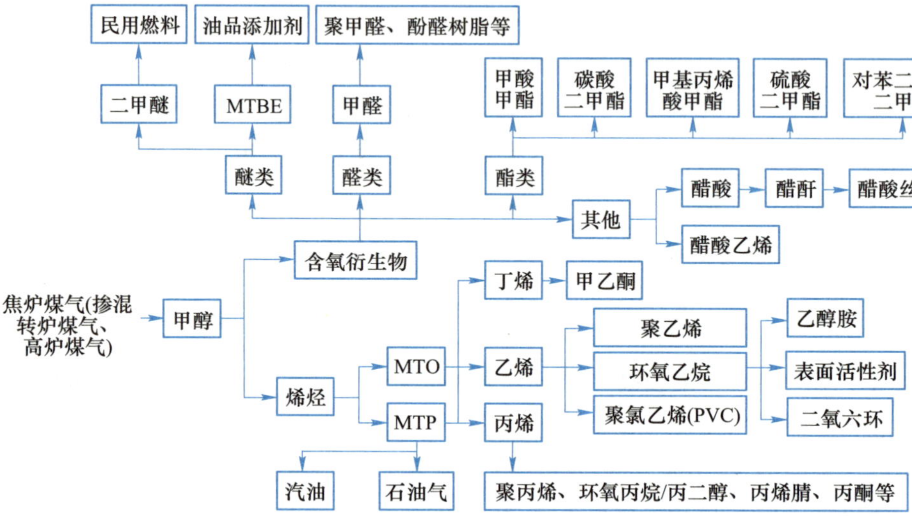

图 2.1 甲醇及衍生品形成的产业链示意图

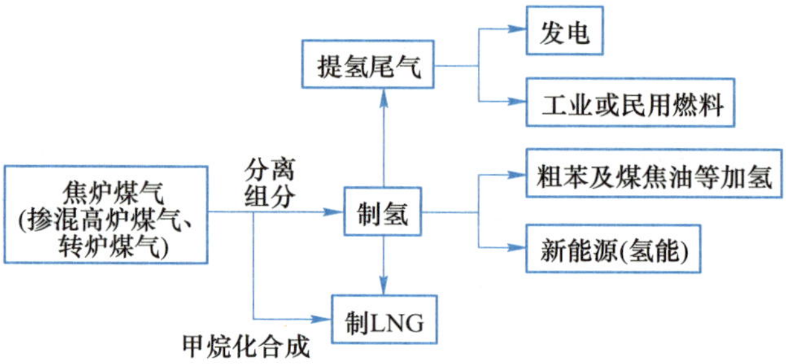

图 2.2 H_2（可联产天然气）形成的产业链示意图

利用高炉煤气替代焦炉煤气作为燃料，可最大限度地节约焦炉煤气，随后提取焦炉煤气中的 H_2 和转炉煤气中的 CO 作为原料可生产乙二醇产品，同时副产 LNG，乙二醇经过进一步深加工可用于生产涤纶聚酯等。乙二醇形成的产业链示意图如图 2.3 所示。

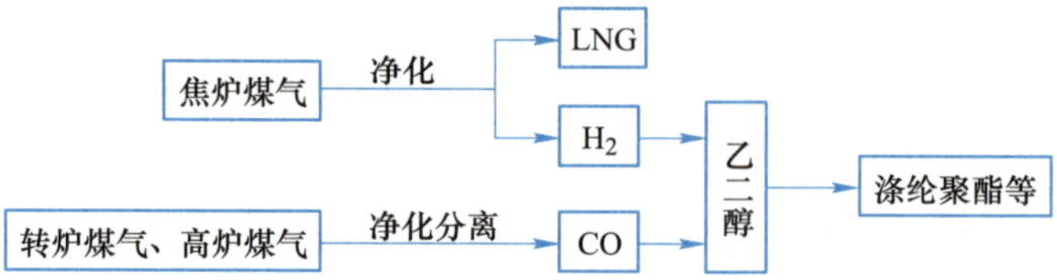

图 2.3 乙二醇形成的产业链示意图

甲酸的生产工艺主要有四种，分别是甲酸钠水解法、甲酰胺水解法、轻油液相氧化法以及甲酸甲酯水解法（甲醇羰基化法）。甲酸钠水解法是我国 1989 年开始采用的主要技术。然而，因该方法生产成本高、成品质量差，且劳动条件恶劣、污染严重，在发达国家已被淘汰。甲酰胺水解法是德国 BASF 公司在 20 世纪 70 年代开发的技术，该技术在开发成功初期得到了工业化应用，但因流程复杂，能耗高，并产生大量硫酸铵，其于 20 世纪 80 年代初被甲酸甲酯水解工艺替代。轻油液相氧化法主要用于生产醋酸，甲酸作为副产品生成，且生成量约为醋酸的 10%。1952 年，美国 Celanese 公司首先建成了丁烷液相氧化生产醋酸联产甲酸的装置，随后英国 BP 公司又成功开发了轻油液相氧化生产醋酸和甲酸的生产工艺，并成为 20 世纪 70 年代国外生产甲酸的主要方法。随着美国孟山都公司甲醇低压羰基合成醋酸技术的工业化，大部分丁烷（或轻油）液相氧化装置相继停产。甲酸甲酯水解法是目前世界上比较先进的工艺，1980 年实现工业化后，世界上大多数国家均采用此技术生产甲酸。甲酸甲酯水解法根据催化剂使用及原料返回步骤的不同可分为 Kemira-Leonard 工艺、Bethlechem-Shell 工艺、BASF 工艺和 USSR 工艺。甲酸甲酯水解法的特点是只消耗 CO 和水，产品为单一的甲酸，无副产物。该工艺具有流程短、原料易得、无“三废”、产量大、生产成本低的特点，甲酸质量分数可达 98%，但此工艺一次性投资较大。国内方面，石横特钢控股集团有限公司引进了美国酸氨技术公司的甲酸甲酯水解法工艺，并进行了创新研发，成功实现了催化剂国产化，同时对设备进行了改进，开发了新型填料，形成了拥有自主知识产权的甲酸甲酯水解法生产甲酸技术。该企业以钢厂富余煤气（转炉煤气）为原料，以甲酸为主导产品，进一步形成甲酸铵、甲酸钙、甲酸钾等系列下游化工产品。以钢厂煤气为原料，采用甲酸甲酯水解法生产甲酸的工艺流程示意图如图 2.4 所示。

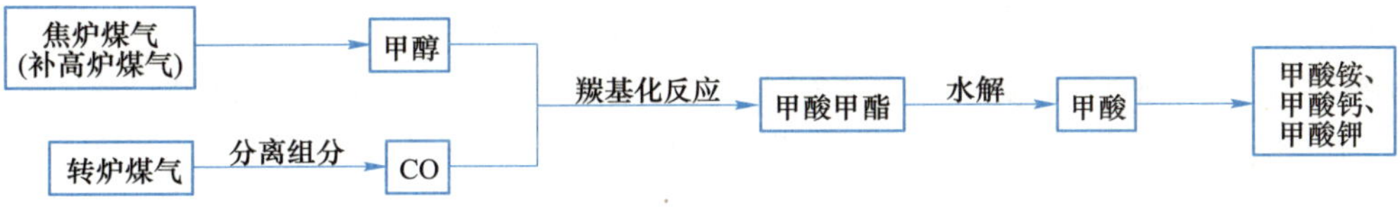

图 2.4 采用甲酸甲酯水解法生产甲酸的工艺流程示意图

根据钢厂煤气（焦炉煤气、高炉煤气、转炉煤气）的气量及组成，可以选择不同的加工方案：（1）将焦炉煤气中的 CH_4 转化成 CO 和 H_2，并将高炉煤气、转炉煤气中的 CO 提纯，以生产乙醇产品；（2）将焦炉煤气中的 CH_4 提纯作为燃料气，提取 H_2 后，与高炉煤气和转炉煤气中的 CO 一起制备乙醇；（3）对于没有焦炉煤气的钢厂，可以将高炉煤气、转炉煤气中的 CO 提纯，并外购甲醇（或二甲醚）生产乙酸甲酯产品，然后进一步加工成乙醇产品。常见的钢厂煤气制乙醇的产业链示意图如图 2.5 所示。

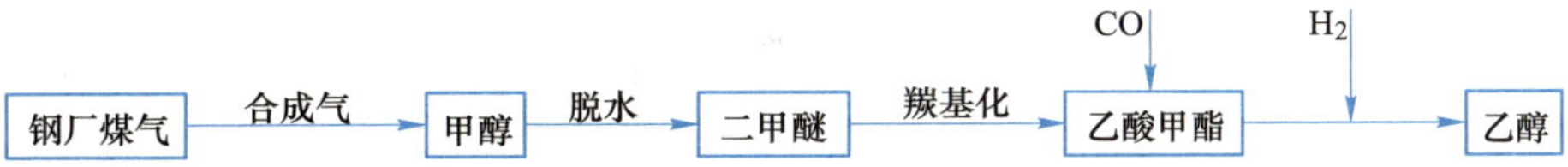

图 2.5 钢厂煤气制乙醇的产业链示意图

此外，利用焦炉煤气提取的 H_2 与转炉煤气或高炉煤气提取的 CO，采用费托工艺可生产合成蜡等化工产品。

参考文献

[1] 赵梦静，赵宏，李胜辉，等．推动我国钢铁行业双碳发展的思考与建议［J］．中国投资（中英文），2024（Z8）：26-27.

[2] 许崇萍，岳强，张钰洁，等．我国钢铁工业共生发展现状及展望［C］//中国金属学会能源与热工分会．第十一届全国能源与热工学术年会论文集，2021：316-323.

[3] 秦雪，李玮，於燕青，等．“双碳”背景下我国钢铁领域碳减排路径研究［J］．科技风，2024（27）：78-80.

[4] 杨大飞．钢铁企业副产煤气预测及优化调度方法［D］．马鞍山：安徽工业大学，2020.

[5] 张福明，颉建新，殷瑞钰．钢铁制造流程炼铁区段耗散结构的解析［J］．钢铁，2022，57（3）：1-9.

[6] 佚名．钢铁工业的副产煤气［J］．燃料与化工，2016，47（3）：13.

[7] 刘辉，王雯，魏晓明，等．工业副产煤气的资源化利用研究进展［J］．现代化工，2016，36（4）：46-52.

[8] 师少杰．钢铁与化工耦合发展技术研究及实践［J］．煤化工，2024，52（3）：40-42，51.

[9] 范学峰，何学坤，赵运建，等．钢铁行业碳捕集、利用与封存技术应用研究进展［J］．低碳化学与化工，2024：1-11.

[10] 陈健，姬存民，卜令兵．碳中和背景下工业副产气制氢技术研究与应用［J］．化工进展，2022，41（3）：1479-1486.

[11] 王新东，侯长江，钟金红．氢能产业发展现状及其在我国钢铁行业的应用［J］．河北冶金，2024（7）：1-8.

[12] 赵廷刚．钢铁行业 CO 排放治理与管控研究［J］．中国环保产业，2024（3）：35-37.

[13] 李丽，智芳芳，马茹燕．一氧化碳分离提纯方法分析研究［J］．山西化工，2018，38（5）：148-149.

[14] 刘福建，郑勇，曹彦宁，等．高炉煤气/转炉煤气低碳高效合成氨工艺流程［J］．过程工程学报，2023，23（3）：350-358.

[15] 王海博．计及钢铁生产短流程需求响应潜力的供需互动调度策略研究［D］．济南：山东大学，2022.

[16] 刘霞．煤制甲醇过程的低温余热利用与碳减排工艺研究［D］．广州：华南理工大学，2016.

[17] 杨国庆，杨桔材，律严励，等．绿氢耦合煤制甲醇碳减排量核算及竞争力分析［J］．低碳化学与化工，2024：1-8.

[18] 尹子帆，闫炳旭，王志强．煤制乙二醇生产过程生命周期碳减排路径研究［J］．化工管理，2024（13）：54-57.

[19] 高军政．煤制乙二醇生产过程的生命周期评价及节能减排研究［D］．北京：北京交通大学，2022.

[20] 章秀娟．煤化工合成氨工艺分析及节能优化［J］．中国石油和化工标准与质量，2024，44（16）：168-170.

[21] 潘登，彭锋．“双碳”背景下钢化联产发展路径研究［J］．煤化工，2023，51（1）：1-6，57.

3 钢铁企业副产煤气合成化工产品

钢铁工业是我国国民经济的重要基础产业，是建设现代化强国的重要支撑。经过多年发展，我国已经成为世界上最大的钢铁生产国和消费国。然而，我国钢铁工业能耗高、污染物排放多的问题还没有得到很好的解决。据统计，我国钢铁工业的能源消耗约占全国工业总能耗的15%；废气排放量占工业排放总量的26%，碳排放量约占全国碳排放总量的15%，为此，工业和信息化部提出钢铁工业的“十四五”建设目标之一，即“推进产业间耦合发展，构建跨资源循环利用体系，力争率先实现碳排放达峰”。作为钢铁联合企业重要的二次能源，焦炉煤气、转炉煤气及高炉煤气长期以放散为主，直至2000年以后，随着技术的进步，各种副产的煤气才逐渐得以回收利用。然而，回收的煤气除钢铁联合企业用来加热之外，剩余的大部分主要是用来发电，其热效率仅为30%~40%，且无法实现二氧化碳的本质减排。为提高钢铁联合企业副产煤气的能量利用率并实现二氧化碳的本质减排，我国的科技工作者及相关企业开展了以副产煤气为原料生产化工产品的探索实践，实现了副产煤气的资源化利用和二氧化碳的本质减排。

随着钢铁企业节能工作的深入开展，除了满足主体生产工序之外，副产煤气的产量也越来越多。当前，企业不仅追求煤气的低放散率，而且越来越注重对煤气价值的高效率利用。传统上，副产煤气主要通过提高燃烧效率和发电效率来强化其热值利用。然而，近年来人们开始更加关注副产煤气中碳和氢元素利用价值的提升，即煤气的资源化利用和价值的再提升，如以副产煤气为主要原料生产多种化工产品。钢铁联合企业副产煤气网络示意图如图3.1所示。

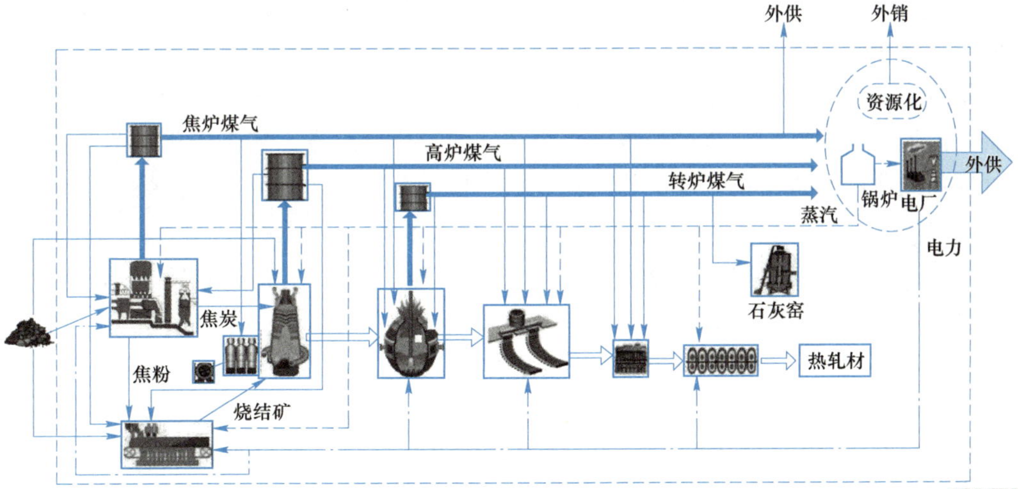

图3.1　钢铁联合企业副产煤气网络示意图

图3.1彩图

钢铁生产过程中的副产煤气中含有大量的 CO 和 H_2，这些都是宝贵的化工原料。通过对副产煤气中有价元素的分离提纯，可以合成化工产品。本章结合国内钢铁生产煤气利用的发展现状，分析钢铁联合企业进行钢铁化工联合生产的潜力，为我国钢化联产模式的探索提供借鉴和参考。

3.1 钢铁企业副产煤气的来源与组成

3.1.1 焦炉煤气

3.1.1.1 焦炉煤气的生产过程

典型焦化企业的工艺流程示意图如图 3.2 所示。

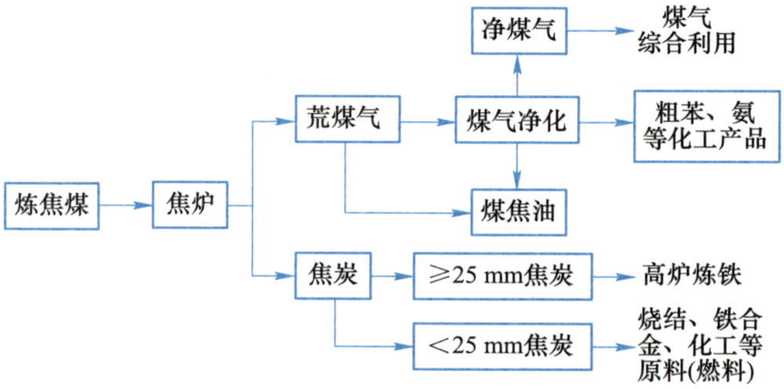

图 3.2 典型焦化企业的工艺流程示意图

焦炉煤气是焦炭生产过程中产生的一种能被综合利用的副产品，一般来讲，1 t 煤大致可产生 0.63～0.77 t 焦炭，并且产生 225～250 m^3 的焦炉煤气。焦炉煤气的生成过程可以分为以下几个步骤：

（1）煤原料的装入与加热。首先对原煤进行筛分、破碎等洗煤工序；随后，处理后的煤炭被装入焦炉的炭化室中，焦炉一般由多个相邻的炭化室组成，每个炭化室两侧有燃烧室。通过顶部或侧面的进料口将煤炭装入炭化室，填满至适当的高度，确保煤料在炭化过程中受热均匀。

（2）加热与炭化反应。在无氧条件下进行加热，焦炉通常会加热到 1000～1200 ℃的高温。在这个过程中，煤炭中的挥发性物质分解并逸出，发生热解（干馏）反应，产生焦炭和煤气等副产品，该过程可以分为三个阶段：

1）预热和干燥阶段（200～300 ℃）：煤炭中的水分被蒸发；

2）热解阶段（500～900 ℃）：煤炭中的有机物开始分解，挥发性物质被释放，主要生成气体和焦油；

3）炭化阶段（900 ℃以上）：煤炭中的残留物继续分解，生成固体焦炭。

（3）煤气的收集。在炭化过程中，挥发性物质释放出来形成焦炉煤气。这些气体通过炭化室顶部的出气管道进入粗煤气收集系统，其中还夹带着焦油、氨、水蒸气、硫化氢等杂质。

3.1.1.2 焦炉煤气的成分和特性

煤炭在高温下进行热解时，复杂的有机化合物发生分解，生成气态、液态和固态的产物。气态产物主要是焦炉煤气，包括 H_2、CH_4、CO、CO_2、N_2 以及少量的烃类、NH_3、H_2S 等；液态产物包括煤焦油和粗苯，其中煤焦油中含有许多有机化合物；固态产物主要是焦炭。由于炼焦煤原料、焦炉炉型等方面的差异，各钢铁企业的焦炉煤气成分不尽相同，表 3.1 为焦炉煤气的成分数据（仅供参考）。

表 3.1 焦炉煤气的成分（体积分数） （%）

H_2	CH_4	CO	N_2	CO_2	C_nH_m	O_2
50~60	19~28	5~10	3~5	1~3	2~3	0.5~1

焦炉煤气具有以下特性：

（1）热值高：焦炉煤气具有较高的热值，通常在 17~19 MJ/m^3。焦炉煤气的高热值源于其含有大量的 H_2 和 CH_4。

（2）可燃性高：由于焦炉煤气中含有大量的 H_2 和 CH_4 等可燃气体，因此其具有很强的可燃性。经过净化后，焦炉煤气可作为工业生产中的高效燃料。

（3）有毒性：焦炉煤气中的 CO 具有较强的毒性，因此在输送和使用时需要特别注意，防止泄漏。此外，H_2S 的存在也会对环境和人体健康造成危害。

（4）腐蚀性：焦炉煤气中的 H_2S 和 NH_3 具有较强的腐蚀性，因此在储存和输送煤气时需要使用防腐材料，并进行脱硫和脱氨处理。

3.1.1.3 焦炉煤气的应用领域

根据焦炉煤气的性能，可以利用其来发电。焦炉煤气发电的主要工艺有三种，分别为蒸汽轮机、燃气轮机和内燃机发电。

蒸汽轮机发电的原理是将焦炉煤气在汽锅中直接点燃。其产生的热量直接穿过汽锅内的管道将部分水汽化成蒸汽，通过蒸汽推动蒸汽轮机再驱动发电机发电。此技术的优点是对煤种要求低、操作简单，而且无须对焦炉煤气进行净化处理，运行较为稳定，在国内焦化企业中已被广泛应用。缺点是发电效率低（仅为 20%）、能耗高、设备占地面积大、发电入网难、效益低，仅适用于大型发电机组。

燃气轮机发电的原理是将空气和燃料在高压下混合燃烧，燃烧后气体快速膨胀，从而驱动设备发电。由于快速不断做功，所以能够使用热值偏低的焦炉煤气直接作为燃料。此工艺的优点是成本低、占地面积小、用时少；缺点是发电效率较低，仅为 28%。

内燃机发电的原理是将焦炉煤气直接点燃从而驱动设备，其发电效率远远超过蒸汽轮机和燃气轮机，为 30%~40%。该技术具有发电效率高、设备结构紧凑、质量轻、操作方便、启动快等优点，且能综合利用余热。

3.1.2 高炉煤气

3.1.2.1 高炉煤气的生产过程

高炉煤气是高炉炼铁过程中产生的主要副产品，这是一种重要的二次能源。在高炉炼铁过程中，焦炭作为燃料和还原剂，通过燃烧生成的 CO 和 H_2 与铁矿石反应，产生铁水和高炉煤气。高炉煤气主要由 CO、H_2、CO_2、N_2 等组成，其中 CO 和 H_2 是主要的可燃成分。

高炉煤气的生产过程可以分为以下几个关键步骤：

（1）原料的准备：高炉炼铁使用的原料主要包括铁矿石、焦炭和石灰石。铁矿石提供铁的来源，焦炭不仅作为燃料提供热量，还作为还原剂帮助还原铁矿石。石灰石作为助熔剂，帮助去除在炼铁过程中产生的杂质。

（2）高炉装料：在高炉中，铁矿石、焦炭和石灰石被送入炉内。通过热风炉加热的热风将这些原料送入高炉内部。在高炉底部点燃焦炭，其与空气剧烈燃烧，产生高温气体，使得炉内的温度持续升高，达到1500~2000 ℃。在高温条件下，焦炭燃烧产生热量，并生成 CO_2。在炉内高温环境下，生成的 CO_2 进一步与焦炭发生还原反应，生成 CO。CO 作为还原剂，与铁矿石中的氧反应，将铁矿石还原为铁单质。

（3）高炉煤气的生成：在高炉内部，焦炭与空气中的氧气反应，生成高炉煤气。这个过程中，一部分焦炭被氧化生成 CO 和 CO_2，而另一部分则直接与铁矿石反应生成铁水，并释放出 CO_2 和水蒸气等气体，这些气体也会混入高炉煤气中。

高炉煤气的生成涉及的化学反应方程式如下：

焦炭的燃烧：

$$C + O_2 \longrightarrow CO_2$$

CO 的生成：

$$C + CO_2 \longrightarrow 2CO$$

铁矿石的还原：

$$Fe_2O_3 + 3CO \longrightarrow 2Fe + 3CO_2$$

H_2 的生成：

$$C + H_2O \longrightarrow CO + H_2$$

3.1.2.2 高炉煤气的成分和特性

高炉煤气的主要可燃成分包括 CO、H_2、CH_4 和 CO_2。其他成分还包括 N_2、O_2、水蒸气、氯化氢（HCl）、HCN 和硫化物等。高炉煤气中还含有一定量的粉尘和水分，这些杂质的存在可能会影响煤气的使用效率和设备的运行。表 3.2 为高炉煤气的成分数据（仅供参考）。

表 3.2 高炉煤气的成分（体积分数） （%）

H_2	CH_4	CO	N_2	CO_2	C_nH_m	O_2
1.5~3.0	0.2~0.5	23~27	55~60	15~19	—	0.2~0.4

高炉煤气是一种低热值燃料，其发热量相对较低，平均发热量为 3977.46 kJ/m^3（标准状态）。高炉煤气的热值受高炉环境的影响较大，如温度、压力、气化剂的种类和比例等。崔坤坤和李福民等研究人员采用二硅化钼高温炉对不同工艺参数（温度、时间、压

力、气化剂流量）下煤的气化进行实验，用红外线气体分析仪分析产出煤气的气体成分。结果表明：随着温度的增加，煤气中 CO 含量升高，H_2 含量逐渐降低，还原气体组分（$CO+H_2$）含量增加的速率逐渐变缓；煤气中的还原气体组分含量随着反应时间的增加先增加后减少；随着压力的增加，煤气中 CO 和 H_2 的含量先增加，继续加压，煤气中的 CO 含量逐渐平稳且有下降的趋势，H_2 含量的上升逐渐变缓，煤气中的还原气体组分含量升高的速率逐渐变慢；随着气化剂流量的增加，煤气中还原气体组分含量先升高后降低，CO 和 H_2 含量也呈现先升高后降低的趋势。

高炉煤气的成分复杂，含有多种有害气体，如羰基硫（COS）、H_2S 等，这些有害气体需要在使用前进行净化处理。

3.1.2.3 高炉煤气的应用领域

高炉煤气因其特性被广泛利用，主要用途包括作为热风炉燃料、与高热值气体掺混以及用于余压发电。

作为热风炉燃料是高炉煤气目前最广泛的利用方式。按照工作原理热风炉可以分为蓄热式和换热式两种。蓄热式热风炉通过预热高炉煤气和助燃空气，使其燃烧，利用燃烧后的高温烟气加热炉内的蓄热材料（如蜂窝耐火砖或蓄热球等），再利用冷风对加热后的蓄热材料进行冷却，此后热风炉将轮流交替地进行“燃烧”和“送风”两个过程，使高炉持续获得高温热风。

高炉煤气可与焦炉煤气、天然气等高热值气体混合，用作各种加热炉、烧结机和热处理炉的燃料。这是目前钢厂中高炉煤气利用的另一种重要途径，但这种方式会提高钢厂的用气成本，需要根据实际天然气供应情况进行方案设计。此外，也有部分钢厂将高炉煤气送入自备锅炉掺烧，但大量掺烧高炉煤气会影响锅炉的热效率和运行的安全性，需要进行全面评估。

高炉余压回收（top-pressure recovery turbine，TRT）是利用高炉煤气的压力能和热能经透平膨胀做功来驱动发电机发电。该技术可以在调节高炉炉顶压力的同时充分利用高炉煤气的压力能和热能，与传统的发电方式相比，省去了大部分相应的配套设备，降低了发电成本，经济效益显著。然而，由于高炉煤气的压力存在波动，只有当高炉煤气压力大于 0.08 MPa 时才能获取收益，且需大于 0.12 MPa 时，经济上才有可行性。

3.1.3 转炉煤气

3.1.3.1 转炉煤气的生产过程

转炉煤气的生成伴随钢铁生产中的炼钢过程，其中转炉作为核心设备之一，通过向炉内吹入 O_2，与铁水中的碳、硅、锰、磷等杂质发生氧化反应，使杂质燃烧，从而去除杂质，提升铁的纯度，最终获得符合成分要求的钢。在吹氧炼钢过程中，产生了大量的高温烟气，这些烟气主要由 CO、CO_2 等气体组成，其中 CO 含量较高。转炉煤气的生产过程可以分为以下主要步骤：

（1）转炉装料：将预处理后的铁矿石、焦炭和石灰石按照一定比例装入转炉内。转炉内的温度通常达到1400~1600 ℃。

（2）吹氧反应：将高纯度 O_2 通过喷枪吹入转炉，焦炭在高温下燃烧，产生的热量使铁矿石发生还原反应，氧化铁（Fe_2O_3）与焦炭反应，生成 Fe 和 CO。反应方程式如下：

焦炭的燃烧：

$$C + O_2 \longrightarrow CO_2$$

CO 的生成：

$$C + CO_2 \longrightarrow 2CO$$

脱碳反应：

$$Fe_2O_3 + 3C \longrightarrow 2Fe + 3CO$$

3.1.3.2 转炉煤气的成分和特性

转炉煤气的主要成分包括 CO、H_2、CO_2、CH_4、N_2 和水蒸气等，表 3.3 为转炉煤气的成分数据（仅供参考），其成分的具体比例会因原料的配比、操作条件等因素的变化而变化。

表 3.3 转炉煤气的成分（体积分数） （%）

H_2	CH_4	CO	N_2	CO_2	C_nH_m	O_2
0.5~2.0	—	50~70	10~20	10~25	0.2~0.6	0.3~0.8

转炉煤气具有以下特性：

（1）热值低：转炉煤气的热值很低，通常在1000~2000 kJ/m^3，具体的热值取决于气体的成分。

（2）可燃性：由于含有 CO 和 H_2，所以转炉煤气是一种可燃性气体，可用于燃烧与发电。

（3）有毒性：CO 是一种有毒气体，吸入高浓度的 CO 会对健康造成危害，因此在处理与利用转炉煤气的过程中必须采取安全措施，确保通风良好，避免泄漏，防止事故发生。

（4）具有酸性成分：转炉煤气中存在酸性气体（如 CO_2 和 H_2S），在燃烧和化学反应中会影响其他物质的性质。

3.1.3.3 转炉煤气的应用领域

转炉煤气的利用方法主要有提纯制备 CO 以及制备甲醇和乙醇。

转炉煤气中的 CO 含量较高，经提纯后可以作为合成氨、甲醇、醋酸等精细化学品的原料。目前，已用于工业化的 CO 提纯方法有深冷分离法、PSA 法等。深冷分离法是利用气体沸点的差异进行精馏，使不同气体得到分离，所得到的产品纯度高，但制备过程的压缩和冷却能耗较大，仅适用于大规模气体的分离过程。PSA 法是利用吸附剂对气体的吸附能力、吸附速度和容量的差异，以及吸附剂对混合气体中各种组分的吸附容量随压力变化的物理特性，通过加压吸附、降压解吸来实现气体组分的分离，如日本神户制钢所在加古川钢厂和神户钢厂建成的转炉煤气 PSA 提纯工厂，所产 CO 浓度高于99%，回收率超过80%，产量可达150~200 m^3/h。PSA 法的关键在于研制低成本、高分离效率的吸附剂。

由于转炉煤气的 CO 和 CO_2 含量很高，因此可以用于制备甲醇和乙醇。转炉煤气可以作为焦炉煤气纯氧转化制备甲醇工艺中的补碳剂，通过调节原料气的碳氢比，提高甲醇化反应的收益和产量。例如，2009 年四川省达州钢铁集团在 10 万吨/年焦炉煤气制甲醇项目中引入转炉煤气作为补碳剂，使甲醇产量提高 20%，使每吨甲醇的生产成本降低 10%。

3.2 煤气净化技术

3.2.1 焦炉煤气净化技术

焦炉煤气净化是炼焦过程中最重要的环节，是对焦炉在炼焦过程中产生的煤气进行处理，去除煤气中的有害杂质，如 H_2S、焦油、苯类等，以提高煤气的质量和安全性，并提升利用效率。

焦炉煤气净化工艺主要包括以下几个阶段。

3.2.1.1 煤气初冷技术

煤气初冷指的是焦炉煤气初步降温冷却，使其温度由最初的 800 ℃高温降低至 25 ℃左右。煤气初冷过程所用的设备为初冷器，冷却方式有直接冷却式、间接冷却式以及直接-间接冷却结合式三种。所用冷却设备有直接冷却式喷淋塔、横管式冷却装置以及立管式冷却装置三种。直接冷却式利用冷却塔来完成，这种方式不仅能冷却煤气，也可净化焦炉煤气。间接冷却式在冷却焦炉煤气过程中，煤气不会直接与冷却水接触，而是借助换热器来完成冷却过程。由于冷却水不直接接触煤气，可不受煤气污染，可重复利用，适用于水资源紧缺的焦化企业。基于直接冷却式和间接冷却式的优缺点，多数焦化企业选择使用直接-间接冷却结合式来完成煤气的初冷过程。焦炉企业煤气净化的实践结果证明，煤气初冷后的效果显著，其中所含萘气体量大大降低。

3.2.1.2 除焦油技术

焦油是炼焦过程中产生的副产物，会在焦炉煤气中以气溶胶或液滴的形式存在。由于焦油具有高黏度和高碳含量，容易堵塞设备，因此需要进行有效去除。在煤气初冷过程中，多数焦油也会随着煤气的冷却而冷却，小部分焦油则会进入焦油捕集装置，和氨水混合。

除焦油的技术主要包括机械除焦油法和湿式电捕焦油器。机械除焦油法主要包括重力沉降法和离心分离法，前者是利用焦油液滴的重力作用，在沉降器中使较大的焦油颗粒沉降下来。这种方法设备简单，但只能去除大颗粒焦油。后者是利用离心力原理，通过旋转分离器去除小颗粒焦油，效果更好，但设备复杂且运行费用较高。湿式电捕焦油器的主要原理是利用高压电场使焦油粒子带电，然后在电场作用下捕集焦油。这种方法可以高效去除较小的焦油粒子，是现代焦炉煤气净化的常用方法。

3.2.1.3 脱硫技术

焦炉煤气中的 H_2S 含量较高，燃烧时会生成 SO_2，造成空气污染，因此脱硫是净化中的重要环节。

脱硫的技术主要包括湿法脱硫和干法脱硫。湿法脱硫利用苯胺溶液吸收煤气中的

H_2S，反应生成硫化苯胺，再经过氧化再生脱硫剂。该方法的优点是脱硫效率高，但存在溶液消耗大和二次污染的问题。干法脱硫是利用固体吸附剂，如氧化铁或锌基脱硫剂，吸附煤气中的 H_2S。这种方法操作简便，但吸附剂易饱和，需要定期更换或再生。

3.2.1.4 脱萘技术

萘是焦炉煤气中主要的有机杂质之一，在低温下容易凝结，堵塞管道。脱萘的技术主要包括水洗法和喷淋法。

水洗法：通过冷却和水洗使煤气中的萘冷凝析出，形成萘油。这是最简单的脱萘方法，适用于初级净化。

喷淋法：利用冷凝油或焦油乳液喷淋煤气，吸附其中的萘。该方法能有效去除气相中的萘，且设备成本较低。

3.2.2 高炉煤气净化技术

高炉煤气的净化流程与焦炉煤气净化流程有一定区别，高炉煤气净化主要分为除尘、降温和脱硫等几个关键环节，常用的净化技术包括重力沉降、湿法净化、干法净化以及膜过滤等。

3.2.2.1 除尘技术

高炉煤气中含有大量粉尘颗粒，占煤气体积的5%~7%，这些粉尘主要是铁矿石、焦炭和熔渣的细小颗粒，必须通过除尘设备去除，以确保煤气能够安全燃烧及输送。常见的除尘方法如下。

（1）布袋除尘器除尘。煤气通过布袋过滤器时，其中的粉尘颗粒被滤袋捕集，而清洁的气体则通过滤袋继续向上流动并最终排出设备。布袋除尘器的工作原理是基于滤袋的物理拦截作用，即只允许比其自身更细小的物体通过袋体网孔，从而实现对粉尘的有效过滤，使清洁的气体通过出口排出，粉尘被布袋阻挡并积聚在其表面。这种方法除尘效率高，但设备阻力较大，且需要定期更换或清洁布袋。收集到的粉尘被集中到设备底部的收集箱中，经过处理后可以进行回收利用或安全排放。布袋除尘器的工作原理图如图3.3所示。

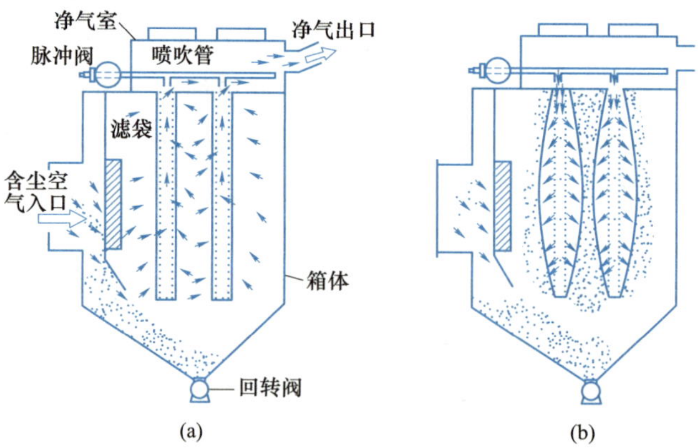

图3.3 布袋除尘器的工作原理图

（a）过滤状态；（b）清灰状态

（2）静电除尘器除尘。静电除尘器的工作原理是利用电晕放电和静电力的作用。首先，在放电针施加高压电场，使周围气体发生电离形成电晕放电。这一过程中，气流中的粉尘颗粒会被荷电，即带上正或负的电荷。带电的粉尘颗粒在静电力的作用下会从气流中分离出来，并朝向与其电荷相反的极板移动，并被吸附到集尘极上。该方法适用于去除高炉煤气中的细小颗粒，净化效果良好。静电除尘器的工作原理图如图 3.4 所示。

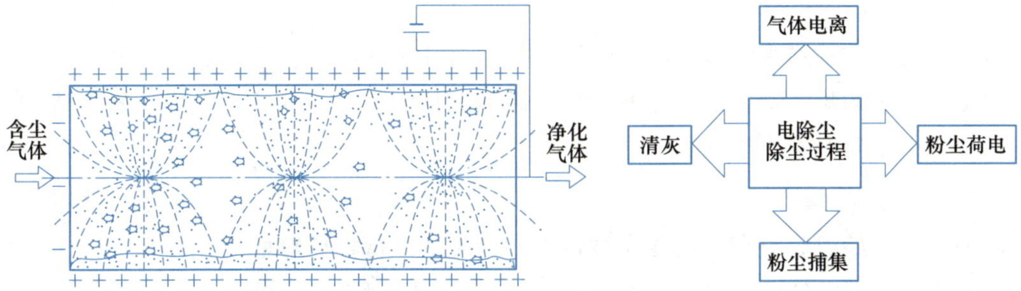

图 3.4 静电除尘器的工作原理图

3.2.2.2 降温技术

高炉煤气在排出高炉时的温度较高（150~200 ℃），需对其进行冷却以便后续净化处理。在降温过程中，煤气中的一部分水蒸气和焦油可以冷凝析出。

3.2.2.3 脱硫技术

高炉煤气中的硫化物，尤其是 SO_2，燃烧时会产生酸性气体，危害设备及环境。因此，煤气的脱硫处理尤为重要。高炉煤气中的硫可分为有机硫和无机硫两大类，有机硫的主要成分包括 COS、二硫化碳（CS_2）、甲硫醇（CH_4S）、乙硫醇（C_2H_6S）和噻吩（C_4H_4S）等；无机硫的主要成分包括 H_2S 和 SO_2 等。

脱硫技术主要包括以下几种。

（1）湿法脱硫。高炉煤气湿法脱硫的工作原理是将高炉煤气中的硫化物，尤其是有机硫（如 COS）转化为无机硫，然后通过化学吸收或催化氧化的方法进行去除。首先进行水解转化，使高炉煤气中的 COS 在特定的条件下被水解成 H_2S 和碳酸氢根（HCO_3^-）。这一步骤可以使用特定的催化剂来加速，例如 Al_2O_3 基改性双金属水解催化剂，其中活性组分包括氧化锌（ZnO）、氧化锰（MnO）和氧化钴（CoO）等。随后进行湿法脱硫。水解后的气体进入湿法脱硫系统，其中 H_2S 通过化学吸收剂（如 Na_2CO_3 溶液）被吸收，与吸收剂反应生成硫化钠（Na_2S）和其他副产品。此外，还可以采用电化学协同湿法吸收技术，通过电化学催化氧化协同增效的方式提高脱硫效率。

（2）分子筛干法脱硫。常用的分子筛为沸石，将其中 20%的钠离子转换为钙离子或其他二价金属，这样的脱硫剂不仅可以脱除 COS，还能有效脱除硫醇。分子筛干法脱硫技术是采用吸附再生工艺进行高炉煤气的脱硫与净化，吸附反应装置在运行时会面临较高的阻力，因此工艺应用时应合理控制高炉煤气的水含量。

（3）加氢转化与吸收干法脱硫。兼顾转化和吸收功能的脱硫剂会得到人们的青睐。铁

锰脱硫剂对 CS_2 和 COS 之类的硫化物脱除效果较好；氧化锌基脱硫剂中包含氧化锌与其他化合物（如氧化锌与二氧化钛混合之后制作脱硫剂），高温下能够脱除 H_2S 与 COS 等物质，但是在 200 ℃的温度下没有活性。将含有氧化钙的氧化锌加入煤热解炉内，可以发现有机硫与无机硫可以同时被脱除，且脱硫效率能够达到 90%。

3.2.3 转炉煤气净化技术

转炉煤气在炼钢过程中具有高温高压特性，其涉及的净化技术与高炉煤气类似，但由于转炉煤气产生的瞬时量大、温度波动大，因而在技术上有一些特殊要求。转炉煤气的净化通常分为以下两个主要步骤。

3.2.3.1 降温技术

转炉煤气初始温度很高，需要先进行冷却处理，以保护后续的净化设备以及减少能量损失。蒸发冷却器是转炉煤气降温的核心设备之一，通过向其中喷入按一定比例的汽水混合物颗粒，利用水的汽化潜热迅速降低烟气温度，同时也降低了煤气中的含尘浓度和粉尘比电阻。这种方法不仅能够有效降低煤气温度，还能减少二次污染问题。

3.2.3.2 除尘技术

除尘技术是通过除尘设备去除煤气中的粉尘，以免污染环境并保证煤气的安全使用。

转炉煤气的干法除尘及回收系统是一种专门回收煤气中的 CO 气体并为其提供再利用的工艺过程，其工艺流程图如图 3.5 所示。转炉排放的 1400~1600 ℃烟气，在其进入烟道后被汽化冷却，冷却后的烟气温度为 800~1000 ℃。首次冷却后的烟气在蒸发冷却器中遇到高压喷嘴喷出的水雾，温度进一步降低至 250 ℃左右。蒸发冷却器能够根据烟气的热量精准控制所喷射出的水雾量，保证所喷射出的水雾可以被蒸发干净，从而确保烟气干燥。干燥烟气中的粉尘易被电除尘器捕捉，同时也可实现对烟气调质的目的。通过蒸发冷却器的烟气中有 30%~40%的粗质粉尘会被滞留在底部，由输灰设备转运至粗灰仓，并由汽车外运。

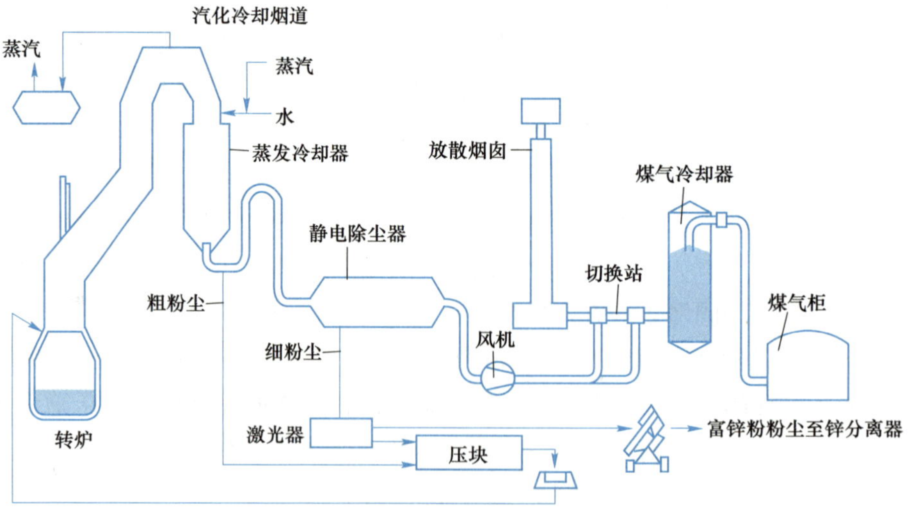

图 3.5 转炉煤气净化的工艺流程图

烟尘通过蒸发冷却器实现了调质和降温的目的后，便继续流向电除尘器。电除尘器中存在4个呈圆形的电场，出口处安装了气流分布板以保证烟气在电除尘器中的流动保持柱塞状，尽可能降低发生意外爆炸的概率。同时，在电除尘器的前后出口处还设有安全泄爆阀，在发生意外爆炸时，可对强大压力冲击波进行疏导。电除尘器处理后产生的粉尘被扇形刮板机刮至下方灰槽中，再通过机械输送系统传输到细灰仓，随后外运处理。

由轴流风机进入煤气切换站的烟气被两个液动杯阀分流，不符合回收条件的烟气被液动杯阀切换到放散烟囱，通过明火点燃进行放散处理；符合回收条件的烟气则会被切换至煤气冷却器进行喷淋降温，此时煤气温度将从原来的150 ℃调整至70 ℃以下，随即被输送至煤气柜，由煤气加压站通过管道输送至用户。

3.3 副产煤气合成化工产品路径

3.3.1 甲烷合成路径

甲烷是一种无色、无味、无毒且无腐蚀性的气体，其在标准状态下比空气轻，是自然界中最简单的有机物，也是含碳量最小、含氢量最大的烷烃。它的分子结构为正四面体形，具有高度的结构稳定性。

关于甲烷化的技术原理，已有不少文献对CO_2甲烷化等进行了报道，对甲烷化反应的机理进行了较为深入的研究，但对CO_2反应过程中C—O键断裂的方式和加氢机理依然存在分歧。近期研究发现，C—O键断裂过程中形成了羰基氢化物、甲酰基等中间体，因此反应的控制步骤和机理还需进一步研究。

焦炉煤气甲烷化是焦炉煤气中的CO、CO_2和H_2，以催化剂为载体、在一定温度和压力作用下进行化学反应，生成高热值CH_4的过程。受原料煤种和焦化工艺条件的影响，焦炉煤气中各组分含量在一定范围内波动，但甲烷化反应的本质并未发生变化，仍以CO_2甲烷化反应为主。

焦炉煤气甲烷化技术主要以TREMP甲烷化技术和DAVY甲烷化技术为主。丹麦托普索公司在甲烷化制备合成天然气技术领域具有丰富的操作经验和大量的工艺验证，开发出了TREMP甲烷化工艺。典型的TREMP甲烷化工艺流程简图如图3.6所示，由3个绝热反应器串联而成。主要甲烷化反应在反应器R1和反应器R2内进行，反应器R3用于补充甲烷化反应。甲烷化工艺的循环气来源于反应器R1出口的部分气体，通过调节产品气的循环量来控制反应器入口的CO_2、CO浓度以及反应器R1的温度和压力。TREMP技术采用了MCR-2X催化剂，其活性组分为镍，质量分数约为22%。镍均匀负载在陶瓷基体上，可防止镍晶体烧结，操作温度为250～700 ℃。在此条件下，甲烷的体积含量可达94%～96%，符合我国天然气的相关标准。新疆庆华年产55亿立方米煤制天然气项目采用了TREMP甲烷化工艺，其稳定性和有效性在工业示范装置上得到验证。然而，TREMP甲烷化技术中原料气不分股，需依次经过反应器R1、R2、R3，且循环气量较大，导致循环压缩机负荷较高，能耗相对较高。

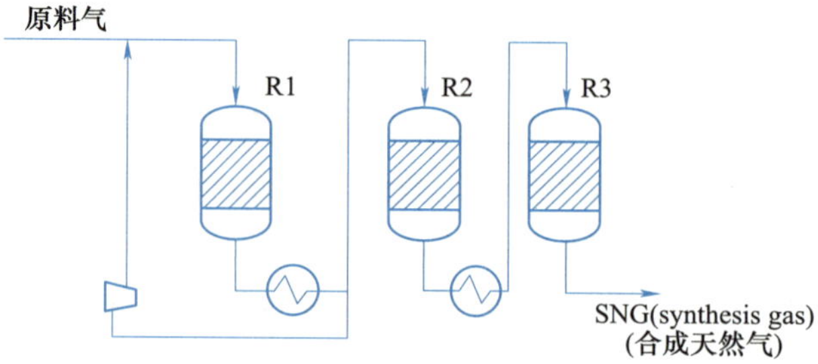

图 3.6 TREMP 甲烷化工艺流程简图

另外，DAVY 公司开发的 DAVY 甲烷化技术为两段甲烷化反应体系，其中第一段为主要转化，第二段为补充转化，每段有两个反应器，DAVY 甲烷化工艺流程简图如图 3.7 所示。

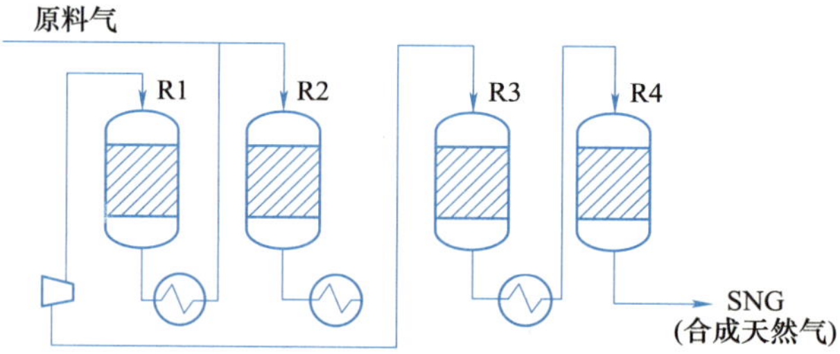

图 3.7 DAVY 甲烷化工艺流程简图

前两个反应器 R1 和 R2 采用串并联方式连接，将原料气分为两股，其中一股原料气与循环气混合后进入反应器 R1，另一股原料气与反应器 R1 出来的富甲烷冷却气和蒸汽混合后被送往反应器 R2。反应器 R2 出口的富甲烷气冷却后分为两股，其中一股循环回反应器 R1，另一股依次经过反应器 R3、R4 进行进一步的甲烷化反应。

DAVY 甲烷化技术采用的催化剂为 CEG-LH，具有变换功能，因此合成气无须调节碳氢比。CEG-LH 催化剂的活性组分为镍，含量约为 50%。操作温度范围为 230~700 ℃，在此条件下，甲烷的体积含量可达 94%~96%。DAVY 甲烷化技术在我国辽宁大唐阜新 13.3 亿立方米煤制天然气、内蒙古大唐克什克腾旗 13.3 亿立方米煤制天然气一期工程已得到推广应用。DAVY 甲烷化技术通过将原料气分为两股后分别进入反应器 R1 和 R2，能够均衡反应过程并便于操作，但该工艺对控制的要求较高。

3.3.2 合成氨合成路径

氨是一种无色、有强烈刺激性气味的气体，具有多种物理和化学性质。在常温常压下，氨是气体，密度为 0.771 g/L，相对密度为 0.5971（空气 = 1.00）。液态氨的密度为 0.617 g/cm^3，氨的熔点为 -77.7 ℃，沸点为 -33.4 ℃。在低于 -77.7 ℃时液氨会结晶为无色结晶。氨易溶于水，形成弱碱性的溶液，即氨水（$NH_3 \cdot H_2O$），并且能与乙醇、乙醚等有机溶剂相溶。

工业上合成氨反应是典型的放热可逆缩体化学反应，反应条件苛刻，一般需要在高温高压（300~500 ℃，15.0~20.0 MPa）下进行，并通过添加催化剂等手段才能将三体积氢气与一体积的氮气高效转化为两体积的氨气，其反应方程式如下：

$$3H_2 + N_2 \longrightarrow 2NH_3$$

目前，合成氨最普遍的工艺是 Haber-Bosch 工艺，每年有 90%以上的 NH_3 均来源于这一工艺，其工艺流程图如图 3.8 所示。

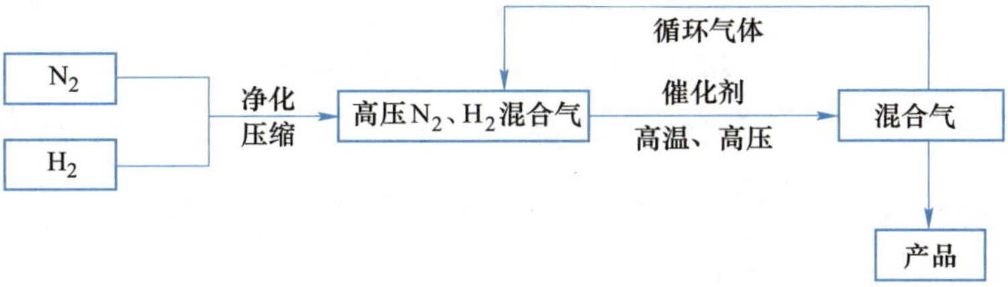

图 3.8　Haber-Bosch 合成氨工艺流程图

钢铁企业通常采用 Haber-Bosch 合成氨工艺，例如通过水煤浆气化技术，将转炉煤气和高炉煤气中的 N_2 和 H_2 按适当比例混合（N_2 和 H_3 的比例为 1∶3）后制取合成氨，副产煤气合成氨的工艺示意图如图 3.9 所示。我国以非无烟块煤为原料合成氨的能耗平均为每吨氨 1554 kgce；传统的焦炉煤气制合成氨能耗约为每吨氨 1250 kgce。近年来，采用高炉煤气和转炉煤气制合成氨的节能工艺技术的发展使得能耗已降至每吨氨 1142 kgce。

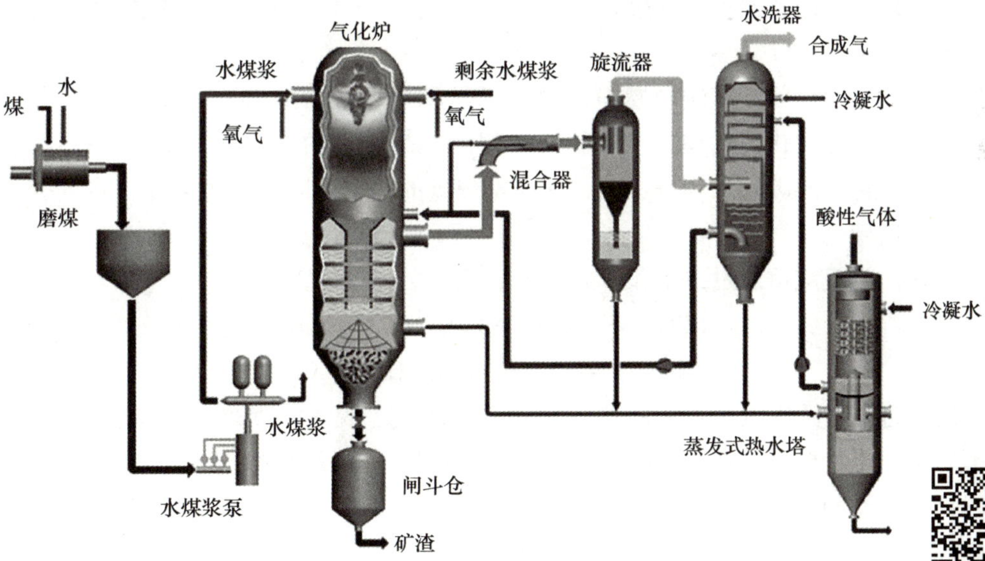

图 3.9　副产煤气合成氨的工艺示意图

图 3.9 彩图

在该工艺中，首先将净化后的转炉煤气和高炉煤气通过耐腐蚀流量计在干法精脱硫工段进行计量整合，随后进入深度脱硫系统除去杂硫物质。在铜洗工段中，在进行混合气精制前，将转炉煤气和高炉煤气的混合气逐级加压至高压状态（10 MPa），最后利用醋酸铜氨液洗涤以脱除混合气中微量的 CO_2、CO 和 HS，一般这三种杂质的浓度在 15 mg/g 以下。该精炼过程能够有效将以上物质对合成氨催化剂的毒害作用降到最低，进而提升合成氨的质量。

当转炉煤气和高炉煤气的混合气经过脱硫和脱碳净化后，进一步利用膜分离技术实现 N_2 与 H_2 的高效分离，以及 H_2 的纯化和浓缩，最后，经过加压（32 MPa），将纯化后的气体送入氨合成系统，在一定的压力和温度下，经过催化剂催化合成得到高浓度氨气。氨气经过分离后进入液氨贮槽。这一过程实现了高炉煤气和转炉煤气用于合成氨的闭环循环。氨的合成是合成氨生产工艺的核心环节，上述对原料气所进行的净化、精炼过程均是为了更高效地完成合成氨工艺，提升合成氨的整体合成效率，进而制备出更高纯度的合成氨。

3.3.3 乙醇合成路径

燃料乙醇是目前世界上公认的高品质清洁液体燃料和绿色能源，添加到汽油当中是良好的辛烷值调和组分与汽油增氧剂，可作为抗爆剂替代甲基叔丁基醚（MTBE），能够有效减少汽车尾气中 $PM_{2.5}$和 CO 等污染物的排放，因此受到世界各国的广泛认可。2017 年 9 月 13 日，由国家发展和改革委员会、国家能源局等十五部门联合印发《关于扩大生物燃料乙醇生产和推广使用车用乙醇汽油的实施方案》，根据方案要求，到 2020 年，我国在全国范围内推广使用车用乙醇汽油。2019 年，我国燃料乙醇产量约 270 万吨。与此同时，国内的生物合成乙醇路径主要涉及将工业生产中的副产煤气（富含 CO）转化为合成气，再通过微生物发酵生产乙醇。这一过程不仅有助于减少温室气体排放，还能提供一种可再生的能源替代品。

钢铁工业煤气生物发酵法制燃料乙醇技术是利用煤气中的 CO 和 H_2 为主要原料，通过特定微生物菌体的代谢过程，在生物反应器内将煤气中的 CO 和 H_2 转化为乙醇、乙酸等代谢产物，将无机碳转化为有机碳，从而实现碳的固定，同时通过菌体自身的分裂实现菌体的不断增殖。

其中，固碳反应可通过以下化学式简要表示：

$$6CO + 3H_2O \longrightarrow C_2H_5OH + 4CO_2$$

$$2CO + 4H_2 \longrightarrow C_2H_5OH + H_2O$$

该发酵过程为连续发酵，原料煤气经压缩、净化、脱氧等处理后，持续送入发酵罐。在发酵罐中，干粉菌种先在种子罐中活化培养，再接种至发酵罐。在此过程中，向发酵罐中连续供应煤气和含有微量元素的营养液。菌体在发酵罐中以煤气中的 CO 为碳源，以氨水为氮源，将气体中的 CO 持续转化为乙醇等代谢产物，同时菌体自身持续增殖，并随醪液连续排出。发酵过程中 CO 的利用率大于 85%，发酵尾气中还含有少量未反应的 CO，通过洗涤塔洗涤后送入尾气处理装置并回收热量。发酵后的醪液经蒸馏脱水系统提纯乙醇，采用多塔差压蒸馏技术实现高效热量梯度利用集成。余下的含菌的余馏水通过浓缩干燥工艺得到蛋白饲料等副产品。

北京首钢朗泽科技股份有限公司（以下简称“首钢朗泽”）通过大量中试研究试验，

验证了工业煤气发酵法制燃料乙醇技术的连续运行稳定性，CO 利用率可达 85%以上，发酵乙醇浓度达到 50 g/L。同时，以发酵技术为核心，研究并打通了包含气体预处理、发酵、蒸馏脱水、尾气处理、蛋白分离干燥、污水处理等工艺的全系统工艺流程，形成了具有自主知识产权的成套集成工艺技术体系。在中试研发成果的基础上，首钢朗泽于 2016 年在首钢京唐钢铁联合有限责任公司（以下简称“首钢京唐公司”）院内开工建设了河北首朗新能源科技有限公司年产 4.5 万吨钢铁工业煤气生物发酵法制燃料乙醇项目，该项目以首钢京唐公司富余的转炉煤气为原料，设计年产燃料乙醇 4.5 万吨，同时副产蛋白粉 5000 t，粗天然气 5×10^6 m^3（标准状态）。经过两年多的运行，各项参数达到了设计指标，充分验证了工业煤气发酵法制燃料乙醇技术的工业化可行性和经济性。

目前，该项目产出的燃料乙醇已进入中国石油天然气集团公司、中国石油化工集团有限公司的销售体系，并定向保供河北及山东等乙醇汽油封闭市场。该项目产出的乙醇梭菌蛋白产品粗蛋白含量在 80%以上，通过了安全性及有效性验证，是一种高价值的蛋白饲料原料。该产品目前主要用于青岛、广州等地区的高价值海产鱼类养殖，取得了良好的应用效果。此外，该项目在实现燃料乙醇生产的同时，还通过污水厌氧处理产生了天然气，其中甲烷含量在 70%以上，是一种高热值燃气，经过脱硫处理后，被销售回首钢京唐公司，实现了良好的经济价值。

3.3.4 甲醇合成路径

甲醇，也称木醇或木精，是一种无色透明的易挥发液体。它的物理性质包括较低的熔点（-97.8 ℃）和较高的沸点（64.65 ℃），以及 20 ℃时的比重为 0.7915。甲醇具有较高的辛烷值，这使得它在作为燃料时具有良好的抗爆性能和稳定的燃烧特性。

甲醇在工业上有着广泛的应用，包括作为化工原料生产二甲醚、乙烯、甲醛及其衍生物。它也被用作汽车燃料和有机物质的萃取剂。由于其清洁环保的特性，甲醇被视为一种有前景的替代燃料，尤其是在石油资源逐渐减少的情况下。以下将介绍副产煤气合成甲醇的路径。

3.3.4.1 焦炉煤气制备甲醇合成路径

以内蒙古某甲醇制造厂的生产过程为例，焦炉煤气制甲醇的工艺流程主要包括纯氧转化、甲醇合成以及甲醇精馏三个主要步骤。

对于纯氧转化工段，定量的焦炉煤气与定量的蒸汽按比例混合后被送至综合加热炉，流经加热炉的蒸焦预热段，混合气在蒸焦加热段经加热后送至纯氧转化炉顶部。在纯氧转化炉中，混合气与 O_2 结合进行充分燃烧，催化剂层位于转化炉的上部，在这一层主要进行甲烷的催化转化反应。高温煤气经过化学反应后生成 H_2、CO、CO_2 等气体。为确保转化气中的 CH_4 体积分数小于标准值，需对转化炉出口温度进行控制。在废热锅炉和换热器的冷却作用下，转化气的温度被降至 40 ℃左右，之后通过气液分离器将转化气中的游离水分进行分离。被分离水分后的转化气进一步进行脱硫处理，利用常温氧化锌脱硫罐去除 H_2S。脱硫后的转化气中 H_2S 含量小于 0.1×10^{-7}，然后送入甲醇合成工段。

在甲醇合成工段，合成气进入合成塔，与催化剂反应生成甲醇。反应后，合成气在甲醇空冷器和甲醇水冷器的作用下冷却，直到温度降至 40 ℃左右后进入甲醇分离器进行分离。经分离后得到的粗甲醇经减温减压后进入闪蒸槽进行闪蒸，之后进入精馏环节。

在精馏工段，首先利用粗甲醇预热器对粗甲醇进行预热，去除其中较轻的成分，之后通过甲醇泵输送至加压塔预热器进行预热。为了能够达到高利用率的目的，经预热后加压塔内的甲醇蒸汽将作为热源，对常压塔釜液进行加热。经过冷凝后，甲醇流入加压塔。在压差作用下，加压塔塔底的富甲醇溶液流入常压塔。经分离作用，甲醇蒸汽从常压塔塔顶进入到冷凝器中进行冷凝作用，冷凝后的甲醇进入常压塔的回流槽，一部分作为回流，而另一部分则经过产品冷却后，送至精甲醇计量槽，最终得到精甲醇产品。焦炉煤气制甲醇的工艺流程图如图 3.10 所示。

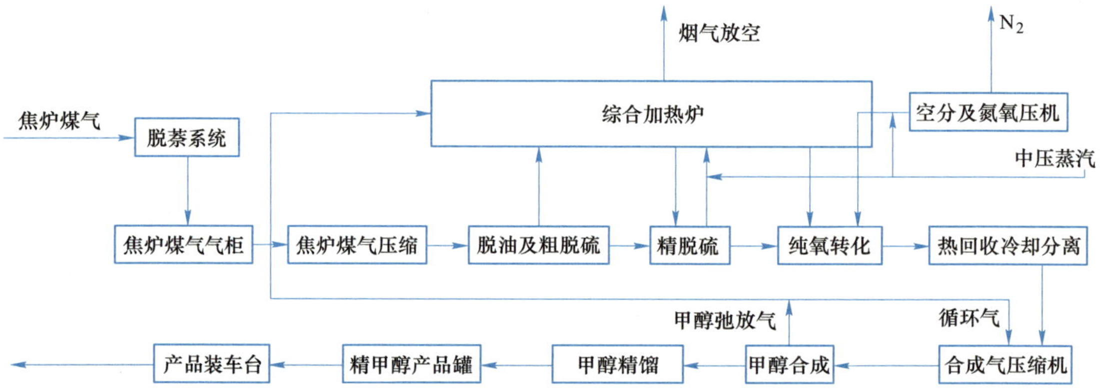

图 3.10　焦炉煤气制备甲醇的工艺流程图

此外，以四川省达州钢铁集团有限责任公司的煤气资源化利用改造项目为例，其创建了钢铁、煤焦化工协调发展的新模式，实现了钢铁企业氢、碳素流的价值优化。项目投产后，该公司约以 1845 m^3 的焦炉煤气和 287 m^3 的转炉煤气生产出 1 t 甲醇，实现年产甲醇 10.6 万吨。同时，在吨钢综合能耗、自发电量、社会效益和经济效益方面都取得了一定的成绩。

3.3.4.2　高炉煤气制备甲醇合成路径

煤气制备甲醇的基本反应如下所示，即煤气中的 CO_2 和 CO 与 H_2 发生反应，在一定的碳氢比、温度、压力和催化剂的作用下合成甲醇。

$$CO + 2H_2 \longrightarrow CH_3OH$$

$$CO_2 + 3H_2 \longrightarrow CH_3OH + H_2O$$

以高炉煤气为原料气制备甲醇的工艺不同于传统的天然气或煤气化制甲醇工艺。以高炉煤气为原料合成甲醇，需根据 CO、CO_2 和 H_2 的组成比例和反应要求，对反应原料气的碳氢比进行调整，使碳氢比达到合成甲醇的要求。同时，甲醇合成属于气固相反应，需要在一定温度、压力及催化剂存在的条件下才能发生，如图 3.11 所示。

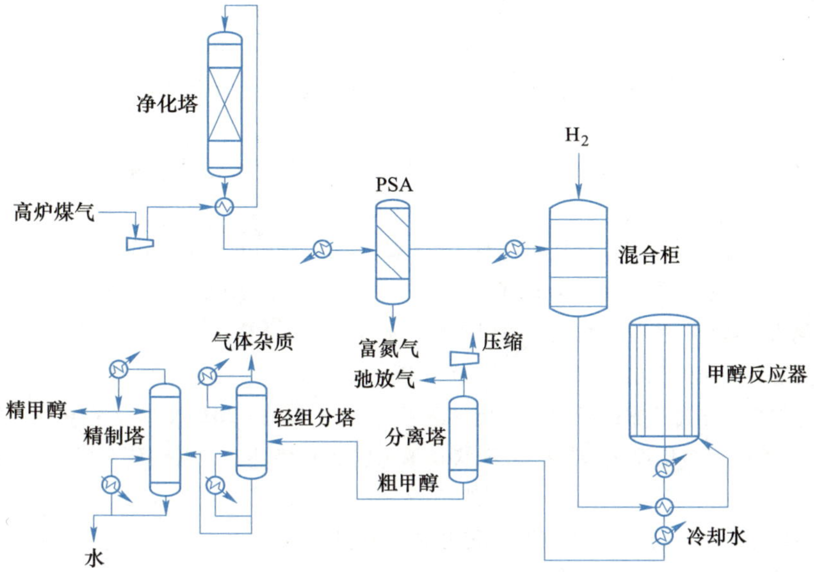

图 3.11 高炉煤气制备甲醇的工艺流程图

该工艺流程主要包括以下步骤：

（1）以精脱硫为主的煤气深度净化。高炉煤气中含有机硫和无机硫，硫物种形态复杂，为防止重整与加氢催化剂中毒失活，需要进行深度净化脱硫，使硫含量控制在10%以下。自气柜来的高炉煤气加压至20 MPa左右送入脱硫槽，脱除H_2S、SO_2等杂质。经过精脱硫后的净化原料气硫含量低于10^{-5}%。随后，通过活性炭吸附塔进一步净化气体。

（2）PSA脱氮气。净化后的高炉煤气进入PSA流程，脱除氮气，使脱氮后煤气中的N_2体积比低于5%。

（3）反应气气质调整。高炉煤气的主要成分为CO和CO_2，需补入H_2才能满足甲醇的合成要求。净化后的高炉煤气与焦炉煤气中的H_2混合，以调整其碳氢比，从而得到优质的合成原料气。

（4）反应气压缩。混合后的反应气由压缩机压缩后进入循环段，与来自甲醇反应器的循环气混合，加压至50~60 MPa，送往甲醇合成塔。

（5）甲醇合成。采用CO和CO_2共加氢催化剂，在一定的温度和高压条件下高效合成甲醇。合成塔出口气经过气-气换热器与水冷器降温至40 ℃，湿度降低后进入甲醇分离器进行气液分离。由甲醇分离器分离出来的气体大部分作为循环气进入反应气压缩机增压循环利用，其余部分作为弛放气，经过洗醇塔洗去甲醇后，送往钢厂煤气系统。

（6）粗甲醇精馏。由于合成产品中含有一定量的杂醇，粗甲醇须经过进一步精馏得到精甲醇。

参考文献

[1] 郭玉华，周继程．中国钢化联产发展现状与前景展望［J］．中国冶金，2020，30（7）：5-10.

[2] 常赵刚．焦炉煤气综合利用现状和发展思路［J］. 煤化工，2024，52（4）：33-37.
[3] 张艳．中国焦炉煤气利用现状评述［J］. 山东化工，2019，48（16）：172-173，180.
[4] 王华，王建军，高文桂，等．利用钢铁企业煤气制备化工产品的研究［J］. 世界钢铁，2011，11（3）：5-9，48.
[5] 吴道兴，梁君，袁海锋，等．基于先进控制的焦炉煤气制甲醇过程应用［J］. 广东化工，2024，51（18）：113-116.
[6] 陈钢，郭武杰．焦炉煤气甲烷化技术进展［J］. 煤质技术，2017（2）：46-51.
[7] 高芝，刘继雁，许贵．焦炉煤气合成甲烷技术［J］. 煤炭科学技术，2020，48（S2）：61-64.
[8] 莫志朋．钢铁工业煤气生物发酵法制燃料乙醇技术及其工业化应用［C］//中国金属学会．2020 年全国冶金能源环保技术交流会会议文集，2020：317-321.
[9] 杨小兵．焦炉煤气净化技术的应用现状与改进［J］. 化工管理，2020（32）：61-62.
[10] 郭玉华．高炉煤气净化提质利用技术现状及未来发展趋势［J］. 钢铁研究学报，2020，32（7）：525-531.
[11] 王一坤，雷小苗，邓磊，等．可燃废气利用技术研究进展（Ⅰ）：高炉煤气、转炉煤气和焦炉煤气［J］. 热力发电，2014，43（7）：1-9，14.
[12] 谭彦．高炉煤气全干式精脱硫工艺路线研究［J］. 中国石油和化工标准与质量，2022，42（18）：175-177.
[13] 上官方钦，干磊，周继程，等．钢铁工业副产煤气资源化利用分析及案例［J］. 钢铁，2019，54（7）：114-120.
[14] 方向，王树乾，蓝飞，等．转炉煤气干法除尘中的蒸发冷却器应用［J］. 冶金动力，2017（9）：37-39.

4 钢铁企业尾气 CO_2 捕集与资源化利用

4.1 CO_2 捕集利用与封存

4.1.1 “双碳”目标下的 CCUS 技术概述

气候变化正在对全球产生持续而深远的影响。2022 年举办的《联合国气候变化框架公约》第二十七次缔约方大会（COP27）通过了“沙姆沙伊赫实施计划”，重申了《巴黎协定》“将全球平均气温较前工业化时期上升幅度控制在 2 ℃以内”的长期目标，并且再次敦促各国逐步减少未采用捕集与封存措施的煤电。根据 IPCC 第六次评估报告第三工作组报告，要实现 2 ℃温控目标，当前全球 CO_2 排放预算仅剩约 11500 亿吨，而 2010—2019 年间全球 CO_2 排放量约占这一预算的三分之一。在不可能完全放弃化石能源的条件下，CCUS 技术作为碳中和技术组合不可或缺的组成部分，是实现《巴黎协定》温控目标的关键技术手段和技术保障。CCUS 技术是一种针对温室气体的减排技术，能够大幅减少使用化石燃料过程中产生的温室气体排放，其核心涵盖 CO_2 捕集、运输、利用与封存 4 大环节。我国在“十三五”规划中明确了低碳发展目标，并为 CCUS 项目提供了强有力的经济和政策支持。

在当前新的应用场景需求和深度减排的推动下，CCUS 技术的内涵与外延不断丰富和拓展。CCUS 技术的捕集源范围已由传统的能源和工业设施，逐步扩展至包括生物质和空气等碳中性来源。由此催生了生物质能-碳捕集与封存（bioenergy with carbon capture and storage，BECCS）技术以及直接空气捕集（direct air capture，DAC）技术，这两种技术现已成为实现 CCUS 技术的重要组成部分和全球气候目标的关键路径。BECCS 技术是指在生物质燃烧或转化过程中，捕集、利用或封存 CO_2。由于生物质在其生长过程中吸收了大气中的 CO_2，因此 BECCS 技术被视为能够实现负排放的有效手段。DAC 技术则是通过专门的设备，从大气中直接捕集 CO_2 并将其进行利用或封存。这两种技术的共同特征是它们不仅可以减少现有的 CO_2 排放，还能从大气中移除已存在的 CO_2，因此被视为未来实现碳中和目标的必要技术保障。

与此同时，CCUS 技术的定位也在不断调整。2019 年出版的《中国碳捕集利用与封存技术发展路线图（2019）》一书中，CCUS 技术被视为“可实现化石能源大规模低碳利用的战略储备技术”。如今，随着技术应用场景的拓展，CCUS 技术已成为我国碳中和技术体系中的重要组成部分。这不仅是化石能源实现近零排放的唯一技术路径，同时也是钢铁、水泥等难以减排行业实现深度脱碳的可行技术方案，未来还将成为支撑碳循环利用的主要技术手段。特别是 BECCS 和 DAC 等负排放技术，不仅可以减少未来的 CO_2 排放，还能够有效移除已经存在于大气中的温室气体。这些碳移除技术为未来实现碳中和目标提供了重要的底线保障，并将在全球应对气候变化的过程中发挥越来越重要的作用。

在碳排放的重点领域中，钢铁行业作为一次能源消耗大户，其碳排放约占全球工业领域碳排放的 25%。我国作为全球钢铁产量最高的国家，钢铁行业的 CO_2 年排放量高达 18 亿吨，位居工业领域之首。因此，钢铁行业的碳减排对实现我国“双碳”目标、有效遏制气候变化均具有重要意义。

4.1.2 CO_2 捕集技术类型及进展

一般来说，CO_2 捕集的技术路线可分为三种类型：燃烧前捕集、燃烧后捕集和纯氧燃烧捕集技术。由于燃烧前捕集和纯氧燃烧捕集技术需要合适的材料和一定的条件来满足高温要求，因此这两种技术的应用研发相对较少。相比之下，燃烧后捕集是业内广泛使用且成熟的技术，具有良好的 CO_2 选择性和捕集效率。

CO_2 捕集技术按照捕集工艺的不同主要分为溶液吸收法、固体吸附法和膜分离法等。溶液吸收法是目前在电厂烟气等低浓度 CO_2 排放源的 CCUS 项目中应用最广泛的方法。其原理为利用 CO_2 溶解度高的吸收剂溶液选择性吸收 CO_2，随后通过加热吸收液的方式将 CO_2 解吸，典型的吸收剂有乙醇胺（MEA）、二乙醇胺（DEA）和 *N*-甲基二乙醇胺（MDEA）等。为进一步降低解吸过程中的能耗，同时提高吸收液的稳定性，相变吸收剂、离子液体吸收剂等新型 CO_2 吸收剂逐渐受到关注。

4.1.2.1 溶液吸收法

溶液吸收法是利用化学溶剂（工业上通常为弱碱性溶液）与 CO_2 反应生成化合物，通过改变外界条件（压力、温度）实现对 CO_2 的解吸，从而使吸收剂循环利用的方法。目前研究的吸收剂主要有有机胺溶液、氨水和氢氧化钠（NaOH）溶液。

有机胺溶液捕集 CO_2 的方法出现于 20 世纪 30 年代，因其性能好、毒性低，而在 CO_2 捕集中得到了广泛的发展和应用。经过几十年的发展，有机胺溶液捕集 CO_2 的技术已经越来越成熟。由于其优异的捕集能力和分离效率，许多专家对有机胺溶液吸附 CO_2 进行了大量的研究，并探索将 CCS 与 CO_2 固定过程相结合去除 CO_2 的新方法。例如，将 MEA、DEA 和 MDEA 分别配制成 10%（质量分数）和 30%（质量分数）的胺溶液，然后将这三种胺溶液分别加入含 Ca^{2+} 的饱和 CO_2 溶液中进行 CO_2 固定实验。结果表明，三种胺溶液均能将 84%（质量分数）以上的 CO_2 转化为沉淀物，CO_2 可以被胺溶液和 Ca^{2+} 固定，其中 MDEA 的碳酸盐形成速率高于 MEA 和 DEA。用 X 射线衍射（XRD）分析产物碳酸盐，发现其组成与胺溶液的类型有关。除了使用 Ca^{2+} 外，还使用氯化钡（$BaCl_2$）作为金属离子源，与胺溶液混合固定 CO_2。结果表明，含 Ba^{2+} 的胺溶液与 CO_2 水溶液反应迅速，形成沉淀。结果表明，Ba^{2+} 具有与 Ca^{2+} 相似的 CO_2 固定作用。

尽管有机胺溶液具有突出的吸收 CO_2 的能力，但其解吸过程需要消耗大量的能量，解

吸能耗占 CO_2 捕集总能耗的 70%~80%。因此，解决有机胺溶液解吸的能耗问题是未来 CO_2 捕集技术发展的关键一步。有学者测试了四种乙醇胺（MEA/水、MEA/乙醇和两种 MEA/乙醇/水）吸附剂的吸附和解吸性能。结果表明，添加乙醇的 MEA 具有较好的解吸效果、较低的解吸温度和较好的再生能力。与 MEA/水体系相比，MEA/乙醇体系的解吸温度降低了 20 ℃，前 20 min 平均解吸速率提高了 41.72%，再生速率提高了 5.52%。相比之下，MEA/乙醇/水体系的解吸性能则非常不理想。值得注意的是，在 1 mol MEA 负载 0.07 mol CO_2 的情况下，MEA/乙醇体系的解吸能比 MEA/水体系的解吸能低 80%，较低的 CO_2 负载有利于吸收剂对 CO_2 的吸收。因此，乙醇等有机溶剂的加入有利于降低胺溶液的解吸能耗和解吸温度，促进胺溶液对 CO_2 的吸收。

用氨水吸收 CO_2 的过程与有机胺溶液吸收 CO_2 的过程有些相似。然而，由于氨水吸收 CO_2 的平均效率较低，且氨的逸出量较高，因此前者的应用不如后者广泛。氨水捕集 CO_2 的反应过程复杂，总的反应式为：

$$2NH_3 + CO_2 + H_2O \rightleftharpoons (NH_4)_2CO_3$$

氨水捕集 CO_2 具有低能耗、低腐蚀性和低成本等优点。然而，氨的逸出一直是该技术的一大难题。近年来，研究者提出了一种再生氨法，通过去除 CO_2 来回收吸收剂，将常温吸收和加热再生两种工艺相结合，实现了氨的再生利用。实验结果表明，再生氨法的 CO_2 捕集效率可达 90%以上。与 MEA 法相比，再生氨法能耗相对较低，在未来的发展中具有一定的优势，但仍需进一步提高氨的逸出率。总的来说，作为一项新技术，氨水捕集 CO_2 仍具有广阔的应用前景。

NaOH 溶液具有较强的 CO_2 吸收能力，因其强碱性、低成本，近年来逐渐显示出优势。NaOH 溶液吸收 CO_2 的过程是其与 CO_2 反应生成碳酸盐。如果吸收剂再生，CO_2 会从碳酸盐中分离出来，捕集成本将大大增加。因此，缓解吸收剂再生的高能量需求是 NaOH 溶液捕集 CO_2 的关键。有研究开发了一种从碱式碳酸钠溶液中分离 NaOH 的新方法：首先将浓 NaOH 溶液沉淀结晶分离出无水碳酸钠，然后用钛酸钠烧灼无水碳酸钠，在此过程中，NaOH 再生，CO_2 被分离成纯气流。结果表明，该方法与传统的焦化技术相比，能耗降低了 50%，CO_2 捕集成本大大降低。此外，除了吸附剂再生能量需求大的缺点外，CO_2 在水中的溶解度低，使得其在 NaOH 溶液中的吸收效率较低，这也限制了 NaOH 溶液在 CO_2 捕集领域的大规模应用。有研究发现，在 NaOH 溶液中加入生物柴油废弃物的副产物甘油可以提高 NaOH 溶液对 CO_2 的吸收效率。在旋转填充床（rotating packed bed，RPB）中，在 NaOH 溶液中加入甘油可以很容易地将 CO_2 吸收效率提高到 90%以上。在相同的操作条件下，在 0.5 mol/L NaOH 溶液中加入 7%（质量分数）的甘油，其 CO_2 吸收效率可达 95%，而无甘油的 NaOH 溶液吸收效率仅为 70%。在高转速下，加入甘油后，化学增强系数可达 50 以上。结果表明，甘油的加入能显著提高 NaOH 溶液对 CO_2 的吸附能力。

4.1.2.2 固体吸附法

固体吸附法是利用多孔材料（如分子筛、活性炭、硅胶、金属有机骨架（metal-organic frameworks，MOFs）材料和固态胺等）与含碳气源各组分间的分子间作用力或化学作用力的差异来选择性吸附 CO_2，从而实现 CO_2 的富集与分离。常见的吸附工艺包括 PSA、变温吸附（temperature swing adsorption，TSA）和变电吸附（electric swing adsorption，ESA）等。固体吸附法目前在 CCUS 项目中应用较少，但寻找高吸附容量和高 CO_2 选择性的吸附剂依然是固体吸附领域的研究热点。表 4.1 列出了几种固体材料吸附 CO_2 的显著优缺点。

表 4.1 CO_2 固体吸附材料的优缺点

吸附剂材料	优点	缺点
活性炭	吸附能力强；稳定性高；比表面积高；再生成本低	耐水性差；CO_2 分压对吸附能力的影响较大
沸石	吸附期长；吸附量大；孔径均匀	气体选择性低；吸附量受温度和水蒸气的影响较大
MOFs 材料	孔隙结构可调；高压下吸附能力强	成本高；低压吸附能力差；材料合成复杂
共价有机框架材料	轻质材料；结构可调；稳定性高	成本高；材料合成复杂
M41s 系列介孔材料	比表面积高；孔隙结构发育良好；孔径大小可调	吸附量小；吸附量受水蒸气的影响很大
水滑石	工作温度和压力范围大	吸附量小
地聚合物	合成成本低	吸附量小

活性炭是一种常见的物理吸附剂，具有丰富的微孔结构和较大的比表面积。普通活性炭的比表面积为 500~1700 m^2/g。活性炭的优点主要有吸附能力强、生产成本低、化学稳定性好、易于再生等。因此被广泛应用于工业生产、环境修复、能源储存等领域，是一种极具发展前景的吸附剂。目前，许多研究都集中在活性炭的改性上。通过对活性炭进行改性，可进一步提高活性炭的吸附能力，取得较好的效果。有研究通过水热炭化（hydrothermal carbonization，HTC）制备碳氢化合物（hydrocarbon，HC），然后用磷酸（H_3PO_4）、氯化锌（$ZnCl_2$）和氢氧化钾（KOH）对 HC 进行热化学活化，得到多孔活性炭样品。这些活性物质导致活性炭的表面改性，不仅增大了活性炭的比表面积和孔体积，而且增强了活性炭对 CO_2 的吸附能力。在 15 ℃、10^5 Pa 下，KOH 改性活性炭表现出最高的 CO_2 吸附能力（4.5 mmol/g），该结果高于同等条件下的大多数实验数据。

在 CO_2 吸附与分离研究中，沸石因其独特的结构和阳离子交换特性成为重要的吸附材料。沸石的吸附能力很强，天然沸石对 CO_2 的吸附量一般为 0.9~1.4 mmol/g。吸附后，可通过改变压力进行活化和循环使用。与活性炭相比，沸石使用寿命长，吸附效果好，不需要反复更换。沸石的缺点是其吸附能力受温度和 CO_2 分压的影响较大，且它们对水蒸气较为敏感，只适用于无水环境，这导致 CO_2 选择性降低。有报道指出，通过添加疏水涂层将十八烷基三甲氧基硅烷（ODTMS）包覆在沸石 13X 上，提高了沸石的耐湿性和 CO_2 选择性。在室内模拟条件下，改性沸石对 CO_2 的吸附量提高了 33.3%，对水的吸附量降低了 41.6%。该方法为室内 CO_2 吸附提供了新的思路。

4.1.2.3 膜分离法

气体膜分离技术是20世纪80年代发展起来的一种新型气体分离方法，其原理是利用各种气体组分在聚合物膜表面渗透率的差异，在压力的驱动下实现气体分离。膜可分为两类：聚合物膜（有机膜）和无机膜。目前，聚合物膜已广泛应用于 CO_2 分离领域。但它们对 CO_2 的选择性不理想，不适合大规模 CO_2 的分离和纯化。相比之下，无机膜具有更好的稳定性、耐腐蚀性和优异的分离性能，是一种很有前途的分离膜材料。然而，无机膜由于成本高，在工业上很少使用。

与其他传统的 CO_2 分离技术相比，膜分离法具有能耗低、成本低、占地面积小、无污染、工艺简单等特点，是一种前景广阔的 CO_2 捕集技术。但膜分离法的分离效率较低，难以获得高纯度的 CO_2。因此，在未来的膜分离技术研究中，提高 CO_2 分离效率的关键是改进膜材料。

有研究表明，在壳聚糖（CS）中加入聚烯丙胺（PAA），利用CS/PAA共混膜捕获 CO_2，取得了良好的 CO_2 分离效果。由羧甲基壳聚糖（羧甲基化壳聚糖衍生物）和非挥发性聚氨基胺（PAMAM）树状大分子制备的共混膜也表现出良好的 CO_2 分离效果。当温度为90 ℃时，含10%（质量分数）PAMAM的共混膜具有最高的 CO_2 渗透率和 CO_2/N_2 选择性。陶瓷膜作为一种性能优良的无机膜，具有优异的 CO_2 分离能力。目前，更多的研究是利用陶瓷-碳酸盐双相膜在高温下分离 CO_2。例如，使用 $Ce_{0.85}Sm_{0.15}O_2$-$Sm_{0.6}Sr_{0.4}Al_{0.3}Fe_{0.7}O_3$(SDC-SSAF）复合材料制备的陶瓷-碳酸盐薄膜，在高温（700~900 ℃）下表现出优异的 CO_2 分离能力。$Ce_{0.8}Sm_{0.2}O_2$-δ(SDC)-碳酸盐双相膜的 CO_2 渗透通量高达5.46 mL/(min · cm^2)，在50% CO_2-50% N_2 的进料条件下，膜的稳定时间为85 h。此外，有学者探索了一种新型的由 $BaZr_{0.8}Y_{0.2}O_3$-δ(BZY）和 Li_2CO_3（碳酸锂）-Na_2CO_3（碳酸钠）混合晶体组成的陶瓷-碳酸盐双相MOCC膜，其具有优异的化学稳定性。在吹扫气体中加入3% H_2O 后，膜的稳定时间可达250 h。在高温（550~750 ℃）下，膜材料的最大 CO_2 渗透通量为0.53 mL/(min · cm^2)。

综上所述，CO_2 捕集技术在过去几十年中取得了显著进展，并在工业减排、能源转型以及碳中和目标的实现中发挥着重要作用。虽然各类捕集技术在效率、成本和适用场景上各有优势，但其广泛应用仍面临许多挑战，如高能耗、高成本、材料寿命和系统稳定性等问题。因此，未来的研究应继续在材料开发、流程优化和跨技术集成等方面寻求突破，以实现 CO_2 捕集技术的规模化、经济化应用。

4.1.3 CO_2 利用技术类型及进展

在 CO_2 被捕获后，如何处理 CO_2 也是很多人关心的问题。世界各地已经启动了大量的CCS项目来封存捕获的 CO_2。然而，由于碳封存的高成本和不确定性（例如封存在地下的 CO_2 可能会泄漏，以及 CO_2 在压力下可能会引起小地震），使得可以再利用 CO_2 的CCUS技术越来越受到青睐。因此，CCUS中的“U”（利用）已成为处理 CO_2 的重要方向。与 CO_2 封存相比，绝大多数 CO_2 利用技术不能永久地从大气中去除 CO_2，从而实现负排放。

此外，应该明确的是，仅利用 CO_2 也是无法实现净零排放的，因为在利用 CO_2 的过程中所消耗的电力会增加 CO_2 的排放量。然而，从长期稳定性和经济效益的角度来看，CO_2 的利用对解决 CO_2 问题也起着举足轻重的作用。CO_2 的资源利用主要包括物理利用、化学利用、生物利用和矿化利用。

4.1.3.1 物理利用

CO_2 的物理利用应用非常广泛，主要应用于食品、制冷、石油等行业。值得注意的是，几乎所有的物理利用（除了 CO_2 淹没）都只是延迟了 CO_2 的释放，而最终这些 CO_2 仍然会被释放到大气中。因此，大多数物理利用不会从环境中隔绝 CO_2，也不是一种脱碳技术。但物理利用的经济效益将为未来的碳捕集和封存项目提供潜在的支持。

A 食品冷藏

通过调节封存环境中 O_2 和 CO_2 的浓度比，有利于保持果蔬的新鲜度。注入一定量的 CO_2 可以抑制细菌的繁殖，减缓食物的腐烂，也会更好地保持果蔬的新鲜度。固体二氧化碳（干冰）很适合冷藏，因为它升华后会产生低温 CO_2 气体，使食物与空气隔绝，从而达到持久制冷的效果。由于冷藏成本高，干冰常用于高档食品的冷藏和运输。有研究设计了一种高压 CO_2 连续灭活微生物的装置，用于生鲜食品的贮藏。该实验以微生物菌种为试验微生物，以液态食品为试验对象，对装置的灭菌效果进行检验。结果表明，该装置对天然红橙汁和市售番茄酱均有良好的杀菌效果，且能够完全灭活枯草芽孢杆菌。此外，还采用 CO_2 处理“Seolhyang”草莓，探讨 CO_2 是否会影响草莓的品质，同时延长草莓的保质期。结果表明，经 CO_2 处理的草莓的硬度、颜色和代谢物特征与未处理草莓基本相同。CO_2 没有降低草莓的品质，反而延长了草莓的保质期。因此，CO_2 在食品冷藏中具有一定的潜在优势。

B 用作保护气体焊接

与传统的手工电弧焊方法相比，CO_2 气体保护焊具有工作效率高、用电量低、节能、成本低、易于自动化等优点。随着科学技术的进步，CO_2 气体保护焊技术的发展水平也有了明显的提高，但仍存在一些问题。例如，由于焊接材料的质量问题，在工作过程中容易产生飞溅和气孔，导致焊接效果差。采用 100%CO_2 保护气体可降低焊接成本，限制气孔的产生，但这也导致了更多的飞溅。而采用 80%Ar-20%CO_2 和 100%CO_2 保护气体焊接高抗拉强度钢 HT780 厚板的结果表明，使用 100%CO_2 保护气体会产生更多的飞溅，但通过调整 100%CO_2 保护焊的电弧参数，可以减少飞溅的产生。

C CO_2 驱油

CO_2 驱油是将 CO_2 注入地层，改善原油的流动性，提高原油的采收率。在石油工业发展初期，人们仅依靠地层的自然能量来采油（一次采油），但采出的石油还不到地下储量的 20%。随着石油工业的发展和进步，人们发现通过向地层注水可以提取部分石油（二次采油），使原油采收率提高 20%~40%，但地层中仍有大部分石油无法开采。直到 1952 年，美国的几位工程师提出了 CO_2 驱油技术（三次采油）。该技术将 CO_2 注入地层。在高温高压条件下，CO_2 与油的混合降低了油的黏度，改善了油的流动性，CO_2 可以渗透到一些微小的孔隙中，从而更好地驱油。这种萃取技术可使原油采收率提高 60%~70%。

CO_2 驱油技术可分为混相驱油和非混相驱油。CO_2 混相驱油是指通过注入 CO_2 使原油气化，使 CO_2 与原油之间的界面张力趋于零，从而形成混相。在此过程中，系统压力远高于最小混相压力（minimum miscible pressure，MMP）。该驱油方法的理论驱油效率可达 100%。CO_2 非混相驱油是指在驱油过程中始终存在油气界面，注入储层的 CO_2 带动原油向两侧生产井运移。该工艺的系统压力普遍低于 MMP，因此采收率也普遍低于混相驱油。与其他驱油方法相比，CO_2 驱油具有适用范围广、成本低、采收率显著提高等优点。然而，CO_2 驱油也存在一些挑战。CO_2 流动性高，不易控制，在驱油过程中容易出现指进现象，降低 CO_2 的封存效率。此外，当混合了 CO_2 的原油从储层开采到地面并脱气时，如何有效防止 CO_2 再次返回大气也是需要考虑的问题。对混相和非混相条件下 CO_2 驱油过程中重力分离对 CO_2 固存和原油采收率的影响进行研究，结果表明，非混相条件下重力对 CO_2 驱油的采收率影响较大，混相条件下不明显。重力分离有利于减弱驱油过程中的指进现象，提高 CO_2 的封存潜力，但重力对 CO_2 封存的影响随压力的增加而减小。

D　CO_2 烟丝膨胀

CO_2 烟丝膨胀技术是在一定压力下向烟丝细胞内注入液态 CO_2，使烟丝膨胀，再减压释放烟丝的过程。该技术不仅提高了烟草的物理和感官质量，而且平均每盒卷烟可节省 5%~6%的烟丝，降低卷烟的制造成本。如果所有卷烟厂都使用 CO_2 作为膨胀剂，烟草行业使用的 CO_2 总量将逐年显著增加。因此，CO_2 在烟草行业具有良好的应用前景。此外，CO_2 的低沸点和挥发性可以有效降低卷烟中的有害成分和焦油含量，从而生产高附加值的低焦油卷烟。但膨胀后，烟草中的部分香气会被 CO_2 带走，影响了烟草的香气和口感。因此，有必要对膨胀工艺进行改进，如添加香料、生物醇化等，以进一步提高膨化烟的感官品质和适用性。最近有研究指出，添加酶可以增加烟叶的香气，改善烟叶的感官品质。这一发现与 CO_2 膨胀技术相结合，可能会成为提高烟草品质的一种新的技术手段。

E　超临界 CO_2 清洗剂

超临界 CO_2 是一种性能非常好的清洗剂，它无毒、无害、无味、无腐蚀性。其清洗原理是利用超临界 CO_2 的溶解特性。超临界 CO_2 流体是一种弱极性溶剂，能在很大程度上溶解非极性有机化合物，有效去除物品表面的弱极性有机污染物。对于不溶性极性分子，加入助溶剂也可以提高清洗效果。采用超临界 CO_2 清洗硅片，并进行超临界干燥，取代了以往的半导体 IC 清洗技术。超临界 CO_2 清洗避免了半导体 IC 清洗技术带来的耗水量大、干燥困难、二次污染等问题，经过超临界干燥后无粘连现象。将超声波清洗技术与超临界 CO_2 清洗技术相结合，设计超声波增强超临界 CO_2 复合清洗实验平台，大大提高了清洗效率。在适当的超声强度下，碳钢表面的锈迹和油渍均可去除，且有最佳清洗时间。超临界 CO_2 对水和发动机油的清洗效果较好，但需要超声波清洗和三乙醇胺清洗相结合使用。此外，铀在超临界 CO_2 中浸泡后耐蚀性也大大提高。

F 超临界 CO_2 萃取

超临界流体萃取是20世纪70年代兴起的一种分离技术，其中超临界 CO_2 萃取应用最为广泛。超临界 CO_2 萃取具有无污染、安全、无毒、不易燃、价格低廉等特点，与传统萃取技术相比具有显著优势。目前，超临界 CO_2 萃取技术已广泛应用于医药、食品、化妆品、生物等行业。如采用中心复合可旋转设计（central composite rotatable design，CCRD）优化超临界 CO_2 萃取设计，成功缩短了洋葱油树脂的萃取时间。在纯超临界 CO_2 中加入异丙醇、乙醇和乳酸乙酯共溶剂提取咖啡渣，可使提取最大产油率所需的时间缩短一半。此外，还能利用超临界 CO_2 从阿尔及利亚粘菊叶中提取油，研究发现，压力的增加可以显著提高油的提取率。

G 超临界 CO_2 压裂

超临界 CO_2 还作为一种新型压裂介质用于非常规油气藏的压裂作业。这是一种全新的无水压裂工艺，是一种特殊形式的 CO_2 干式压裂技术。与其他压裂工艺（如水力压裂）相比，超临界 CO_2 压裂技术具有许多优点。首先，超临界 CO_2 不含水，不会引起储层黏土膨胀，也不会破坏水敏地层；其次，超临界 CO_2 具有优异的溶剂化能力，可溶解井附近的稠油组分；再次，压裂后，超临界 CO_2 能迅速反转，节省油气井的非生产时间；最后，超临界 CO_2 可以有效替代页岩中吸附的 CH_4，提高采收率，达到永久封存 CO_2 的目的。因此，超临界 CO_2 压裂被认为是一种很有前途的无水压裂技术。然而，超临界 CO_2 压裂技术也存在一定的缺陷。超临界 CO_2 的黏度（0.02~0.26 mPa·s）远低于传统压裂液，其作为压裂液携带支撑剂的能力一直存在争议。较低的黏度使支撑剂容易沉积，难以有效支撑已形成的裂缝。此外，捕集、加压、输送 CO_2 以及对回流 CO_2 进行分离和加压的高成本也是不可忽视的。从这个角度来看，超临界 CO_2 压裂技术的可行性取决于其能否经济有效地提高原油或天然气的生产效率，或者通过提高产量可以弥补替代其他压裂技术所增加的成本。这也需要现场应用和可靠的产量验证。

4.1.3.2 化学利用

在化学工业中，CO_2 是一种重要的原料，通过适当的化学反应，可以合成尿素、水杨酸、二甲醚、有机酸、碳氢化合物、醇类、胺类、酯类和聚酯等多种化学物质。与物理利用一样，化学利用合成的化学产品最终也会在不同的时间尺度上被氧化为 CO_2，并排放到大气中。CO_2 化学转化产生的化工产品可分为三类：散装化学品、有机燃料和高分子材料。

A 合成散装化学品

利用 CO_2 合成散装化学品是提高 CO_2 经济价值的有效途径。在传统化工应用中，CO_2 利用最具代表性的化工产品是尿素和水杨酸，其中尿素的生产是 CO_2 最重要的化学利用途径。

尿素的合成消耗了全球约80%的氨产量，而这种方法合成尿素的工艺条件是高温高压。因此，发展适合常温常压条件下的新型催化和电还原技术成为众多研究者的探索方向。二氧化钛（TiO_2）纳米片上的 PdCu 合金纳米颗粒被发现能同时电催化 N_2 和 CO_2 的偶联反应，实现尿素的绿色合成。在催化剂的作用下，N═N 键与还原 CO_2 生成的 CO 自发形成 C—N 键，促进尿素的合成，其尿素产率和法拉第效率分别为 3.36 mmol/(h · g) 和 8.92%。此外，用 N_2 代替 NH_3 合成尿素可能也是一个很好的研究方向。例如，利用 InOOH（羟基氧化铟）纳米颗粒构建受阻路易斯酸碱对（frustrated Lewis pairs，FLPs），也可实现 N_2 和 CO_2 分子的靶向吸附和活化，有效催化尿素的电合成，利用该方法，尿素产率和法拉第效率分别达到 6.85 mmol/(h · g) 和 20.97%。

水杨酸可以在高温高压下通过 CO_2 和苯酚反应合成。与尿素合成类似，水杨酸的合成工艺也面临反应条件苛刻、反应时间长、能耗大的问题。因此，寻找适宜的水杨酸合成环境具有重要意义。在 Lewis 酸催化剂的存在下，超临界 CO_2 和苯酚可以在中等温度下合成水杨酸。在一定条件下，加入 10 mmol 的溴化铝，苯酚几乎可以完全转化为水杨酸。此外，研究发现，碳酸钾对超临界 CO_2 与苯酚合成水杨酸也有很好的影响。在一定条件下，苯酚的转化率可达 69.3%，水杨酸的收率和选择性分别可达 69.3%和 99%。

B 合成有机燃料

捕获的 CO_2 可通过催化加氢合成甲烷、甲醇、甲酸、二甲醚等有机燃料。与传统化石燃料不同，由 CO_2 加氢产生的“绿色燃料”在使用后不会产生额外的 CO_2 排放。燃料使用后，CO_2 被释放回大气中，被重新捕获来合成燃料，从而实现碳中和循环。

甲烷是重要的生活和工业燃料，也是天然气的主要成分。在 CO_2 加氢过程中，H_2 与 CO_2 的比例为 4 时，通过甲烷化反应会生成 CH_4。该反应最早由法国化学家 Paul Sabatier 提出，故又称 Sabatier 反应。该反应是放热反应，需要在催化剂的作用下加热。目前，经过大量的探索，活性组分 Co、Ni、Ru（钌）等已被报道为高效催化剂。例如，将 Co 负载到 KIT-6 分子筛上催化 CO_2 加氢时，会影响 CO_2 加氢反应生成 CH_4 的过程。当 Co 负荷为 25%（质量分数）时，CO_2 的催化效果和 CH_4 选择性最好，但会产生副产物 CO。还原温度对 Co/KIT-6 催化剂的形成及催化效果也有较大影响，较低或较高的温度均不利于 Co^{2+} 的还原。当还原温度为 400 ℃时，可有效制备 Co/KIT-6 催化剂，此时 CO_2 加氢的催化活性和 CH_4 选择性最佳，副产物 CO 较少。此外，利用简单的机械化学球磨法将 Ni 掺入 MgO（氧化镁）/MgH_2（氢化镁）材料，使 Ni 和 MgO 形成稳定的“Mg-Ni-O”结构，能够促进 CO_2 的加氢反应。还有研究表明，在传统的 Ru/TiO_2 催化剂中引入硼氢化钠（$NaBH_4$），可以改变 CO_2 甲烷化的反应途径，并提高 CO_2 加氢的催化活性、CO_2 转化率和 CH_4 生成速率。同时，在 CO_2 加氢的基础上开发一种新的吸附-转化循环工艺，采用平行吸附反应器，不仅将沼气（CO_2/CH_4 混合物）分离，而且将分离后的 CO_2 与进入的 H_2 反应生成甲烷，同时实现 CO_2 的分离和利用。这是 CO_2 捕集利用的一个有前景的方向，但工艺操作条件的优化仍是该研究方向进一步发展的关键。

甲醇因其具有优异的燃烧特性，是重要的运输燃料之一，因此将 CO_2 转化为甲醇尤为重要。CO_2 的催化加氢可合成甲醇，但通常会伴随逆向水煤气变换（reverse water-gas shift，RWGS）反应。因此，催化剂的选择是 CO_2 催化加氢制甲醇的关键。目前，研究最多的催化剂是铜催化剂。然而，Cu 纳米颗粒在反应条件下会产生团聚效应，导致催化反应中 RWGS 的发生，降低甲醇收率。因此，如何有效限制 RWGS 反应在 Cu 表面上的催化作用成为众多学者的研究方向。例如，以 Cu/ZrO_2(氧化锆）催化剂催化 CO_2 加氢制甲醇，发现 ZrO_2 可以与 Cu 相互作用，提高了 Cu 的分散性，稳定了催化 CO_2 加氢过程中的 Cu 纳米颗粒，有效抑制了 RWGS 反应，促进了甲醇的生成。此外，通过改进 Cu/ZrO_2 和 Cu/ZnO 等强金属负载催化剂，并引入 MOF 材料，可为 CO_2 加氢提供一种新型 Cu/ZnO_x@MOF 催化剂。该催化剂利用 MOF 的多孔结构来限制 Cu 纳米颗粒的团聚，为 CO_2 加氢制甲醇创造了独特的机会。利用双金属 MOF 模板合成的 Cu-ZnO-MOF/Al_2O_3 催化剂，可使 Cu 纳米颗粒具有更高的分散性，从而抑制 RWGS 反应，为 CO_2 加氢制甲醇提供了高活性和高选择性。

甲酸被认为是低温燃料电池的潜在原料。均相催化剂是目前研究最多的 CO_2 加氢制甲酸催化剂。与非均相催化剂相比，均相催化体系具有反应条件温和、催化效率高的特点。反应机理为：CO_2 与金属 M—H 键相互作用形成复杂中间体；随后，M—H 键断裂，氢原子转移到碳原子上生成 C—H 键，形成甲氧基中间体；甲氧基中间体与氢原子反应生成甲酸，甲酸与碱反应生成甲酸盐，致使催化剂还原水溶性催化剂通常用于 CO_2 加氢制甲酸的体系中。例如，使用 $RhCl(mtppms)_3$（单磺化三苯基膦氯化铑）催化剂，将甲酸钠溶液中的 CO_2 加氢生成甲酸，发现甲酸钠浓度与 H_2 或 CO_2 的压力比会影响甲酸的生成。不向溶液中加入甲酸钠很难形成甲酸。因此可以推测，甲酸钠在 RhCl（mtppms)$_3$ 催化剂存在下可以促进 CO_2 加氢反应。此外，在镍基催化剂的存在下，$NaBH_4$ 在水溶液中可以使 CO_2 氢化。在镍基催化剂的作用下，$NaBH_4$ 与 CO_2 水解生成甲酸酯等中间产物。这些产物在碱性水溶液中溶解加热后，可以生成甲酸和 $NaB(OH)_4$ 等固体。如果 $NaB(OH)_4$ 能够再生形成 $NaBH_4$，则可以实现催化循环。

C 合成高分子材料

利用 CO_2 合成具有经济价值的 CO_2 聚合物是 CO_2 化学利用领域的一个重要研究方向。从分子结构上看，CO_2 具有共聚和加成共聚形成高分子材料的条件。结合国内外近几十年的研究成果，目前认为通过 CO_2 合成聚碳酸酯（PC）和聚氨酯（PU）是最实用的两种方法。

PC 是一种含有碳酸盐单元的热塑性聚合物，以 CO_2 为共聚物合成的 PC 具有生物可降解性，是一种潜在的可持续塑料。目前，CO_2 与环氧化物共聚制备脂肪族聚碳酸酯（PPC）是最佳也是最常用的方法。自 1969 年井上祥平教授第一次发现在催化剂的存在下，CO_2 和环氧丙烷能够发生共聚反应以来，开发新的催化剂和催化体系就成为这项研究的核心内容。例如，可以使用双金属氰化物配合物（Zn-Co(Ⅲ)DMCC）催化环氧氯丙烷和 CO_2 生成 PC；双金属镍配合物也能有效催化 CO_2 与环氧化物的共聚反应。在双金属镍配合物的催化下，CO_2 与环氧环己烯结合，可以合成碳酸盐键值大于 99%的 CO_2 基聚碳酸环己烯（PCHCs），而且利用 4-乙烯基-1,2-环氧环己烯也可合成含乙烯基官能团的 PC。此外，利用催化剂 SalenCoCl 和助催化剂双（三苯基膦）氯化亚胺（PPNCl），实现了大豆油基末端环氧氯丙烷与 CO_2 的共聚，开发了一种可持续合成生物 PC 的方法，且该生物 PC 的收率达 83.3%。

PU 是一种高分子材料，出现于 20 世纪 30 年代，经过几十年的技术发展，它已广泛应用于多个领域，如通常用于制造各种泡沫和塑料海绵。在传统的 PU 合成方法中需要使用异氰酸酯，但其具有剧毒。因此，寻找一种无害的 PU 合成方法已成为国内外众多学者的研究方向。而利用 CO_2 代替异氰酸酯不仅可以缓解 CO_2 的排放问题，还可以实现 CO_2 的资源化利用，这无疑是 PU 合成道路上的新突破。以 CO_2 为羰基源，取代异氰酸酯和氨基改性聚硅氧烷来制备新型 PU，其在低于 150 ℃的条件下仍保持稳定的疏水性。此外，尿素键含量高的 PU 对某些有机溶剂有较好的吸附效果。通过 CO_2 与混合二元二胺缩聚合成的 PU 热塑性材料，与 CO_2 和单一二胺合成的 PU 相比，CO_2 和二胺混合合成的 PU 性能更高，其力学性能优于 PC 和聚酰胺。有报道提出了一种由 CO_2 间接合成 PU 的无溶剂、无催化剂路线。具体操作为：首先，在室温下采用二胺+乙二醇体系吸附 CO_2，从而制备 CO_2 存储材料，然后对存储材料进行分子内脱水，进而合成 PU。

4.1.3.3 生物利用

CO_2 生物利用技术是指通过模拟自然界中植物或微生物的光合作用，设计新的人工光合系统和途径，从而有效地将 CO_2 转化为不同的高价值产品。目前，对 CO_2 生物利用的研究主要集中在植物气溶胶肥料转化以及微藻固碳转化为生物燃料这两方面。

A 植物气溶胶肥料

在植物的光合作用中利用 CO_2 是最直接的生物利用方式，具有内在的有效性和可持续性。同时，CO_2 作为植物生长过程中不可缺少的气体，在封闭的温室环境中，引入一定量的 CO_2，有利于植物光合作用，促进植物生长。将 CO_2 作为植物气体肥料，可以提高植物产量，且操作简单、成本低。温室中释放的 CO_2 量取决于初始浓度。在一定范围内，CO_2 浓度越高，植物的生长效果越好。目前市场上主要采用悬挂式植物气肥，操作方便，经济效益显著，是现代温室作物高产增收的重要手段。

B 微藻固碳转化

在众多 CO_2 的利用途径中，利用 CO_2 培养微藻并将其转化为生物燃料颇具吸引力。与需要注入高纯度 CO_2 的利用方法相比，微藻可以直接吸收烟气中的 CO_2，完成固碳过程。不过，通过该工艺获得的微藻生物质含水量高。因此，干燥湿微藻生物质是转化为生物燃料之前的关键步骤。同时，干燥过程中的高能耗是阻碍微藻固碳技术合成生物燃料发展的主要问题。

微藻可以通过化学、生物和热化学三种不同的转化过程获得不同的生物燃料。微藻的化学转化主要是通过酯交换反应生产生物柴油。这种转化过程通常需要添加过量的乙醇来促进生物柴油结构中轻组分的形成。所得生物柴油无毒、可降解、可再生。生物转化包括厌氧消化和发酵两种类型，微藻生物质通常需要预处理才能转化为 CH_4、H_2 和各种酒精产品。热化学转化是一种很有发展前景的转化技术，包括热解、水热液化（hydrothermal liquefaction，HTL）和气化。其中 HTL 的转化过程不需要耗能的干燥过程，可直接处理湿微藻生物质，其产物主要是生物油或生物原油。HTL 技术对湿生物质生产液体燃料具有很大的吸引力，有望成为解决干燥能耗过高这一工艺瓶颈的关键技术。

总体而言，利用微藻固碳生产生物燃料具有明显的优势，尽管减少了 CO_2 的储存量，但微藻培养的 CO_2 消耗量仍无法与食品市场竞争。从技术角度来看，利用 CO_2 培育微藻并将其转化为生物燃料具有巨大的生产潜力。然而，这种利用方法的经济效益是复杂的，需要进一步的研究或技术改进来确保其经济可行性。

4.1.3.4 矿化利用

CO_2 在矿化过程中可形成各种碳酸盐沉淀，并被有效利用。这一过程可分为直接矿化和间接矿化两种方式。直接矿化是指模拟自然界中的矿物风化过程，使矿化原料直接与 CO_2 发生反应。然而，在室温和常压下，该反应进行得非常缓慢。通常需要提高反应条件，如提高温度和压力来促进矿化。此外，天然矿石的矿化成本过高，难以将矿化产品转化为有价值的可供销售的产品。间接矿化是指在一定的化学添加剂的作用下，将矿化的原料转化为中间产物，再与 CO_2 发生反应的过程。该工艺提高了 CO_2 矿化反应速率，可获得不同的高附加值产品。然而，化学添加剂的使用增加了能源消耗和相关成本。

可用于 CO_2 矿化的原料包括天然硅酸盐矿石和含有碱性氧化物的工业固体残渣，如 CaO、MgO 等，它们可与 CO_2 反应生成稳定的无机碳酸盐。这种碳酸盐以极其稳定的形式储存 CO_2，为永久封存 CO_2 提供了一种安全有效的方法。值得注意的是，永久封存的前提是碳酸盐不用于一些可以从盐中释放 CO_2 的活动。同时，富含钙、镁的工业固体废物（如高炉渣、钢渣、废石膏、粉煤灰等）通过 CO_2 矿化获得的无机产品是很有潜力的建筑材料，在实现 CO_2 减排的同时，可以获得具有经济效益的碳酸化产品。因此，CO_2 矿化具有一定的工业利用潜力。

天然矿石具有较强的 CO_2 捕集能力，储量丰富。但天然矿石本身存在矿化反应速率低、转化能力差等问题，限制了其大规模应用。因此，利用天然矿石来固碳可能对解决当前不断上升的碳储量问题作用有限。相比之下，工业固体渣 CO_2 矿化反应速度更快、转化效率更高、能量投入更低，且工业固体废弃物的回收利用相对方便。每年各工厂会产生大量的固体废物，如煤灰、煤矸石、电石渣、钢渣等，这些固体废物严重破坏了土壤、空气和水资源。如果开采后将这些含碱性氧化物的固体废物充填到采空区，有望形成有效的储碳空间，在 CO_2 矿化的同时还能避免采空区上覆岩层的坍塌。目前已有大量研究证明，对工业废弃物进行改性，通过注浆充填采空区是有效可行的。

此外，碱性固体废物的 CO_2 矿化是控制工业大气污染物排放的一个很好的选择。例如，利用粉煤灰可以实现高重力矿化工艺去除工业大气污染物，该工艺对 CO_2、SO_2 和氮氧化物的去除率可达 95%以上，对颗粒物的去除率可达 83%以上。反应后的粉煤灰还可作为混凝土或水泥砂浆的补充胶凝材料。与反应前的粉煤灰相比，碳化粉煤灰制备的水泥具有更高的抗压强度和耐久性。

总体而言，CO_2 矿化利用技术被认为是一种高效的 CO_2 转化方案。在减少工业固体废

物的同时还能实现 CO_2 减排。同时，矿化后的废弃物可以作为产品出售，为某些工业领域带来了额外收入，提高了 CO_2 和固体废物资源化利用的经济性。然而，目前 CO_2 矿化利用的研究和未来的产业部署仍面临诸多挑战。例如，反应体系和矿化过程需要进一步优化，以减少原料研磨、搅拌、加热等过程造成的高成本和能量损失。鉴于矿化反应一般是放热反应，可考虑从放热反应中回收能量来补偿 CO_2 矿化所消耗的能量。此外，将 CO_2 矿化与采空区充填、工业废弃物排放控制等其他方面有效结合，可能是未来 CO_2 矿化利用的主要研究方向。

4.1.4 CO_2 封存技术类型及进展

为了在 2050 年实现预测的 CO_2 净零排放目标，大量的专家学者正在研究各种封存 CO_2 的策略，包括生物、物理和化学封存的可能性，因为捕获的 CO_2 最终必须被封存，以消除其对环境的影响。生物封存是指生物体吸收和储存碳，通过光合作用将大气中的 CO_2 转化为有机物的过程。这一过程对于调节碳循环和维持稳定的气候至关重要。生物封存包括植物的固碳和土壤的固碳。在光合作用中，植物、藻类和其他光合生物通过将 CO_2 转化为碳水化合物和蛋白质等有机化合物，在生物封存中发挥关键作用。这些化合物可以储存在生物体的组织中，也可以释放到土壤中，并且在土壤中它们可以进一步分解并以有机物的形式封存。物理封存包括地质封存和海洋封存。矿物碳酸化是 CO_2 与矿物发生反应的一种化学封存方法。物理和化学封存将在下面的内容中详细介绍。总之，CO_2 的封存可通过三种主要方法实现：深层地质封存、海洋封存以及矿物碳酸盐形式的矿物封存。

4.1.4.1 地质封存

与自然界中化石燃料的自然封存过程类似，CO_2 地质封存技术是一种将 CO_2 注入一定深度的地下特定地质构造或地层中，以实现长期封存的技术。这一方法不仅有助于降低大气中的温室气体浓度，还能有效应对全球气候变化带来的挑战。近年来，随着对气候变化问题的重视，CO_2 地质封存的研究和应用得到了显著发展，相关文献的报道在过去十年中有了显著增长。截至 2023 年，全球范围内已经在 14 个不同的地点成功封存了超过 100 万吨的 CO_2。这些封存项目的实施为 CO_2 的长期封存提供了宝贵的实践经验。根据不同研究地点的估计，全球的 CO_2 封存量为 100 亿~20000 亿吨，这一范围反映了不同地质条件和封存技术的多样性。

在选择 CO_2 的封存场所时，地质构造的适宜性至关重要。以下是几种常见的封存场所。含盐含水层具有良好的密封性和稳定性，能够有效阻止 CO_2 的上升。含盐含水层的孔隙度和渗透性使其能够容纳大量的 CO_2，且其化学特性有助于与 CO_2 反应，形成稳定的盐矿。此外，含盐含水层通常分布广泛，适合大规模的 CO_2 封存。深部不可开采煤层也是一种潜在的 CO_2 封存场所。这些煤层虽然无法经济开采，但其孔隙结构能够有效吸附 CO_2。将 CO_2 注入深部煤层不仅可以实现长期封存，还能提升煤层的采气能力，形成“CO_2-煤气”复合利用模式。通过注入 CO_2，煤层中的甲烷可以被驱动向生产井移动，从而增加开采量。枯竭油气藏作为 CO_2 封存的另一个重要场所，具有良好的密封性和封存能力。在这些油气藏中，CO_2 的注入不仅可以实现长期封存，还能促进油气的二次采收，提高油气的采收率，形成“CO_2-油气”复合利用的模式。这种模式不仅提高了资源的利用效率，还为 CO_2 的经济化利用开辟了新的路径。

近年来，随着对 CO_2 地质封存研究的深入，相关技术也在不断进步。许多国家和地区开展了大量的示范项目和研究，以探索 CO_2 封存的最佳实践和技术路线。例如，挪威的 Sleipner 项目和加拿大的 Boundary Dam 项目都是在 CO_2 封存方面取得显著成就的典范。这些项目的成功实施为全球的 CO_2 地质封存提供了宝贵的经验和数据支持。在进行 CO_2 地质封存时，环境和安全性是至关重要的考量因素。科学家们通过采用先进的监测技术，如地震监测和卫星遥感，实时跟踪 CO_2 的封存过程，以确保其不会泄漏或对周围环境造成影响。此外，严格的地质勘探和评估程序也能够有效识别潜在的风险和问题，从而保证 CO_2 封存的安全性。

A 含盐含水层

深层含盐含水层位于地下 700~1000 m 深处，通常含有高盐度的地层盐水。尽管这些含盐含水层没有商业价值，但它们可以作为从 CO_2 捕获和封存过程中获取的 CO_2 的有效封存场所。实际上，含盐含水层因其巨大的封存能力而被视为 CO_2 封存的重要选择，估计能够封存多达 10000 千兆吨的 CO_2，相当于大型固定污染源 100 多年排放的总量。与其他封存地点相比，含盐含水层通常具有更广泛的空间分布和区域覆盖范围。

含盐含水层具有封存多达 10000 千兆吨 CO_2 的潜力，这相当于 2050 年预测排放量的 20%~500%。其 CO_2 长期封存能力约为 30 kg/m^3。此外，这些含水层的一个重要优势是，它们通常距离大多数现有的 CO_2 捕获地点较近，从而使 CO_2 封存过程更加经济高效。同时，由于这些含水层矿化度较高，不适合用于饮用水供应，因此它们成为 CO_2 封存的可行选择，不会影响淡水资源的可用性。

岩石孔隙度是 CO_2 封存的一个关键因素，CO_2 可以通过置换孔隙结构中的盐水或气体进行注入和封存。深层含盐含水层通常具备丰富的孔隙度和渗透性，这使其成为 CO_2 封存的理想场所。然而，与煤层和油田等其他地质封存地点相比，人们对含盐含水层的封存特性了解仍显不足。关于 CO_2 在盐水中封存过程中影响矿物捕集的参数已进行了广泛研究，包括注入过程中的压力积累及其在深层含盐含水层孔隙中的封存情况，用以估算 CO_2 的封存能力。然而，由于对含盐含水层的地球化学行为了解有限，全球 CO_2 封存容量的估算仍不够精确。

在经济方面，许多含盐含水层由于缺乏必要的基础设施（如注入井、地面设备和管道），以及开发这些基础设施所需的资金，因而被认为是较不理想的封存选项。尽管 CO_2 地质封存有可能显著减少温室气体排放，但这一方法也面临一些潜在的挑战。地质封存的主要问题之一是 CO_2 泄漏的风险，尽管盖岩层的设计旨在防止泄漏，但天然裂缝或断层的存在仍可能导致 CO_2 的迁移。一旦发生泄漏，封存的 CO_2 可能会迁移到地表，对人类健康和环境造成威胁。此外，地质封存还可能引发地质结构变形、地下水酸化和地震发生率增加等风险。同时，地质封存的成本和能源需求也是不容忽视的问题。尽管这一技术在石油和天然气行业中已有数十年的应用历史，但仍然相对昂贵且能源密集。持续的监控和维护费用也会增加整体成本。因此，这些因素都需在推动 CO_2 地质封存技术发展的过程中加以考虑。

B 深层不可开采煤层

煤层气（coalbed methane，CBM）储层是自然形成的煤层，煤层基质中蕴藏着大量的甲烷气体。在开采煤层气的过程中，不仅会带走甲烷气体，还会导致煤层内部的压力降低。压力的降低会导致吸附在煤炭表面的 CO_2 释放到大气中，这一现象被称为 CO_2 解吸。大量 CO_2 的释放会对环境造成负面的影响。然而，煤层也有很大的 CO_2 封存潜力。通过 CO_2 封存技术，可以将 CO_2 注入那些无法经济开采的煤层，使其吸附在煤层表面并取代甲烷气体，进而实现 CO_2 的稳定封存。通过这种方法，CO_2 被有效截留在煤炭基质中，并能够长期封存在地下，从而有可能减少 CO_2 向大气中释放的量。有学者对这一方法进行了全面研究，强调了封存容量的估算、封存的完整性、涉及的物理和化学过程以及环境健康和安全等关键问题。

深层不可开采煤层在 CO_2 封存方面的潜力被广泛看好，研究显示，煤层的封存能力在全球范围内超过 500 千兆吨。我国深层不可开采煤层的 CO_2 封存潜力为 69.5 千兆吨，而美国伊利诺伊盆地的封存能力为 667 亿吨。此外，煤层通常位于发电厂附近，这一地理优势为 CO_2 的封存提供了极大的便利，能够有效降低运输成本和技术难度。

CO_2 在深部不可开采煤层中长期封存的稳定性受多种因素影响，包括煤炭的类型、等级、深度以及压力等。深部煤层中的高煤阶煤因其低渗透性和高吸附能力，通常具有较高的 CO_2 封存能力和更好的封存稳定性。此外，利用深部不可开采煤层进行 CO_2 封存的主要技术优势之一在于现有的基础设施和煤层气行业的知识积累。这些现有的资源不仅可以降低技术实施的复杂性，还能够通过 CO_2 注入提高甲烷产量，从而抵消部分与 CO_2 封存相关的成本。更为重要的是，利用不可开采的煤层进行 CO_2 封存，还可以有效避免与煤炭开采活动相关的潜在环境影响。

然而，在深层不可开采煤层中进行 CO_2 封存也面临着一系列挑战。其中，CO_2 泄漏的风险是一个主要问题，可能由于周围岩层的断层或裂缝引起。此外，与 CO_2 的注入、监测和验证过程相关的成本可能会非常高，这进一步增加了实施这一技术的复杂性。为了确保封存过程的安全性和有效性，还需要制定相应的监管框架和政策。

综上所述，在深部不可开采煤层中进行 CO_2 封存展现出巨大的潜力，能够在减少发电厂和其他工业源的 CO_2 排放方面发挥重要作用。然而，这一领域的技术挑战同样显著，需要研究人员和政策制定者共同努力，以确保这一方法的安全性和有效性，最终实现对环境的保护，有效应对气候变化问题。

C 枯竭油气藏

地质封存因其具有大规模封存能力，而成为一种广泛采用的提高石油/天然气采收率的（enhanced oil/gas recoverry，EOR/EGR）技术手段。事实上，枯竭油气藏封存 CO_2 被认为是一种极为有效的封存方法，它有以下几大优点：在碳氢化合物勘探阶段即进行了广泛的前期研究和勘探，从而确定了封存容量；现有的地下和地面基础设施，如管道和注入井，只需稍加改动即可用于封存过程；石油和天然气行业广泛使用 CO_2 注入作为一种 EOR/EGR 技术，这为 CO_2 封存提供了技术支持。

在 EOR 过程中，CO_2 被用来增加储层压力，从而产生足够的驱动力，从活跃的油井中开采出剩余的石油。此外，CO_2 还可用于从煤层中开采天然气。这种方法的基本原理是注入 CO_2 可以置换煤层中的 CH_4，同时将 CO_2 封存在煤层的多孔结构中。此外，有研究还对此过程的各个方面进行了调查，包括迁移模拟、地球化学建模和泄漏/风险评估。然而，尽管 CO_2 注入 EOR 过程中有成熟的技术支持，但仍需注意，注入过程中可能会产生大量含有放射性物质和有害重金属的水。

4.1.4.2 海洋封存

海洋作为重要的天然碳汇，能够有效吸收过量的 CO_2。在海气界面的交换过程中，CO_2 溶解于海水，并通过温盐环流输送至深海。影响海洋封存能力的物理条件包括温度、盐度和压力，这些因素决定了 CO_2 在海水中的溶解度和向深海输送的速度。一般而言，较冷和较咸的海水能够溶解更多的 CO_2，因此极地地区的水域由于其低温和高盐度，特别适合 CO_2 的封存。同时，压力也是海洋封存的一个重要因素，影响 CO_2 的溶解度及其向深海的输送速度。此外，CO_2 还可以通过有机物质（如浮游植物）的下沉，通过生物泵输送到深海。

为了模仿海洋中的自然固碳过程，人们正在努力探索两种机制。第一种方法是在不经过混合层的情况下，将 CO_2 直接注入深海。尽管专家和企业家对此进行了讨论，但目前尚未出现将被困在海洋中的碳计入信用额度的可行方案。类似于地质封存，海洋碳封存涉及将 CO_2 注入深海，在高压和超临界状态下形成液态 CO_2 湖。捕获的 CO_2 可以通过管道或船舶转移并排放到海洋中。理论上，海洋封存 CO_2 的能力巨大，全球深海海沟可以封存大量 CO_2。例如，波多黎各海沟能够封存 24000 千兆吨液态 CO_2，深度超过 7 km；巽他海沟在 6 km 以下的部分也能封存 19000 千兆吨液态 CO_2，这一数字超过了全球目前所有化石燃料储备的 CO_2 产量。然而，封存的 CO_2 可能会逃逸回大气，这引发了人们的担忧，因此需要进行仔细监测以确保其不泄漏。

第二种方法是向海洋表层添加营养物质，以刺激生物泵的作用。海洋肥化通过添加营养物质促进浮游植物的生长，浮游植物通过光合作用吸收 CO_2，随后在死亡后沉入海底，从而将封存的 CO_2 带走。然而，向海洋注入 CO_2 可能导致海水酸化，这将对海洋生态系统造成潜在危害，并可能对海洋生物产生破坏性影响。根据 Caldeira 和 Wickett 的预测，海洋模型显示，大气和海洋中的 CO_2 排放将引发显著的化学变化。自 2007 年《防止倾倒废物及其他物质污染海洋的公约》限制海洋封存以来，考虑到上述潜在风险，该领域的研究已大幅减少。

4.1.4.3 矿物封存

矿物封存技术最初由 Friedel 提出，他建议通过使用高纯度的 CO_2 来加速碳化过程。

矿物碳化是一种模拟自然风化过程的 CCS 技术，其前景广阔。该过程涉及 CO_2 与含碱土金属的矿物和工业废物之间的放热反应，生成稳定的碳酸盐矿物。由于碳酸盐在热力学上比 CO_2 更稳定，其标准吉布斯自由能更低，因此被认为是一种更为稳定的碳储存形式。这种稳定性使得矿物封存成为一种安全、长期的 CO_2 存储解决方案，无须持续监测。

与其他碳封存方法相比，通过 CO_2 与自然或工业来源的含钙和镁矿物的反应来实现矿物碳化具有独特优势。这些优势包括 CO_2 的长期稳定性、碳化过程生成高附加值产品，以及各行业就地应用的潜力。关于矿物碳化技术固碳的相关文献相当丰富，许多研究和综述探讨了这一领域的进展。Sipilä 和 Huijgen 广泛考察了 2006 年前的初步发展，Delgado-Torróntegui 的综述则涵盖了 2010 年前的相关研究，而 Bodor 的研究集中于工业废物的矿物碳化进展。此外，多个综述详细介绍了矿物碳化的演变和当代进展，甚至探讨了不同原料的使用可能性。近年来，Naraharisetti 和 Ncongwane 分别分析了与各种矿物碳化路线相关的能源成本和碳足迹。尽管如此，矿物碳化在技术经济方面仍存在挑战，尤其是在早期研究中揭示的成本问题值得关注。相关文献中已对上述方法的 CO_2 的封存能力做出了估算。

4.1.5 CCUS 技术发展的挑战与建议

CCUS 技术被广泛认为是应对全球气候变化的重要手段，能够有效减少温室气体排放。然而，尽管 CCUS 技术的潜力巨大，但其发展依然面临诸多挑战。本节将系统分析这些挑战，并提出相应的建议，以推动 CCUS 技术的广泛应用和发展。

CCUS 技术的核心目标是捕集 CO_2，并将其有效利用或安全封存，从而避免其释放到大气中。尽管这一目标在理论上可行，但在实际操作中却遭遇了诸多技术、经济、社会及环境方面的障碍，亟须综合治理。

首先，CCUS 的技术挑战主要体现在捕集效率、能源消耗、封存安全性以及监测与验证等方面。现有的碳捕集技术在效率和经济性上仍有显著提升的空间，尤其是在工业大规模排放源的应用中，捕集效率往往无法满足需求。捕集过程造成的能源消耗也是一个不容忽视的问题，在气体分离和压缩阶段，通常会导致整体能耗的增加，进而影响 CCUS 技术的经济性和环境效益。因此，降低捕集过程中的能源消耗，提升捕集效率，成为技术发展中的核心挑战之一。此外，CO_2 的地质封存安全性同样至关重要，封存不当可能会增加地震等地质风险，使公众对 CCUS 技术的接受度降低。同时，监测与验证机制的完善也是 CCUS 技术发展中的重要环节，现有的监测技术需进一步优化，以提高其准确性和可靠性，确保捕集和封存过程的有效性。

在经济方面，CCUS 技术的开发和实施需要巨额资金投入，包括基础设施建设、运营和维护成本等，直接限制了其经济可行性，成为技术推广的重要障碍。此外，CCUS 技术的经济性也受到市场机制的影响。现有的碳交易市场和政策支持力度不够，未能有效激励企业投资 CCUS 技术。因此，建立合理的市场机制，提供必要的政策导向，如税收优惠、补贴政策等，是推动 CCUS 技术发展的关键。

社会接受度也是 CCUS 技术推广过程中不可忽视的因素。公众对 CCUS 技术的接受程度参差不齐，部分人对碳捕集与封存的安全性及环境影响表示担忧。提高公众对 CCUS 技术的认知和理解，增强公众参与感，成为克服这一挑战的必要步骤。

此外，CCUS 技术的实施可能对环境产生潜在影响。例如 CO_2 的注入可能导致地下水酸化等问题。因此，在规划 CCUS 项目时，必须进行全面的环境影响评估，以确保技术的应用不会对环境造成负面影响。

面对这些挑战，本书结合已有文献提出以下建议，以推动 CCUS 技术的进步和发展。

首先，政府、企业及科研机构应加大对 CCUS 技术研发的投入，重点攻克捕集效率、能源消耗和封存安全性等技术难题。通过技术创新，提高 CCUS 技术的经济性和可行性，进而促进其广泛应用。

同时，国家层面应建立明确的 CCUS 政策框架，包括税收优惠、项目资助和法律法规，激励企业投资 CCUS 项目。政策的支持不仅能够降低企业的投资风险，还能增强市场对 CCUS 技术的信心。此外，积极推动碳市场的发展，为 CCUS 项目提供经济激励，可以通过建立碳信用交易机制，鼓励企业投资碳捕集与封存项目。

加强国际合作也是推动 CCUS 技术发展的重要途径。各国应加强技术经验共享，交流最佳实践，推动全球范围内的 CCUS 技术发展，减少各国在技术研发和应用方面的重复投入。

公众教育和宣传也是不可或缺的环节，以提高社会对 CCUS 技术的认知和接受度。可以通过社区活动、科普讲座等形式，增进公众对 CCUS 技术的理解，并听取其意见与建议，增强公众对技术的信任。

最后，建立完善的监测与评估体系，以确保 CCUS 项目的安全性和有效性，是实现技术可持续发展的重要保障。利用先进的监测技术，实时跟踪 CO_2 的封存状态，及时发现潜在风险并采取应对措施，确保技术的长效运行。

4.2 钢铁生产过程中的碳排放与捕集

4.2.1 钢铁生产能源消耗

钢铁生产是一个高度能耗密集的工业过程，涉及从原材料的提取到最终产品的制造等多个环节。随着全球对钢铁需求的持续增长，能源消耗问题日益凸显。这不仅关乎经济效益，也与环境保护及可持续发展密切相关。根据 IEA 的统计数据，全球钢铁行业的总能耗从 2000 年的 18.32×10^4 TJ 增加至 2017 年的 33.44×10^4 TJ，这一增长趋势与全球钢铁产量的上升相辅相成。然而，尽管能耗显著增加，钢铁行业的能源强度却从 2000 年的 21.56 GJ/t 下降至 2017 年的 19.76 GJ/t，降幅约为 8%。钢铁生产的主要能源消耗集中在冶炼、加热、轧制和运输等环节，是仅次于化工行业的第二大能耗领域。根据最近的统计，钢铁生产的能耗主要由煤炭、天然气和电力构成，其中煤炭仍然是最主要的能源来源。

我国的钢铁生产在碳排放方面位居国内所有行业之首，占全国总排放量的 15%。作为碳排放最多的行业之一，钢铁行业一直是研究人员关注的重点领域。该行业的典型特征主要体现在两个方面：首先，生产过程以高炉—转炉工艺为基础；其次，能源结构以煤炭为主，其中煤炭占钢铁行业能耗的70%，成为碳排放的主要来源。钢铁行业不仅是我国经济发展的重要支柱，也是碳排放的关键领域，因此，凝聚减排共识并扩大低碳发展研究显得尤为重要。

钢铁生产过程中的能源消耗受到多种因素的影响，主要包括生产工艺、设备效率、原材料特性以及管理水平等。其中，不同的生产工艺对能源消耗的影响尤为显著。当前，钢铁生产的主要工艺包括高炉—转炉工艺、电弧炉工艺和直接还原工艺。在这些工艺中，高炉—转炉工艺依赖大量的煤炭作为还原剂，能耗较高，且碳排放量较大，因此受到广泛关注。这种依赖化石燃料的生产方式，虽然短期内能够满足市场需求，却在长期内对环境造成了压力，促使行业向低碳技术转型的必要性日益凸显。

现代钢铁生产设备的技术水平存在差异，能效高的设备能够显著降低能耗。例如，采用先进的余热回收技术和高效的电机驱动系统，能够在生产过程中有效减少能源损失。余热回收系统能够将冶炼过程中产生的废热重新利用，转化为可用能量，从而降低总体能耗。此外，原材料的选择和处理也对能源消耗产生重要影响。优质的铁矿石和合适的添加剂不仅能够提高冶炼效率，降低能耗，还能在一定程度上提高产品的质量。例如，当使用高纯度的铁矿石时，其冶炼过程所需的能量将显著减少，进而降低碳排放。因此，综合考虑生产工艺与设备效率，以及原材料的特性，是实现钢铁生产节能降耗的重要途径。

经过多年的持续发展，我国钢铁工业在节能减排、工艺装备规模化、生产结构优化以及技术普及等方面取得了显著进展。尽管如此，随着钢铁产量的快速增长，钢铁行业的整体能耗仍在不断攀升。到2018年，中国钢铁行业的能源消耗已占全国总能源消耗量的约13%。值得注意的是，与钢铁生产的增长速度相比，钢铁工业总能耗的增长速度则呈现出下降趋势。例如，2018年中国粗钢产量为2000年的7.2倍，而同期能源消费增速仅为2000年的3.8倍。

在钢铁生产过程中，不同工序的能耗强度和CO_2排放强度存在显著差异。例如，从工艺侧能耗强度来看，高炉炼铁、焦化和电炉炼钢的能耗强度由高到低依次排列，后续依次为加工/铸造/轧制、烧结、造球以及转炉炼钢。相应地，过程侧二氧化碳排放强度的排序也有所不同，焦化、高炉炼铁和电炉炼钢排放强度较高，其次为烧结、轧制、造球和转炉炼钢，铸造的排放强度最低。需要注意的是，由于研究主体、方法和边界条件的差异，各项研究结果的价值和准确性也有所不同。

4.2.2 钢铁生产的 CO_2 排放特征

钢铁行业的长流程生产工艺中，每吨钢CO_2排放强度为1.9~2.1 t。其中，高炉炼铁是钢铁行业碳排放量最高的工序，也是碳减排的关键环节。高炉炼铁中碳质原料（如煤和焦炭）作为主要的燃料和还原剂，导致了较高的碳排放量。现阶段高炉的热效率已达到95%，进一步通过提高能效来减少碳排放的空间已非常有限，因此，应用末端碳减排技术成为实现高炉碳减排的重要途径。

在高炉炼铁过程中，碳输入源主要为焦炭和煤粉。焦炭一方面作为还原剂与铁矿石发生氧化还原反应生成 CO_2，另一方面作为燃料燃烧产生热量并排放 CO_2。最终，高炉煤气（含有15%~20%的CO和较高浓度的 CO_2）从高炉顶排出。由于高炉煤气中含有大量的CO，它在钢铁企业内部可被进一步利用，不被直接排放，而是作为燃料运输至其他工序进行燃烧以提供能量。据统计，高炉工序产生的 CO_2 排放总量约占钢铁行业总排放量的70%，其中约40%的高炉煤气用于高炉热风炉的燃烧，燃烧产生的烟气是高炉工序的主要直接碳排放源，占总 CO_2 排放的30%。

钢铁行业的另一个重要碳排放源是烧结工序，其 CO_2 排放占比为11.5%，仅次于高炉工序。烧结工序的碳输入主要来自焦煤、煤粉和高炉煤气。由于烧结烟气中 CO_2 浓度相对较低（5%~7%），这使得碳捕集技术的应用更加困难。相比之下，球团、焦化和转炉工序的 CO_2 排放浓度显著低于高炉煤气，且烟气排放量相对较少，导致其排放总量较低。因此，高炉工序是钢铁行业 CO_2 减排技术应用的重点工序。

钢铁生产过程中的废气主要来自多个环节。除了高炉煤气外，钢铁行业还产生焦炉煤气、转炉煤气等含碳气体。焦炉煤气富含 H_2，含量高达55%~69%，而其 CO_2 和CO含量则显著低于高炉煤气和转炉煤气，因此燃烧焦炉煤气的碳排放明显低于高炉和转炉煤气。高炉煤气和转炉煤气的 CO_2 含量均在20%左右，是钢铁行业碳排放的重要来源。

碳排放源的特征直接决定了 CO_2 捕集技术的选择。与石化和电力行业相比，钢铁行业的碳排放具有明显的多点源特征，排放源分布在钢铁生产流程的各个环节。钢铁企业的碳排放源包括高炉煤气、转炉煤气、焦炉煤气和竖炉煤气，烟气则包括焦炉烟气、石灰窑烟气、烧结烟气、热风炉烟气、轧钢加热炉烟气和自备电厂烟气等。高炉煤气的产气量最大，CO_2 总含量也最高（17%~25%），并含有有机硫（如COS、CS_2）、无机硫（如 H_2S）及少量的氯化物（如HCl）。据分析，宝钢副产的高炉煤气中的HCl含量为168 mg/m^3，铁氧化物等粉尘含量也显著高于电厂烟气。转炉煤气的 CO_2 含量为14%~20%，其杂质成分中硫化物含量较低，烟尘的主要成分为铁氧化物。焦炉煤气的 CO_2 含量较低，仅为2%~3%，净化后的焦炉煤气主要含有焦油、萘、轻油、吸附的油雾、H_2S、有机硫、HCN、NH_3、酚等杂质。在有气基竖炉的钢铁企业中，竖炉炉顶煤气也是一个重要的碳排放源，其 CO_2 含量为6%~21%，杂质含量相对较低，主要为铁氧化物粉尘。

此外，钢铁企业的烟气成分与燃煤电厂烟气相似，主要杂质为 SO_x 和 NO_x。与燃煤电厂相比，钢铁企业的含碳气源杂质种类更多样，尤其在高炉煤气和焦炉煤气中，含有大量的 H_2S 和COS等化合物。这些复杂的杂质成分使得现有成熟的 CO_2 捕集技术在钢铁行业的应用更加复杂，不仅要验证其技术可行性，还要考察捕集材料对这些杂质的耐受性。特别是高炉煤气和转炉煤气中含有大量的铁氧化物粉尘，这些粉尘可能会影响 CO_2 吸收剂或吸附剂的性能。因此，在钢铁行业应用 CO_2 捕集技术时，必须综合考虑多种因素，制定针对性的技术方案。

根据典型钢铁企业的碳元素流分析，钢铁企业烟气的碳排放强度顺序为自备电厂烟气≈

热风炉烟气>轧钢加热炉烟气≈烧结烟气≈焦炉烟气。钢铁企业多点排放源的复杂性增加了CCUS技术应用的难度。不同碳排放源的气体组成、工况和杂质成分差异明显，要求针对不同气源设计专门的工艺流程，以确保捕集效率和经济性。对于氧化性工况下的烟气（如热风炉和石灰窑烟气），其气体组分和杂质与燃煤电厂烟气类似，可以借鉴电力行业已验证的 CO_2 捕集吸收剂或吸附剂技术。而对于还原性工况下的气体（如高炉煤气和焦炉煤气），由于含有较多的硫化物和还原性杂质，需要进一步验证其捕集材料的耐受性和技术可行性。

钢铁行业碳排放源的多样性不仅给钢铁行业的环境管理带来了挑战，也为碳捕集技术的研发和实施提出了更高的要求。为有效应对这一挑战，亟须针对不同碳排放源的特点，设计出相应的技术方案，以实现更高效的 CO_2 捕集和利用。这样的技术创新和管理措施将是推动钢铁行业向低碳发展的重要步骤。

4.2.3 CO_2 捕集技术试验及应用

在钢铁企业中，不同含碳气源的 CO_2 含量差异显著，通常高于典型燃煤电厂烟气的 CO_2 含量（12%~15%）。当前，已实现商业化应用的主要 CO_2 捕集技术包括溶液吸收法和固体吸附法。溶液吸收法在捕集低 CO_2 含量气源方面的可行性，已在燃煤电厂的碳捕集项目中得到了充分验证。相较而言，固体吸附法更适合用于气量较小或 CO_2 含量较高（15%~85%）的气源。根据不同碳排放源的 CO_2 含量，建议的碳捕集方式可进一步明确。例如，烧结烟气和轧钢加热炉烟气的 CO_2 含量均低于15%，因此适合采用溶液吸收法进行捕集。而对于高炉煤气和热风炉烟气，其 CO_2 含量未超过30%，溶液吸收法与固体吸附法均可适用。在选择具体的 CO_2 捕集方式时，还需考虑气源的具体工况。例如，高炉煤气作为带压气体，采用变压吸附工艺可以实现余压的有效利用，相较于溶液吸收法，具有更明显的成本优势。这种综合考虑将有助于优化钢铁企业的碳捕集方案，提升其经济性和有效性。

目前，针对钢铁行业已经开展的 CO_2 捕集研究主要包括吸收技术、变压吸附技术和矿化技术。

4.2.3.1 CO_2 吸收技术

吸收技术根据其原理的不同可分为化学吸收法和物理吸收法。目前，钢铁行业的碳捕集研究主要集中在化学吸收法。常用的吸收剂包括有机胺和氨水，同时，新型吸收剂如离子液体和相变吸收剂也在积极开发中。在化学吸收法中，含有 CO_2 的气体经过吸收塔时被吸收剂捕集，富含 CO_2 的吸收液随后进入再生塔，利用热蒸汽进行再生，从而实现 CO_2 的解吸、分离和富集。以有机胺作为吸收剂的化学吸收法具有吸收速率快、CO_2 捕集率高（超过90%）以及解吸后 CO_2 纯度高（超过99%）等优点，因而成为目前最为成熟的 CO_2 捕集技术。这种技术已在火电、化工及天然气净化等领域得到广泛应用，在钢铁行业中也有少数成功的应用案例。

A　钢铁行业 CO_2 吸收技术案例

（1）日本的 COURSE50 项目：开发了 ESCAP 化学吸收工艺，该工艺使用有机胺作为吸收剂，专门用于捕集高炉煤气中的 CO_2。该技术在日本钢铁工程控股公司（JEF）进行了 30 t/d 的中试实验。通过对吸收剂的改良，该工艺能够在 100 ℃甚至更低的温度下实现 CO_2 的再生。在 95 ℃的再生条件下，CO_2 的回收率达到 90%，再生能耗为 2.3 GJ/t CO_2，每吨 CO_2 的分离成本约为 18 美元。

（2）韩国浦项钢铁集团（POSCO）：采用低浓度氨水（10%以下）吸收高炉煤气中的 CO_2，并利用钢厂内未有效利用的中低温废热作为 CO_2 再生所需的热源。该项目于 2010 年完成了 1000 m^3/h（标准状态）的中试实验，CO_2 的最大捕集率约为 99%，CO_2 的吸收能力达到每消耗 1 kg 氨水，可以吸收 1.2 kg CO_2，是 MEA 的三倍，CO_2 的日回收量约为 10 t。在常规有机胺法中，解吸温度一般为 120 ℃，而氨水法则仅为 80 ℃，显著降低了解吸能耗，从而可以实现 CO_2 的低成本分离。

（3）阿联酋钢铁公司（ESA）：该公司建成了全球首个钢铁行业 CCUS 工业项目，CO_2 捕集能力为 80 万吨/年，采用 MEA 胺吸收系统捕集直接还原铁过程产生的 CO_2，捕集率超过 90%，CO_2 纯度高于 98%。

（4）宝钢集团新疆八一钢铁有限公司（以下简称“宝武八钢”）：采用有机胺吸收技术（NCAM），对欧冶炉煤气中的 CO_2 进行捕集。该碳捕集项目于 2020 年投产，年捕集 CO_2 约 2.5 万吨。经过碳捕集后，欧冶炉煤气中的 CO_2 浓度从 33.0%降低至 0.8%，吸收剂浓度稳定在 45.7%，解吸气中 CO_2 的纯度达到 95.4%，系统的稳定运行率超过 98%。该系统捕集的高纯度 CO_2 计划用于钢铁企业内部的还原剂或气体工艺调整，替代部分 N_2 的使用，经过脱碳的净化煤气将重新用于欧冶炉的冶炼。欧冶炉煤气相比于高炉煤气，碳捕集条件更为优越；经过碳捕集工艺脱碳后的煤气具有更高的热值和还原性，因而具备更高的利用价值。

（5）中国旭阳集团有限公司：该公司建立了全国焦化行业首个焦炉烟气 CO_2 捕集项目，年捕集量为 7500 t，该项目于 2023 年 3 月正式投用，采用化学吸收法进行捕集，并结合深冷分离法进行提纯，项目投资达 2.1 亿元。回收的 CO_2 产品气经过提纯后，体积分数可达 99.99%，可用于生产可降解塑料。

（6）河钢集团张宣高科科技有限公司：该公司于 2022 年建成了全球首个 120 万吨/年的富氢气体零重整竖炉直接还原氢冶金示范工程。该项目针对竖炉煤气中的 CO_2 采用有机胺法进行捕集，竖炉煤气的 CO_2 浓度约为 6%，年捕集量为 6 万吨，所用吸收剂为 MDEA。

B　CO_2 吸收剂研究进展

现有应用结果表明，有机胺吸收法面临的主要挑战是吸收剂的再生能耗较高，因此降低有机胺吸收剂的能耗已成为亟待解决的问题。传统的有机胺吸收技术通常采用 30% MEA 作为吸收剂，其吸收产物具有较高的热稳定性，导致吸收液的再生温度高达 120 ℃，再生能耗达到 3.8 GJ/t CO_2。再生能耗的构成主要包括吸收产物分解所需的反应热（1.80 GJ/t CO_2）、溶剂（水）升温所需的显热（0.9 GJ/t CO_2），以及蒸发所需的潜热（1.1 GJ/t CO_2）。

传统吸收体系再生能耗较高的主要原因有两个：（1）MEA 的碱性较强，吸收产物的热稳定性高，因此需要在 120 ~ 140 ℃ 的高温下才能发生热分解反应，导致反应热较高；（2）该系统采用水作为溶剂，水的比热容和蒸发焓较高，进一步增加了显热和潜热消耗。因此，为了解决高能耗问题，近年来研究人员开发了多种新型吸收剂体系，包括非水溶剂吸收体系、相变吸收体系以及催化辅助再生体系。这些新型体系在降低能耗方面展现出良好的应用潜力。

（1）非水溶剂吸收体系。传统有机胺吸收剂通常采用水作为溶剂，而水的高比热容和高蒸发焓是导致吸收液再生能耗较高的两个关键因素。因此，采用低比热容的有机溶剂替代水，构建非水溶剂吸收体系，是降低有机胺再生能耗的一种有效方法。目前已报道的有机溶剂包括低碳醇类、*N*-甲基吡咯烷酮及乙二醇乙醚等。与 30%MEA 相比，非水溶剂吸收体系的再生能耗可以降低 50%以上。然而，非水溶剂吸收体系的主要挑战在于吸收液的黏度较大，这在实际工业应用中会影响传输过程。因此，未来的研究需重点解决这一问题。

（2）相变吸收体系。采用相变吸收体系是降低再生能耗的重要策略。在相变吸收体系中，吸收剂在吸收 CO_2 后会发生相分离，形成富 CO_2 相和贫 CO_2 相。由于大部分 CO_2 存在于富相中，因此仅对富相进行再生即可显著减少再生时所需的吸收液体积，有效减少再生能耗中溶剂的显热和潜热消耗。研究表明，相变吸收体系的再生能耗可以降低至 1.81~2.70 GJ/t CO_2。

然而，相变吸收体系面临的主要问题是，随着 CO_2 吸收量的增加，富相的比例逐渐增大，吸收液的黏度也随之升高。因此，如何在降低富相比例的同时保持较低的吸收液黏度，是当前研发相变吸收剂的一大挑战。

（3）催化辅助再生体系。对于传统的 MEA 吸收剂，其 CO_2 吸收产物（如氨基甲酸酯和去质子化胺）具有较高的稳定性，需要在 120 ℃ 以上才能发生分解，这成为吸收液再生能耗高的一个重要原因。因此，降低吸收产物的分解温度是有效降低再生能耗的可行方法之一。研究表明，通过向吸收体系中引入催化剂，可以有效降低吸收产物分解反应的能垒，从而促进其分解，使再生温度降至 80~90 ℃。催化辅助再生体系不仅减少了反应热，还能减少溶剂的显热和潜热。

目前已报道的催化剂主要包括固体酸催化剂，如 $TiO(OH)_2$ 纳米催化剂、ZrO_2、ZnO，以及 Ag_2O-Ag_2CO_3 等。在催化作用下，再生能耗可降低约 60%。尽管催化辅助再生体系展现出良好的工业应用潜力，但目前仍处于初步探索阶段，所使用的材料仅限于少数几种催化剂，且这些材料的催化活性、稳定性以及催化反应机理仍需进一步研究。

4.2.3.2 CO_2 吸附技术

CO_2 吸附技术的基本原理是通过流体分子与吸附剂表面之间的范德华力，选择性地将 CO_2 吸附到吸附剂的表面，然后在特定条件下使 CO_2 解吸，从而实现其捕集和分离。根据吸附原理的不同，吸附法可分为 PSA 和 TSA。由于 PSA 的适用温度和压力范围更广，且能耗和投资成本较低，因此在工业应用中更为普遍。

PSA 的关键在于选择具有高选择性、高吸附容量和强解吸能力的吸附剂。常见的吸附剂包括活性炭、沸石、硅胶和活性氧化铝等。这些材料的特性使其适合于不同的工业应用，以提高 CO_2 的捕集效率。

A 钢铁行业 CO_2 吸附技术案例

在日本的 COURSE50 项目中，JEF 公司开发了两级 PSA 技术（ASCOA-3）。JEF 在日本制铁所福山钢厂建立了一个小型试验设备，具备 3 t/d 的 CO_2 处理能力和约 300 m^3/h 的煤气处理能力。该设备首先通过压缩机加压高炉煤气，随后经过冷却器降温，再依次通过脱湿塔和脱硫塔，完成水分和硫化物的去除，脱硫后的气体进入 PSA 核心捕集单元。该核心处理单元分为两段：第一段为 CO_2-PSA，用于从高炉煤气中分离 CO_2；第二段为 CO-PSA，负责从剩余尾气中分离 CO，实现 CO 和 N_2 的分离。试验结果表明，最佳吸附剂为沸石（ZEOLUMF-9HA），CO_2 回收率达到 80%，回收的 CO_2 纯度为 99%，每吨 CO_2 的回收成本约为 18 美元。

PSA 技术广泛用于高炉煤气中的 CO_2 捕集，且与高炉煤气循环（TGR-BF）技术相结合，形成适合钢铁行业的 CO_2 减排技术。TGR-BF 技术通过捕集高炉炉顶煤气中的 CO_2，使得还原性组分 CO 和 H_2 能够重新回收到高炉中重复使用，从而减少焦炭的用量。煤气中 CO_2 的捕集和分离是炉顶煤气循环技术的核心环节。2007 年，欧盟的 ULCOS（ultra-low CO_2 steelmaking）项目开发的 TGR-BF 工艺在瑞典 LKAB 公司的试验高炉（EBF）上进行了为期 7 周的连续试验，该高炉工作容积为 8.2 m^3，炉缸直径为 1.4 m。在喷煤比为 170 kg/t 的条件下，高炉焦比从 400~405 kg/t 降低至 260~265 kg/t，碳耗降低了 24%；炉顶煤气循环率超过 90%，高炉煤气中 H_2 的循环率大于 98%，CO 的循环率大于 87%；结合 CCS 技术，CO_2 排放减少了 76%。

除了高炉，部分钢铁企业也尝试将 CO_2 吸附技术应用于其他工序。首钢京唐公司于 2020 年 7 月建成了国内首个白灰窑（石灰窑）烟气 CO_2 吸附捕集系统，年回收 CO_2 量达到 5 万吨。烟气首先经过 TSA 净化塔以去除水分、SO_2 和 NO_x；净化后的气体进入 PSA 净化塔进行 CO_2 捕集，脱附气中 CO_2 浓度可达到约 94%；经过加压液化提浓处理后，CO_2 浓度达到 99.8%以上，捕集的 CO_2 被用于转炉工序的 CO_2-O_2 混合喷吹。

B CO_2 吸附剂研究进展

吸附剂是 CO_2 吸附技术的核心，在众多的吸附材料中，相比其他材料，分子筛材料具有高吸附容量、高比表面积以及良好的热稳定性等优势，是研究最广泛的材料。然而，在工业应用中，仍需进一步提升分子筛的吸附容量和选择性。近年来，众多学者对分子筛改性进行了研究，主要包括活性组分负载、离子交换改性，以及与其他组分复合形成复合材料。上述改性方法能够有效提升 CO_2 的吸附性能以及选择性。

（1）活性组分负载改性。通过将有机胺负载于分子筛，可以增强其 CO_2 吸附能力。

吸附能力的提升效果受到胺中心配体数量和表面密度的影响。此外，离子液体也可作为活性组分用于分子筛的改性，经过改性后，CO_2/N_2 的选择性提高了 18 倍，CO_2 的吸附容量增加了 7 倍。

（2）离子交换改性。由于分子筛结构中存在 AlO_4 单元，导致骨架电荷无法平衡，因此通常需要阳离子交换来实现电中性，从而调控 CO_2 的吸附性能。常用作交换的离子包括 H^+、NH_4^+、碱金属离子、碱土金属离子和过渡金属离子。研究者采用不同的过渡金属离子对 SSZ-13 分子筛进行改性，结果发现，La^{3+} 改性的分子筛能够显著提高 CO_2 的吸附容量（达到 3.30 mmol/g），其相对于 N_2 的吸附选择性达到了 38.5。研究人员推测，吸附性能可能受到 CO_2 与过渡金属离子之间的 π 电子相互作用的影响。此外，通过分子模拟设计并采用多金属阳离子交换技术制备的 LiPdAgX 分子筛，其 CO_2 的吸附容量和选择性分别比传统的 13X 分子筛提高了 25.2%和 179.3%。

（3）复合分子筛吸附材料。复合分子筛吸附材料是调控 CO_2 吸附性能的另一种可行手段。研究者在 5A 分子筛表面沉积了一层超薄的微孔 TiO_2，该复合材料的 CO_2/N_2 选择性高达 70。此外，研发的新型矿物聚合物-分子筛复合材料的 CO_2 吸附容量达到了 1.1 mmol/g。此外，利用 3D 打印技术将聚酰胺与分子筛复合，制得的材料 CO_2 吸附容量达到 1.83 mmol/g。

4.2.3.3 钢渣矿化固定 CO_2 技术

钢渣是钢铁生产过程中产生的主要固体废弃物，生产 1 t 钢会产生 125~140 kg 的钢渣。根据这一数据推算，钢铁行业每年会产生 1.25 亿~1.40 亿吨钢渣。然而，目前我国的钢渣利用率不足 30%，累计堆弃量已超过 10 亿吨，造成了土地浪费，并且每吨钢渣需缴纳 25 元的环保税，为企业带来了额外的成本。

钢渣碳化技术是将钢渣置于 CO_2 气体环境中，利用钢渣中的 CaO、MgO 等碱性氧化物，在特定的温度、湿度和压力条件下进行碳化，从而将 CO_2 以矿物形式固定封存。研究显示，钢渣的 CO_2 固定能力约为每吨钢渣能够固定 159.4 kg 的 CO_2。在常见的矿化技术中，通常需要先对烟气中的 CO_2 进行捕集和提纯，然后将高浓度的 CO_2 与钢渣进行矿化。然而，最新的研究表明，烟气中的 CO_2 也可以直接与钢渣等碱性固废进行矿化反应，这不仅实现了碳捕集和封存的双重功能，还能有效减少 CO_2 排放，同时实现固体废弃物的资源化利用。这一技术在钢铁行业中具有独特的优势，展现出良好的应用前景。

A 矿化技术案例

目前，钢铁行业在钢渣矿化方面的应用案例仍然很少。2021 年 7 月 31 日，包头钢铁（集团）有限责任公司（以下简称“包钢”）启动了“碳化法钢铁渣综合利用项目一期二阶段 10 万吨示范产业化项目”，这是全球首套将钢渣与 CO_2 进行矿化的综合利用项目。该项目的第一阶段是在哥伦比亚大学实验室的中试基础上开展的工业化生产，数据显示每吨钢渣可实现 0.21~0.40 t CO_2 的碳化封存。根据通标标准技术服务有限公司（SGS）碳足迹报告，处理每吨钢渣的全生命周期 CO_2 减排可达到 1.2~1.3 t。该项目投产后，预计每年消耗 10 万吨钢渣，生产约 4 万吨高纯碳酸钙，直接固定 2 万吨 CO_2。

2023 年 7 月 14 日，项目成功生产出第一批高纯轻质碳酸钙产品，这些产品可广泛应用于造纸、塑料、涂料和橡胶等行业。在不考虑碳税的情况下，每吨钢渣能够产生 600~700 元的经济价值。这项技术在实现固体废弃物循环再利用及 CO_2 减排方面具有重要意义，为钢铁行业的碳减排提供了新的发展方向。

此外，2023 年 8 月，全球首座万吨级 CO_2 直接利用工业实验示范工厂在山东省滨州市的京韵泰博新材料科技有限公司投产。该项目利用钢铁、电力、水泥等行业生产过程中产生的钢渣、粉煤灰、炉渣和电石渣等大宗固废，与含有≥10% CO_2 的烟气直接发生矿化反应，生产出高强度、高固碳率且负碳排放的矿化建材产品。每吨产品可固定 0.3~0.5 t CO_2。项目总投资为 3.8 亿元，一期投资为 1.5 亿元，预计每年处置钢渣、粉煤灰等大宗固废 16 万吨，年产 4×10^6 m^3 固碳石建材，CO_2 减排超过 6 万吨。

B 矿化技术研究进展

目前，CO_2 矿化工艺主要包括干法矿化和湿法矿化两种技术路线。干法工艺操作相对简单，但其反应速率较慢、能耗较高，且对环境条件要求苛刻；相对而言，湿法矿化的反应速率较快，但化学试剂的回收较为困难，可能产生二次污染并增加成本。温度、pH 值和水化程度是影响钢渣碳化的三个关键因素，此外，钢渣的成分、碳化时间和成型压力等也会对碳化效果产生影响。

芬兰阿尔托大学的 SAID 等研究团队以钢渣为原料，在中试装置上进行了湿法矿化的研究，采用 NH_4Cl 作为浸取剂，装置的固碳能力达到了 35 t/a。实验数据显示，Ca^{2+} 的浸出率达到 80%，CO_2 的转化率为 71%，制备出的 $CaCO_3$ 纯度高达 99.5%。中国科学院山西煤炭化学研究所的李磊等自主研发了高效的 ZKTJ-1 浸取剂，并成功完成了百吨级/年的钢渣间接湿法矿化 CO_2 制备碳酸钙的中试技术验证，制备出的 $CaCO_3$ 产品纯度达到 98.88%。

在干法矿化与湿法矿化的对比研究中，利用低浓度 CO_2(15%）烟气对钢渣和电石渣等典型固废进行直接矿化，钢渣的 CO_2 固定量为 25.99~70.78 g/kg，而湿法矿化的 CO_2 固定量可达 106.8~191.9 g/kg。此外，有学者提出将有机胺吸收法与矿化技术相结合，构建吸收-矿化一体化技术。在该方法中，CO_2 被有机胺溶液吸收后，利用钢渣等碱性固废对富液中的 CO_2 进行矿化，矿化后的吸收液再进行再生，实现循环利用。这一方法将有机胺溶液的再生方式由热再生转变为化学再生，从而降低了再生能耗。通过优选 AMP 作为吸收-矿化工艺的吸收剂，其 CO_2 捕集能耗仅为 0.23 GJ/t。

目前，矿化技术仍处于基础研究阶段，大部分研究集中在捕集提纯后的高浓度 CO_2 与钢渣之间的矿化作用，而直接利用工业烟气进行矿化的研究相对较少，未来应重点开展相关研究。

4.2.3.4 展望

（1）在碳捕集技术的应用方面，应重点关注高炉炼铁工序。高炉炼铁是钢铁行业中碳排放量最高的工序，其排放的烟气和煤气中 CO_2 浓度较高，具备良好的技术应用条件。因此，钢铁行业的碳捕集技术应主要聚焦于高炉工序，包括高炉煤气和高炉热风炉的烟气。

（2）在捕集材料研究方面，吸收技术应特别关注相变吸收体系和催化辅助再生体系的开发，力求解决吸收剂的分相性能与黏度之间的平衡、催化剂的稳定性等关键问题，促进这两种技术的耦合应用。应同时聚焦于吸收过程和解吸过程的优化，以进一步降低再生能耗。

（3）应加强对钢渣矿化技术的研究。钢渣矿化技术是适用于钢铁行业的独特碳减排技术，能够实现钢渣的减量和资源化利用，同时实现 CO_2 的原位捕集与利用。目前，CO_2 需经过捕集和提纯后才能进行矿化固定，因此，如何将捕集过程与矿化过程有效耦合是未来研究的重点。这要求加强对烟气与钢渣直接矿化技术以及捕集与矿化一体化技术的研究。

4.2.4 CO_2 利用与封存技术试验及应用

钢铁行业的 CO_2 利用技术可分为厂内循环利用和厂外利用两种方式。厂内循环利用技术指的是在钢铁生产流程中实现 CO_2 的就地消纳，而厂外利用技术则与电力、石化等行业的 CCUS 技术有一定的相似性，主要是在钢铁生产流程之外进行 CO_2 的有效利用。

目前，CO_2 的厂内循环利用技术主要包括将捕集后的 CO_2 用作搅拌气体，应用于转炉、钢包和钢包精炼炉（ladle furnace，LF），或作为保护气体用于出钢和连铸等工序。在炼钢过程中，采用 CO_2 替代 N_2 或氩气（Ar）作为转炉的顶吹/底吹气体，或用于钢包内的钢液混合，以及 CO_2/O_2 混合喷射炼钢等技术已经相对成熟。在国外，欧洲、日本和澳大利亚的 CO_2 复吹技术发展较为成熟。其中，日本的 CO_2 底吹技术主要包括 N_2/CO_2 切换底吹、N_2/CO_2 混合底吹和 CO_2 全程底吹。例如日本制铁所福山钢厂的 180 t 和 250 t 转炉均采用了 CO_2 底吹技术，有效提高了钢水的脱磷率。在国内，首钢京唐公司与北京科技大学合作建设了国内首条年产 3×10^6 t 钢的 CO_2/O_2 混合喷吹炼钢技术产业化示范生产线，预计每吨钢可减少 21.3 kg CO_2 排放。此外，河钢集团有限公司（以下简称“河钢”）的 150 t 转炉应用 CO_2 底吹技术，显著提高了钢水的脱磷率，并降低了冶金过程的生产成本。

CO_2 的厂外利用技术涉及化工利用、生物利用以及地质利用与封存等多个领域。其中，CO_2 强化采油（CO_2-EOR）及封存技术是当前较为成熟的大规模利用方式，但该技术受到地理条件的限制，目前在钢铁企业中，仅阿联酋钢铁公司采用了这一技术。

在化工利用方面，日本制铁株式会社开展了合成中链脂肪酸和聚碳酸酯二醇等化工产品的研究。日本 JFE 公司则公布了两个 CO_2 捕集后利用的项目，分别为合成甲醇和钢渣矿化，预计在 2025 年前完成所有试验。此外，日本 JFE 公司的碳中和技术路线图中计划到 2050 年实现 CO_2 甲烷化循环用于高炉冶炼。POSCO 则将捕集的 CO_2 进一步提纯液化，用于生产干冰及进行地质封存。蒂森克虏伯公司开展的 Carbon2Chem 项目旨在将钢铁废气中的 CO_2 和 CO 转化为甲醇、尿素等化工产品，从而使高炉—转炉长流程中每吨钢的 CO_2 排放减少约 100 kg。安赛乐米塔尔集团与 LanzaTech 公司合作的 Steelanol 项目则利用 LanzaTech 公司的生物催化剂将高炉煤气中的 CO_2 转化为生物乙醇，目前正在建设的中试

工厂年处理规模为 2×10^6 t CO_2。欧洲 FReSMe 项目利用捕集的 CO_2 与 H_2 合成甲醇，在三个月的试验中，用 5.7×10^5 m^3 的高炉煤气成功生产了 25 t 甲醇。特尔尼翁钢铁公司将竖炉炉顶煤气捕集的 CO_2 提纯后，应用于食品行业，通过售卖 CO_2 来降低捕集项目的综合成本。欧洲的 Carbon4PUR 项目则直接将钢厂尾气中的 CO_2 和 CO 转化为合成聚氨酯的中间体，省去了 CO_2 捕集的环节，该项目计划开展 20 t/a 的小型试验。

在国内，钢铁企业也在 CO_2 厂外利用方面进行了一些探索。中国钢铁股份有限公司将 CO_2 用于生物转化，建立了一条处理量达 1.2 t 藻水的微藻固碳系统。而宝钢在脱硫渣的捕集 CO_2 试验中，将 CO_2 转化为碳酸盐材料。包钢的在建 CCUS 项目则计划将捕集的 CO_2 用于钢渣矿化及周边油气田的封存，钢渣固碳质量比（m_{CO_2} : $m_{钢渣}$）为 0.21~0.40。

CO_2 的利用与封存技术是实现钢铁行业 CCUS 技术工业化应用的关键。由于 CO_2 捕集过程消耗大量能量，因此需要结合有效的 CO_2 利用技术以产生经济效益。目前，CO_2 的厂内循环利用技术已较为成熟，主要限制在于消纳 CO_2 的规模有限。虽然国内外钢铁企业及研究机构在 CO_2 厂外利用技术方面进行了大量研究，但除了驱油利用外，其他技术大多仍处于初期试验阶段，尤其在经济性方面的报道较少，实际工程应用的可行性尚需进一步验证。特别是，钢铁企业的碳排放量巨大，而甲醇和乙醇等化工产品的市场相对有限。因此，在未来钢铁行业的 CCUS 技术大规模应用的背景下，CO_2 的规模化消纳路径显得尤为重要。

4.3 CO_2 资源化利用工艺

4.3.1 CO_2 资源化利用的发展历程

国外在 CO_2 资源化利用研究方面起步较早，特别是在钢铁行业，技术储备相对丰富，积累了大量的经验和数据。2003 年，欧盟通过建立钢铁技术平台，针对全球前沿的钢铁冶炼技术进行了系统评估。这一平台为后续的技术研发提供了重要的理论基础和实践指导。2004 年，欧盟启动了 ULCOS 项目，旨在筛选出具有广阔发展前景的炼钢技术并进行深入研究。项目的一个重要研究方向是高炉煤气的循环利用，以降低碳排放。该技术的研究重点在于高炉炉顶煤气的循环利用技术，目前该技术已完成了理论分析，并在初步阶段实现了工业化应用，为降低钢铁生产中的 CO_2 排放提供了新的思路。

日本的低碳冶金项目规划稍晚于欧盟，COURSE50 项目于 2008 年正式启动，主要目的是探索在钢铁冶炼过程中减少碳排放的创新性工艺。该项目特别关注高炉煤气中 CO_2 的分离和回收技术，力求通过新技术的开发来降低整体的碳排放水平。日本制铁株式会社在此背景下，开发了新型化学吸收溶剂 RITE-5 和 RITE-6，并结合有机胺对高炉煤气及热风炉烟气中的 CO_2 进行高效处理，当前已经进入了工业试验阶段，显示出良好的应用前景。同时，JFE 钢铁株式会社基于物理吸附法的原理，使用沸石 ZEOLUMF-9HA 进行 PSA，对高炉煤气进行处理，并在日本制铁所福山钢厂实现了投产，进一步推动了低碳技术的商业化应用。

在韩国，POSCO 作为该国最大的钢铁企业，自 2017 年起就开始着手于低碳冶炼的相关研究。其中一项主要研究内容是通过化学吸收法利用胺溶液和氨水进行 CO_2 的捕集，以期提高资源的利用效率，减少环境负担。此外，POSCO 还积极探索利用生物技术进行 CO_2 的转化，通过与生物催化剂的结合，开发出新型的 CO_2 转化工艺，以实现更高的资源化利用率。

我国在 CO_2 资源化利用方面的研究起步也较早，但大部分研究主要集中在发电行业，钢铁行业的相关技术发展相对滞后，项目投入也较少。然而，随着对环境问题的重视，近年来该领域的技术发展进步显著，逐渐缩小了与国际先进水平的差距。目前，国内外 CO_2 资源化利用的研究水平大致相当，但仍需进一步加强技术的研发和应用。

中国宝武钢铁集团有限公司（以下简称“宝武”）于 2021 年成立了低碳冶金基地，发布了低碳冶金路线图，启动了 Bao-CCU 项目，旨在通过将先进的低碳冶炼技术与 CCS 技术结合，实现低碳冶金的目标。为此，宝武还搭建了氧气高炉低碳炼铁的工业试验平台，目前已进入工业化试验阶段，表现出强大的技术应用潜力。

此外，鞍山钢铁集团有限公司（以下简称“鞍钢”）于 2021 年发布了低碳冶金路线图，提出在 2025 年前实现碳达峰，并在 2030 年前达成前沿低碳冶金技术的突破和降碳工艺的大规模应用，致力于在 CCUS 技术方面实现实质性进展。

河钢在 2021 年 3 月提出了低碳绿色发展行动计划，计划在 2022 年实现碳达峰，并在 2050 年实现碳中和。与此同时，河钢还启动了 CO_2 脱除技术的创新研发，致力于开发全流程的碳减排工艺，探索低碳冶金甚至零碳冶金的新途径，以应对日益严峻的环境挑战。

值得注意的是，随着全球对碳中和目标愈发重视，各国政府和企业纷纷加大对 CCUS 技术的投资，形成了良好的政策支持环境。许多国家通过设立专项基金和激励措施，鼓励企业研发和应用低碳技术，助力其实现减排目标。同时，国际合作也日益增强，多个国家和地区之间建立了技术交流与合作平台，共享最佳实践和技术成果，推动全球范围内的低碳转型。

4.3.2 CO_2 资源化利用的热力学和动力学理论分析

4.3.2.1 CO_2 炼钢的热力学分析

在炼钢过程中，CO_2 的行为及其与钢铁生产相关的热力学特性直接影响反应过程的控制、能效的优化以及最终产品的质量。因此，深入分析 CO_2 在不同条件下的热力学行为对钢铁工业的绿色化转型尤为关键。

A CO_2 生成与消耗的热力学过程

在传统的钢铁生产过程中，碳基还原剂（主要为焦炭或煤炭）通过与 O_2 反应生成 CO 和 CO_2。该过程主要分为两种类型的反应，即碳的完全氧化和部分氧化。完全氧化反应如下：

$$C + O_2 \longrightarrow CO_2(\Delta G = -394.4\ kJ/mol)$$

这一反应通常在 O_2 过量的条件下发生，生成 CO_2 并释放大量热量。热力学数据显示，该反应的自由能变化（ΔG）为负，表明该反应在常温常压下是高度自发的，并且其自发性随温度的升高而增强。然而，在实际炼钢过程中，碳的完全氧化反应往往是不利的，因为生成 CO_2 不仅会导致碳资源的浪费，还会增加 CO_2 的排放，不符合现代钢铁生产对低碳排放的要求。

相比之下，碳的部分氧化反应生成 CO，CO 是冶金过程中的主要还原剂。

部分氧化反应如下：

$$2C + O_2 \longrightarrow 2CO(\Delta G = -221.0\ kJ/mol)$$

尽管该反应的自由能变化同样为负值，表明其热力学自发性，但其生成的 CO_2 量较少，更符合现代工艺对减少碳排放的要求。

在高温环境下，CO 和 CO_2 可以与铁氧化物（如 Fe_2O_3、Fe_3O_4、FeO）发生氧化还原反应，这些反应的热力学平衡决定了冶金过程中铁的还原速率和还原程度。具体反应如下：

$$3Fe_2O_3 + CO \longrightarrow 2Fe_3O_4 + CO_2$$

$$Fe_3O_4 + CO \longrightarrow 3FeO + CO_2$$

$$FeO + CO \longrightarrow Fe + CO_2$$

上述反应的自由能变化表明，不同铁氧化物的还原反应在不同的温度条件下存在不同的热力学倾向。例如，Fe_2O_3 到 Fe_3O_4 的还原反应 ΔG 较小，较易在中低温下发生，而 FeO 到金属铁的还原则需要较高的温度。

在炼钢高温条件下，CO_2 分解为 CO 和 O_2 的反应变得越来越显著，反应式如下：

$$2CO_2 \longrightarrow 2CO + O_2$$

这一反应的自由能变化在常温下为正值，但随着温度的升高，ΔG 逐渐趋于负值，表明在高温环境下 CO_2 的分解变得更加自发。该反应对冶金过程中的气体平衡具有重要影响，因为 CO 在高温下的形成能够提高反应系统的还原能力，有助于提高炼钢效率。

B CO_2 还原反应的热力学平衡

随着钢铁工业向低碳化转型，H_2 作为还原剂在钢铁生产中的应用日益受到重视。CO_2 与 H_2 反应生成 CO 和 H_2O。从热力学角度看，该反应在低温下的自由能变化为正值，表明反应在低温下不自发。然而，随着温度升高，自由能变化逐渐减小，表明高温条件下该反应变得更加自发。这一热力学特性为在高温炼钢过程中使用 H_2 作为还原剂提供了理论支持。进一步，CO_2 还可以与 H_2 发生甲烷化反应，生成 CH_4 和 H_2O，与 CO 的生成反应相比，该反应的自由能变化为负值，表明在热力学上更为有利。特别是在较低的温度范围（300~500 ℃）下，甲烷化反应具有较高的反应自发性。因此，在 H_2 还原的工艺设计中，如果工艺目标是最大化甲烷产量，可以通过控制温度来实现。然而，在高温下，CO 的生成反应将占主导地位，因此需要根据工艺需求选择合适的温度区间。

实际炼钢工艺中，CO_2 还原反应的效率不仅取决于反应温度，还受到 H_2 浓度和反应系统压力的影响。提高 H_2 的浓度能够显著提高还原反应的速率，同时减少 CO_2 的生成。然而，由于 H_2 价格相对较高，实际生产中通常会通过反应气体成分的动态控制来实现成本与反应效率的平衡。

C 高温高压条件下 CO_2 反应的影响因素

温度是影响 CO_2 还原反应最重要的因素之一。通常，随着温度的升高，CO_2 的分解反应（生成 CO 和 O_2）逐渐变得自发。同时，CO_2 与 H_2 的反应在高温下也更为有利。然而，需要注意的是，温度的升高虽然有助于提高反应速率，但也可能导致副反应的发生，如 CO 的进一步氧化生成 CO_2。因此，合理的温度控制对于反应选择性至关重要。

根据勒夏特列原理（Le Chatelier's principle），反应气体的分压对化学平衡有重要影响。在 CO_2 还原反应中，增大 CO_2 的分压会推动反应向着 CO 生成的方向移动，这在冶金还原过程中可能会有利于 CO 的积累，从而提高还原反应的效率。然而，减小 CO_2 的分压则有助于推动甲烷化反应，从而生成更多的 CH_4。这表明通过调节反应系统中的 CO_2 分压，可以精确控制还原反应的最终产物。

系统压力的变化同样会对 CO_2 还原反应的平衡产生影响。增大系统压力可以抑制气态反应产物的生成，从而推动反应向着固态或液态产物的方向移动。在 CO_2 还原过程中，增加反应系统的总压力可以提高 CO_2 与 H_2 反应的速率，尤其在高温高压条件下，CH_4 的生成反应更为有利。因此，现代钢铁工艺中，通过优化系统压力，可以有效调节 CO_2 的转化效率。

4.3.2.2 CO_2 炼钢的动力学分析

炼钢过程中的动力学特征不仅由反应的化学本质决定，还与气体的体积变化、熔池内气泡的运动及搅拌效应密切相关。在使用 CO_2 作为反应气体时，其与铁水中各元素的反应以及气体体积的变化对于熔池内的流动状态、混合效果和钢的品质具有显著影响。

A CO_2 与铁水中元素的反应

在钢铁生产中，CO_2 气体通过喷吹进入熔池，与铁水中的元素（如硅、锰、铁、镍、铬、钒、磷等）发生氧化还原反应。这些反应以生成 CO 为主，1 mol 的 CO_2 被消耗，同时生成 1 mol 的 CO，因此气体体积没有显著变化。这些氧化反应对熔池中金属杂质的去除和成分调整有重要作用。

B 脱碳反应中的气体体积变化

相比 CO_2 与铁水中其他元素的反应，当 CO_2 与 C 进行脱碳反应时，气体体积发生显著变化。该反应如下：

$$CO_2 + C \longrightarrow 2CO$$

在此反应中，每消耗 1 mol 的 CO_2 和 1 mol 的 C，会生成 2 mol 的 CO 气体。由于生成的 CO 气体量是原有 CO_2 体积的两倍，因此气体体积增加一倍。气体体积的增加改变了熔池内的流体动力学行为，对冶炼过程中的混合和搅拌产生显著影响。

C 气泡群与熔池搅拌机制

随着 CO_2 与［C］发生脱碳反应，生成的 CO 气体量迅速增加，导致熔池内气泡群的形成与上升。气泡的上浮过程引发熔池内的搅拌效果显著增强，这对冶金反应的动力学条件有着重要的优化作用。熔池中气泡的增多不仅有利于金属熔体与气体的充分接触，还能促进反应物的均匀混合，提升反应速率。

气泡上浮带来的物理搅拌效果可以从多个角度进行分析。一方面为气泡群上升的动力学特性：气泡群上浮时，在熔池中形成强烈的对流，增加了熔池内不同区域的物质交换速率。气体的浮力作用有助于推动气泡向上运动，从而增强搅拌效果。另一方面为熔池内气体膨胀与浮力作用：随着气体体积的增加，熔池中的气体膨胀使得气泡的上升速度加快。根据气体膨胀与浮力的作用，熔池内的动能得到显著提升，搅拌能力因此增强。

D CO_2 喷吹与熔池动能分析

当 CO_2 气体喷入熔池时，熔池内的动能来源包括几个方面：

（1）喷入 CO_2 的初始动能：CO_2 气体喷射入熔池时，动能直接作用于熔池，产生初始的扰动和流动；

（2）气体受热膨胀做功：随着气体在高温下受热，CO_2 与 C 反应生成的 CO 气体体积迅速膨胀，增加了气泡上浮时的动能；

（3）气体体积增加的作用：如前所述，CO_2 与 C 的反应使气体体积翻倍，进一步提升了熔池内的搅拌能力；

（4）混合气体的浮力效应：CO_2 与 CO 的混合气体由于体积增加和密度减小，在上浮过程中浮力大幅度提升，这也增强了熔池内的搅拌效果。

通过这些动力学过程，气体体积的增加显著改善了熔池内的反应条件，增强了混合效果和反应速率。此外，强烈的搅拌作用不仅能够促进冶金反应，还可以有效去除熔池中的夹杂物，提高钢的纯度与品质。

E 气体搅拌对钢质量的影响

气体搅拌对提高钢的质量有显著的促进作用。随着气体体积的增加，熔池内的气泡上浮增强了熔体的混合均匀性，避免了元素偏析现象。此外，气泡上浮所带来的对流作用有助于夹杂物的分离和排除，减少了钢中非金属夹杂物的含量，从而提高了钢的质量。

通过对 CO_2 在炼钢过程中的动力学分析可以看出，气体体积变化对熔池内部状态和搅拌能力的增强起到了关键作用。CO_2 与铁水中各元素的反应在初期不会引发气体体积变化，但在脱碳反应阶段，气体体积的倍增显著加强了熔池的搅拌效果，促进了钢液的均匀化以及夹杂物的排除。这些动力学现象不仅改善了冶金反应条件，还有效提升了钢的品质，为炼钢工艺的优化提供了动力学基础。

4.3.3 CO_2 资源化利用的方法

基于 CO_2 的特性，CO_2 在钢铁冶炼过程中主要作为搅拌气体、保护气体和氧化剂使用。这些应用不仅有助于提高生产效率，还能在一定程度上控制冶炼过程中的温度和气氛。此外，CO_2 在去除夹杂物方面具有独特优势，不仅能够有效减少冶炼过程中的杂质，还能提升钢铁的整体品质。在搅拌气体的应用中，CO_2 的使用能够增强熔融金属的混合效果，促进合金成分的均匀分布，从而提高最终产品的性能。同时，作为保护气体，CO_2 能够有效防止金属表面氧化，保持金属的纯度。这种保护作用在高温冶炼环境中尤为重要，有助于提高材料的强度和韧性。此外，CO_2 还可以作为氧化剂参与化学反应，加速某些金属的还原过程，降低冶炼所需的能量消耗。这不仅有助于降低生产成本，也对环境保护具有积极意义。通过合理利用 CO_2，钢厂可以在减少温室气体排放的同时，优化冶炼工艺，提升产品质量和市场竞争力。总之，CO_2 在钢铁冶炼中的多重功能使其成为一种重要的资源，不仅有助于实现减排目标，同时也为提高钢铁品质提供了新的可能性。

4.3.3.1 CO_2 用作搅拌气体

在传统的钢铁冶炼过程中，通常通过吹入 Ar 或 N_2 去除钢中的杂质并促进冶金反应，以获得符合规格的钢材。然而，除了某些特定的含氮钢种之外，对于大多数钢种来说，氮本身也是一种需要去除的杂质元素。此外，考虑到钢铁冶炼作为一种资源集中的重工业活动，其经济成本问题日益突出，因此寻求一种可替代的气体成为必然选择。

日本在转炉底吹 CO_2 炼钢工艺方面开展了广泛的研究。采用这一工艺后，熔池的搅拌能力得到了显著提升，从而增强了铁水去除夹杂物的能力。同时，CO_2 参与脱碳反应的热效应相对较低，有助于改善铁水脱磷的热力学条件。日本福山钢厂的 180 t 和 250 t 转炉通过实施底吹 CO_2 炼钢技术，成功降低了生产成本，并提高了铁水的脱磷率。此外，日本住友金属工业株式会社将含有 CO_2 的转炉废气作为底吹气体用于炼钢生产，同时回收熔池反应生成的 CO，从而提高了转炉煤气的热值。在 20 世纪 90 年代，鞍钢也进行了转炉底吹 CO_2 炼钢工艺的研究，结果表明，使用 CO_2 作为底吹气体能够取得良好的搅拌效果。在鞍钢的转炉工艺条件下，吹炼中后期能够确保成品钢种的氮含量低于 5×10^{-5}。此外，适当将 CO_2 与 O_2 混合使用，有助于有效控制喷嘴出口处形成蘑菇头的大小，进而延长喷嘴的使用寿命。太原钢铁（集团）有限公司通过将 CO_2 替代底吹 Ar 用于炼钢工艺，发现 CO_2 作为底吹气体可以提高脱碳效率，降低吨钢的冶炼成本。宣化钢铁集团有限责任公司在对 150 t 转炉进行 CO_2 底吹工艺改造后，观察到铁水的脱磷率显著提升，钢水中的氮含量明显下降。同时，与常规底吹 O_2 工艺相比，冶炼时间有所缩短，吨钢的 O_2 消耗量显著下降，从而进一步降低了炼钢的生产成本。

造渣在炼钢过程中扮演着至关重要的角色，特别是在铁水的脱硫和脱磷反应中，石灰是不可或缺的组成部分。传统炼钢工艺通常是在吹炼过程中直接向熔池中加入石灰以进行造渣。然而，在使用石灰石替代石灰进行造渣时，熔池中会首先发生石灰石的分解反应（$CaCO_3 \rightarrow CaO+CO_2$），然后生成的石灰参与铁水的脱磷反应。在这一过程中，CO_2 作为氧源参与铁水的氧化反应，同时生成的 CO 能提高煤气的热值。自 20 世纪 80 年代以来，随着底吹转炉和顶吹转炉工艺的发展，已有研究开始探索通过从转炉底部喷吹石灰石粉，以利用其分解产生的 CO_2 来解决底吹搅拌气源的问题。进入 21 世纪后，日本提出采用石灰石粉替代石灰进行转炉造渣的炼钢工艺。近年来，面对钢铁行业节能减排的压力，许多钢铁企业开始探索使用石灰石替代石灰进行转炉造渣的实际生产，取得了显著的成效。例如，邯郸钢铁集团有限责任公司在其 260 t 转炉上进行了以石灰石替代部分石灰进行直接造渣炼钢的工艺研究，结果表明，在满足熔池热量要求的前提下，石灰石的平均加入量控制在每炉 3.5~3.8 t，普碳钢和低碳钢的脱磷率有所提高。同时，石灰的消耗量则从每炉 10.3 t 和 10.2 t 降低至每炉 8.4 t 和 8.5 t，每吨钢转炉煤气的回收量可增加至150 m^3，生产成本降低了 2 元以上。在此基础上，采用石灰石进行造渣不仅有助于降低原材料成本，还能改善冶炼过程中对环境的影响。随着对石灰石的应用不断深入，研究者还发现，使用石灰石进行造渣可以优化熔池的化学成分，进一步提高钢的质量。此外，石灰石的使用有助于降低对传统石灰的依赖，减少了生产过程中的能源消耗，从而有助于实现更可持续的生产模式。

不仅如此，CO_2 的应用还可能为钢铁行业带来更高的环保效益。通过减少对 Ar 和其他惰性气体的依赖，钢铁生产的整体碳排放水平可能会降低，从而使企业更加符合全球日益严格的环保标准。

将 CO_2 用于钢液的真空循环脱气法（Ruhrstahl Heraeus refining process，RH）提升气也显示出良好的应用前景。利用 CO_2 的强化搅拌作用，不仅可以降低钢液中杂质元素的含量，还能够减少烟尘的产生和金属损失。有研究表明，在使用 CO_2 作为 RH 法提升气的过程中，去除杂质元素的同时不会增加氧的含量，避免了过氧化现象，更加有利于洁净钢的冶炼。此外，与传统工艺相比，在极限真空条件下喷吹等量的 CO_2 并未造成钢液温度的大幅下降，其脱氢效果与 Ar 相当，甚至更为优越。这意味着 CO_2 在高温环境下的应用具有良好的稳定性和适应性。

CO_2 在电弧炉底吹中的应用同样具有独特的优势。CO_2 的喷入为熔池提供了更有利的热力学和动力学条件，显著提高了电弧炉的脱磷率，从而有利于满足产品的质量要求。相关研究表明，与常规工艺相比，吹入 CO_2 冶炼完成时，碳含量有所提高，但其他元素的含量并未发生显著变化。通过调节 CO_2 的喷入量，操作人员可以更精确地控制钢液成分，进而优化产品性能。

此外，将 CO_2 引入 LF 精炼炉底吹也能发挥积极作用。研究结果显示，使用 CO_2 底吹不会导致钢品质的下降，反而带来了次生优势，有助于提高钢的冶炼质量。试验表明，LF 精炼炉底吹 CO_2 时，炉渣的氧化性能够满足精炼要求，冶炼产品中的夹杂物密度、组成和种类与底吹 Ar 工艺差别不大，同时钢液质量也保持稳定。

CO_2 的应用还能够为钢铁冶炼提供更为灵活的工艺选择。例如，在高炉炼铁过程中，CO_2 的注入可以改善炉内气氛，增强还原反应的效率，从而提高铁水的产量和质量。此外，随着技术的进步，CO_2 的捕集与利用（CCU）技术不断成熟，为钢铁行业提供了新的资源化路径，进一步推动了绿色低碳冶炼的发展。

结合 CO_2 的多重功能，钢铁行业在未来的低碳转型中将能够充分利用这一气体的优势。通过优化冶炼工艺，企业不仅能够降低生产成本，还能实现更高的资源利用率和环保效益。此外，随着相关技术的不断发展，CO_2 的应用领域将不断扩大，可能涉及更多的冶金过程和新型材料的开发。

4.3.3.2 CO_2 用作保护气体

有报道研究了 CO_2 在钢铁冶炼多环节中的应用，指出 CO_2 可以在钢铁生产过程中部分替代 Ar 作为炼钢的保护气体使用。使用 CO_2 替代 Ar 作为连铸过程中的保护气体并未加深二次氧化的程度，且能够达到与 Ar 相同的保护效果。此外，CO_2 对夹杂物的形貌和组成也没有显著影响，这进一步证明了其在钢铁冶炼中的潜在优势。

通过优化中间包钢液保护气体的使用，CO_2 能够有效改善钢液的纯净度。由于 CO_2 气体具有较大的密度，可以有效隔绝杂气，降低包内气孔的生成率，从而进一步提升钢液的质量。有报道指出，国外钢铁企业向钢包中添加干冰，干冰的升华所产生的气体能够将包内的杂气驱赶至包外，并在包内长时间停留，从而起到保护钢液的作用。这种方法不仅提高了钢液的保护效果，还可能在降低成本方面具有一定的优势。

CO_2 的应用还有助于提高冶炼过程中的安全性。由于 CO_2 在高温环境下的稳定性，它能够降低高炉或转炉中爆炸性气体的浓度，从而减少安全隐患。此外，CO_2 的应用不仅限于作为钢液的保护气体，也可以在冶炼过程中用于优化炉内气氛，促进反应的进行。例如，CO_2 可以在高炉冶炼中作为还原剂参与反应，提高铁水的产量和质量。

在钢水浇铸过程中，为了防止钢液的二次氧化和氮的增加，必须采取有效的保护浇铸措施。传统工艺通常采用 Ar 对浇铸水口进行密封，以隔绝高温钢液与空气的接触。最近，国内某钢厂尝试使用 99.9%的 CO_2 替代 Ar 作为连铸的保护气体。研究结果表明，采用 CO_2 进行保护浇铸可以达到与 Ar 相同的效果，同时还能显著降低钢水中夹杂物的含量，减少幅度达到 16.6%。这一发现为钢铁生产提供了新的思路。在冶炼对氧含量要求不严格的钢种中，使用 CO_2 替代 Ar 作为保护气体的方案尤为可行。这一替代措施不仅能够有效控制浇铸过程中的氧化和氮化，还可能降低生产成本，因为 CO_2 的价格通常低于 Ar。此外，CO_2 的引入还可能改善钢液的流动性，从而提高浇铸的均匀性和成品的质量。CO_2 的应用还可以为钢铁生产带来环境效益。通过减少对昂贵的 Ar 的依赖，钢铁企业能够降低运营成本，同时减少温室气体的排放，符合绿色制造的发展方向。在未来，随着 CO_2 回收和利用技术的进步，可能实现将冶炼过程中产生的 CO_2 进行再利用，进一步推动低碳钢铁生产的实现。在实际应用中，CO_2 的引入还可能为钢铁冶炼带来更高的经济效益。

总体而言，CO_2 在钢铁冶炼中的多重功能为钢铁企业提供了更加灵活的生产方案，通过优化气体的使用，企业不仅可以降低对昂贵惰性气体的依赖，从而减少生产成本，还可以提升产品的市场竞争力。此外，随着工业 4.0 时代的到来，结合数据分析和智能控制技术，CO_2 在钢铁生产过程中的应用将更加精准和高效。

4.3.3.3 CO_2 用作反应气体

在炼钢过程中，CO_2 作为反应气体，扮演着氧化剂和控温剂的双重角色，从而实现其有效利用。研究表明，在 COMI 炼钢工艺中喷吹 CO_2-O_2 混合气体，不仅能够控制熔池温度，还能降低钢液磷含量，为转炉高效脱磷提供了新思路。此外，实验室热态实验验证了该混合喷吹工艺可以有效弥补电弧炉炼钢过程中热量的损失，进而满足冶炼的脱碳要求，实现预期的冶炼目标。

此外，有学者在 120 t 顶底复吹转炉中进行了底吹 CO_2 的工艺试验研究，结果表明，底吹 CO_2 有助于控制终点钢水成分，有效提升了各类品种钢的质量，显示出广泛的开发前景。采用喷吹石灰石粉进行造渣炼钢时，受热分解产生的 CO_2 参与炼钢反应，提供了部分氧源。同时，这些分解产生的 CO_2 与铁水中的碳、硅、锰及熔融铁（Fe(l)）发生反应，生成 CO，从而提高炉气中 CO 的浓度以及煤气的回收量。

总体而言，CO_2 的应用不仅限于提高炼钢的效率和质量，还可能对整个冶炼过程的环保性产生积极影响。通过有效利用 CO_2，钢铁生产中的碳排放有望减少，为实现低碳制造提供支持。同时，CO_2 作为反应气体的使用，可以降低对传统氧化剂的依赖，进而降低生产成本。

4.3.3.4 CO_2 去除钢液夹杂物

高效、低成本且精确地去除钢中夹杂物是洁净钢冶炼面临的共性挑战之一，而利用气泡去除钢水中的夹杂物逐渐成为精炼环节中的关键技术。目前，常用的气体载体包括 N_2、Ar 和 H_2，其通过气泡的黏附作用或气泡尾流的带动，促使夹杂物上浮并去除。这一过程的有效性对于提高钢水的纯度和质量至关重要。

根据热力学理论，气体在钢液中的溶解度与其气相分压成正比，分压越高，气体的溶解度就越大。因此，与常压相比，高压环境会显著影响熔池内气泡的形核、成长及上浮过程，使得气泡变得更细小、均匀且形态稳定。在高温条件下，CO_2 气体表现出弱氧化性，在上浮过程中能够与钢液中的元素反应生成 CO。这些新生成的 CO 可以借助周围显微夹杂物进行异相成核，形成弥散的气泡群，随着气泡的上浮逸出，能有效去除钢液中的显微夹杂物。这一机制在 RH 精炼炉中通过碳酸钙或碳酸镁分解反应得到了验证：释放出细小的 CO_2 气泡以去除夹杂物，铸坯中的夹杂物数量明显减少，尺寸也有所减小。然而，关于该技术的系统理论研究仍有待完善，例如气泡的尺寸、气泡在钢液中的分布以及钢液温降等问题。

此外，利用数值模拟和水模拟研究高压对熔池流场和气泡尺寸的影响，结果表明，高压作用下，气泡细小、均匀及形态稳定的特性强化了气液间的传质及夹杂物去除的效果。这表明，在实际应用中，通过优化气体的喷入方式和参数，可以显著提升气泡去除夹杂物的效率。CO_2 的搅拌能力优于 N_2 和 Ar，而高压有助于形成细小气泡。如果能够有效利用 CO_2 来形成弥散的小气泡，从而去除钢液中的夹杂物，将会获得更加显著的效果。与 N_2 和 Ar 相比，CO_2 不仅价格低廉，具有经济效益优势，而且其弱氧化性使其在炼钢温度下能够与钢液中的 C 反应生成 CO。在此过程中，每消耗 1 mol CO_2 即可生成 2 mol CO，进一步增强搅拌强度。同时，新生成的 CO 能够有效利用周围的显微夹杂物进行异相成核，形成的气泡尺寸较小，更易形成弥散气泡群，在去除显微夹杂物方面效果显著。在“碳达峰、碳中和”的背景下，将 CO_2 作为资源应用于钢铁冶金流程展现出独特的前瞻性和创新性，其还可能为钢铁冶炼带来环境效益。通过减少对传统惰性气体的依赖，钢铁企业能够降低运营成本，并减少碳排放，符合可持续发展的要求。

参考文献

[1] 张贤，杨晓亮，鲁玺，等．中国二氧化碳捕集利用与封存（CCUS）年度报告（2023）[R]．中国21世纪议程管理中心，全球碳捕集与封存研究院，清华大学，2023.

[2] PERPIÑÁN J, PEÑA B, BAILERA M, et al. Integration of carbon capture technologies in blast furnace based steel making: A comprehensive and systematic review [J]. Fuel, 2023, 336: 127074.

[3] ZHANG J, SHEN J, XU L, et al. The CO_2 emission reduction path towards carbon neutrality in the Chinese steel industry: A review [J]. Environmental Impact Assessment Review, 2023, 99: 107017.

[4] NAVARRO J C, BAENA-MORENO F M, CENTENO M A, et al. Process design and utilisation strategy for CO_2 capture in flue gases. Technical assessment and preliminary economic approach for steel mills [J]. Renewable and Sustainable Energy Reviews, 2023, 184: 113537.

[5] FU L, REN Z, SI W, et al. Research progress on CO_2 capture and utilization technology [J]. Journal of CO_2 Utilization, 2022, 66: 102260.

[6] YUSUF M, IBRAHIM H. A comprehensive review on recent trends in carbon capture, utilization, and storage techniques [J]. Journal of Environmental Chemical Engineering, 2023, 11 (6): 111393.

[7] 邓浩华，彭锋，李晓．CO_2在炼钢工艺中的资源化利用现状与展望 [J]．特殊钢，2023，44（5）：9-13.

[8] 田京雷，柴雅宁，崔永康，等．钢铁工业CCUS全流程降碳体系构建与技术进展 [J]．钢铁，2024，59（9）：226-235.

[9] 杨阳，李毅仁，刘娟，等．钢铁行业二氧化碳捕集技术研究及应用进展 [J]．能源环境保护，2024，38（3）：52-64.

[10] 李晨晓，张昀，张凯璇，等．钢铁行业中CO_2资源化利用的研究进展 [J]．材料导报，2023，37（S2）：468-473.

[11] DE RAS K, VAN DE VIJVER R, GALVITA V V, et al. Carbon capture and utilization in the steel industry: Challenges and opportunities for chemical engineering [J]. Current Opinion in Chemical Engineering, 2019, 26: 81-87.

[12] WEI N, LIU S, JIAO Z, et al. A possible contribution of carbon capture, geological utilization, and storage in the Chinese crude steel industry for carbon neutrality [J]. Journal of Cleaner Production, 2022, 374: 133793.

[13] FLORES-GRANOBLES M, SAEYS M. Minimizing CO_2 emissions with renewable energy: A comparative study of emerging technologies in the steel industry [J]. Energy & Environmental Science, 2020, 13 (7): 1923-1932.

[14] HOLAPPA L. A general vision for reduction of energy consumption and CO_2 emissions from the steel industry [J]. Metals, 2020, 10 (9): 1117.

[15] GU C, LI K, GAO S, et al. CO_2 abatement feasibility for blast furnace CCUS retrofits in BF-BOF steel plants in China [J]. Energy, 2024, 294: 130756.

[16] MUSLEMANI H, LIANG X, KAESEHAGE K, et al. Business models for carbon capture, utilization and

storage technologies in the steel sector: A qualitative multi-method study [J]. Processes, 2020, 8 (5): 576.

[17] WANG N, HONG X, YANG Y, et al. Optimal CCUS supply chain toward carbon neutrality: Novel framework for thermal power, iron-steel, and cement sectors [J]. Industrial & Engineering Chemistry Research, 2024, 63 (10): 4460-4477.

[18] REN L, ZHOU S, PENG T, et al. A review of CO_2 emissions reduction technologies and low-carbon development in the iron and steel industry focusing on China [J]. Renewable and Sustainable Energy Reviews, 2021, 143: 110846.

[19] KAWAI E, OZAWA A, LEIBOWICZ B D. Role of carbon capture and utilization (CCU) for decarbonization of industrial sector: A case study of Japan [J]. Applied Energy, 2022, 328: 120183.

[20] SIPILÄ J, TEIR S, ZEVENHOVEN R. Carbon dioxide sequestration by mineral carbonation (literature review update 2005-2007) [R]. Helsinki: Åbo Akademi University Faculty of Technology Heat Engineering Laboratory, 2008.

[21] HUIJGEN W J J, WITKAMP G J, COMANS R N J. Mineral CO_2 sequestration by steel slag carbonation [J]. Environmental Science & Technology, 2005, 39 (24): 9676-9682.

[22] DELGADO-TORRÓNTEGUI M. Assessing the mineral carbonation science and technology [D]. Zurich: ETH Zurich, 2010.

[23] BODOR M, SANTOS R M, GERVEN T V, et al. Recent developments and perspectives on the treatment of industrial wastes by mineral carbonation—A review [J]. Open Engineering, 2013, 3 (4): 566-584.

[24] NARAHARISETTI P K, YEO T Y, BU J. Factors influencing CO_2 and energy penalties of CO_2 mineralization processes [J]. ChemPhysChem, 2017, 18 (22): 3189-3202.

[25] NCONGWANE M S, BROADHURST J L, PETERSEN J. Assessment of the potential carbon footprint of engineered processes for the mineral carbonation of PGM tailings [J]. International Journal of Greenhouse Gas Control, 2018, 77: 70-81.

5 氢基还原炼铁

随着全球人口和经济规模的不断增长，以 CO_2 为主的温室气体排放导致全球气温持续增高，人类正在经历热浪、洪水、干旱、海平面上升等一系列灾害，减少 CO_2 排放、尽快实现碳中和成为全世界刻不容缓的课题。我国政府高度重视气候变化问题，主动做出“2030 年前实现碳达峰、2060 年前实现碳中和”的减排承诺，并制定了一系列的工作方案和节能减排措施，展现了在全球环境治理中的大国担当。

钢铁工业是国民经济的重要支柱产业之一，也是资源、能源、资金、技术密集型行业。由于钢铁工业流程中碳的氧化、燃烧、流动，CO_2 的排放不可避免。我国作为全球最大的钢铁生产国和消费国，截至目前，粗钢产量连续 27 年占据世界第一。从工艺流程结构看，我国钢铁生产以高炉—转炉长流程为主，长流程钢产量占比约为 90%，从能源消费结构上看，煤、焦炭等化石能源投入占比达 80%以上，行业的高碳化特征非常明显。

目前，我国钢铁行业碳排放量占全球钢铁行业的 60%以上，占全国碳排放总量的 15%以上，是我国碳排放量最大的制造行业。碳排放是除自然原因之外引起气候变暖的一个主要因素。此外，钢铁行业还面临矿石及煤焦优质资源衰减、运输费用增加、下游市场容纳量波动及环保压力日益增大等多重挑战，推动钢铁工业生产转型升级势在必行。清洁生产、节能减排，以及最大限度地减少工序中 NO_x、CO_2 和烟粉尘排放是实现钢铁工业转型升级的主要目标。过去 20 年间，我国钢铁工业在节能减排方面取得了显著成效，重点大中型钢铁企业吨钢综合能耗（折合成标准煤）从 2000 年的 920 kg/t 降低到 2022 年的 551 kg/t，已处于国际先进水平。但由于能耗总量巨大，我国钢铁行业的低碳转型任务仍然非常艰巨。

作为影响空气质量主要来源之一的钢铁工业流程（尤其是炼铁工序）需要从碳输入层面实现大幅度降低碳（甚至无碳）排放量、提高能量利用效率。H_2，燃烧的热值为汽油的 3 倍、液化石油气的 2.5 倍，且燃烧生成物为 H_2O，生产过程不产生污染并且燃烧产物（H_2O）可实现循环利用，是一种燃烧价值高、绿色、清洁、高效的新能源。在炼铁领域，用 H_2 作为还原剂得到生铁的氢冶金工艺是一种从根本上实现低能耗、低碳（甚至无碳）排放的冶金新技术。

氢冶金通常是指利用 H_2 作为部分（全部）还原剂代替碳还原剂，以减少 CO_2 排放，是实现钢铁工业可持续发展的冶金新工艺。其具体形式包括：利用 H_2 生产海绵铁的气基直接还原工艺以及其他富氢冶金技术。富氢冶金技术包括：烧结喷吹含氢气体燃料技术；高炉喷吹焦炉煤气、天然气、废塑料和废轮胎等技术；焦炉煤气或煤制气（水煤气）生产 DRI 技术等。这些工艺的共同特征是应用 H_2 或富氢还原气体（一般 H_2 含量不应低于

55%）将铁矿石中各类氧化铁还原为金属铁。需要注意的是，煤还原铁矿过程，由于高挥发分煤种会释放部分 H_2，这种工艺通常不能归为氢冶金。

5.1 高炉富氢冶炼技术

5.1.1 技术概述

高炉富氢冶炼是一种创新的冶金工艺。其核心是通过在高炉风口或炉身下部向高炉内喷吹焦炉煤气、天然气、废塑料、H_2 等富氢物料作为还原剂，以替代传统的碳基还原剂（如焦炭和煤粉）。利用 H_2 还原铁矿石具有渗透速度快、还原能力强、产物不含碳等优势，可以提高间接还原比例、加快反应速率，从而减少碳排放量。

富氢冶炼的工艺流程环节较多，主要包括以下步骤：

（1）H_2 制备：H_2 的来源包括水电解、天然气重整、焦炉煤气、煤层气等。其中，绿氢（通过可再生能源电解水制取的 H_2）是最理想的氢源，因为它的制取过程不产生温室气体排放。

（2）H_2 纯化：制备出的 H_2 需要经过纯化处理，以确保其纯度满足高炉喷吹的要求。纯化过程可能包括去除杂质气体，如 CH_4、CO 等。

（3）H_2 压缩和储存：纯化后的 H_2 需要被压缩至一定压力，并储存在高压容器中，以便于运输和使用。

（4）喷吹系统：在高炉冶炼过程中，通过特殊的喷吹系统将 H_2 或富氢气体注入高炉。通常在高炉的风口处安装喷枪，通过喷枪将 H_2 喷入高炉内部。

（5）高炉冶炼过程：在高炉内，H_2 与铁矿石发生还原反应，生成铁和水。这一过程可以降低焦炭的使用量，从而减少 CO_2 的排放。H_2 喷吹量的变化会影响高炉冶炼过程，包括炉温、炉压、煤气成分等。

（6）炉况调控：在喷吹 H_2 的过程中，需要对高炉的运行参数进行精细调控，以确保炉况稳定并最大化 H_2 的使用效率。这可能包括调整风量、氧量、炉料结构等。

（7）煤气处理：高炉冶炼过程中产生的煤气需要进行处理，以回收和利用其中的有用成分，如 CO 和 H_2，并去除有害成分，如 CO_2。

（8）CCS：为了进一步降低碳排放，高炉煤气中的 CO_2 可以通过 CCS 技术被捕获并安全封存，以减少对大气的排放。

通过这些技术的开发和应用，可以构建完整的高炉富氢低碳冶金技术理论和工艺，为钢铁工业 CO_2 大幅减排技术的重点突破奠定基础。

5.1.2 不同富氢介质喷吹效果

H_2 作为清洁能源，是高炉富氢冶炼的理想原料，其分子半径小、密度低、黏度低、导热性好，有利于扩散和热交换。高炉冶炼中喷吹 H_2，可以提高反应速率和还原度，降

低 CO_2 排放。2020 年，我国 H_2 产量约为 3300 万吨，基本为化石能源制氢和工业副产品提纯制氢。然而，只有真正的“绿氢”才能实现钢铁“碳中和”的愿景，而我国目前“绿氢”的比例和产量严重不足。从成本上，“绿氢”的取得成本高于化石能源，其运输、存储、使用中的泄漏风险很高，再加上其易燃易爆的特性，使得其安全使用成为难点。因此，H_2 用于高炉炼铁的绿色性、经济性、安全性还有待改进。

高炉喷吹富氢燃料是一种在压力作用下，利用喷枪将经过处理的、含有氢元素的固体燃料、液体燃料、气体燃料经风口喷入高炉，并在风口受到快速加热产生回旋区，从而运动燃烧的技术。这种技术的原理为：H_2 在高温下与 O_2 反应释放出大量的热量，产生水蒸气，从而降低高炉炼铁的碳排放，推动钢铁行业的可持续发展。富氢冶炼改变了传统高炉炉料还原的热力学和动力学条件，但不同富氢介质的适宜喷吹量、喷吹效果存在差异。

5.1.2.1 高炉喷吹富氢固体燃料

A 喷吹废塑料

废塑料通过风口喷吹入高炉，会在风口处转化为 CO 和 H_2，这个过程可以产生大量热量，增强煤气流还原能力，使得炉缸初始煤气流的状态与全焦冶炼相似，从而对高炉操作影响较小。然而，由于废塑料回收制度的不完善和生产成本较高，废塑料的利用率并未达到理想状态。此外，高炉喷吹对废塑料中的氯含量有严格要求，部分废塑料含氯量高，如聚氯乙烯（PVC），需要经过脱氯处理才能使用。此外，如果废塑料中含有的灰分过高，在喷吹过程中容易堵塞管道，同时，灰分中的碱金属还会侵蚀焦炭层，加速焦炭熔损，并吸附在高炉炉衬上缩短其使用寿命。这些问题都限制了废塑料在高炉喷吹中的广泛应用。

B 喷吹生物质

生物质主要由 C、H、O 及少量的 N、S 等元素组成。不同种类的生物质可以通过风口喷吹或炉顶装料的方式注入高炉。当采用风口喷吹方式时，粉碎的生物质粉末可以有效地注入高炉，这种方式不仅可以降低 CO_2 的排放量，同时还可以提高高炉的生产率。对于炉顶装料方式，适合使用的生物质包括生物质焦炭和铁矿石-生物质复合炉料等。生物质焦炭具有较高反应性，可以降低热储备区的温度，从而替代部分焦炭，节省能源；铁矿石-生物质复合炉料与铁氧化物接触紧密，有利于提高还原速率。然而，这种炉料存在一定的问题，如热塑性不足，导致复合炉料抗压强度较低，使得高炉透气性恶化。总的来说，生物质具有很大的应用潜力，但其在技术和经济方面仍存在一些限制，如灰分中的碱金属含量较高等因素。因此，为了更好地利用生物质，需要进一步优化工艺和研发新技术。

5.1.2.2 高炉喷吹富氢液体燃料

重油是一种常见的喷吹液体燃料，它含有大量的碳氢化合物，是石油分馏提取煤油、汽油、柴油等产品后剩下的产物，具有很好的喷吹效果，并且因为其喷吹设备简单和易于操作，被广泛认为是优质的还原剂和燃料。然而，由于石油价格较高，导致喷吹成本提高，这在一定程度上限制了重油在高炉喷吹工艺中的应用和发展。

5.1.2.3 高炉喷吹富氢气体燃料

A 喷吹天然气

天然气是一种主要由 CH_4 和少量 C_2H_6 组成的燃料，其储量丰富，运输和贮存方便，且不含粉尘和其他有害物质，是高炉中优良的燃料和还原剂。通过从高炉风口区喷吹天然气，可以将其转化为 H_2 和 CO，提高煤气中的氢含量，增强煤气还原性，从而替代部分焦炭的使用。研究表明，在高炉冶炼中，若每吨铁喷吹 125.4 kg 天然气，可使焦比降低 27.2%，CO_2 排放量减少 32.2%，同时高炉利用系数从 2.07 $t/(m^3 \cdot d)$ 增至 3.08 $t/(m^3 \cdot d)$。然而，这种替代在降低 CO_2 排放量的同时，也导致风口区的理论燃烧温度降低。此外，通过从炉身喷吹天然气，穿透深度相对较差，往往无法进入料层，使得炉子效率变差。同时，由于天然气无法代替焦炭对炉料的骨架支撑作用，其喷吹量受到一定的限制。

B 喷吹焦炉煤气

焦炉煤气是炼焦工业的副产品，其主要成分为 H_2(55%~60%)、CH_4(23%~27%)以及少量的 CO。焦炉煤气具有发热值高、燃烧速度快、环境污染小的特点。由于炼焦工业为高炉冶炼提供主要原料，通常会与高炉炼铁分布在同一地区甚至同一厂区，为高炉冶炼获取焦炉煤气提供了便利条件。高炉冶炼中喷吹焦炉煤气，可提高煤气中的 H_2 含量，提高冶炼效率，降低 CO_2 排放量。高炉喷吹焦炉煤气的工艺相对简单，技术较为成熟，设备投资低，操作方便。然而，也存在一些问题。首先，焦炉煤气中的萘和焦油等含量比较高，如果净化效果不好，这些物质会堵塞输送管道；其次，大量喷吹焦炉煤气会缩短风口氧化带，导致边缘气流发展，造成炉墙及风口损坏。此外，焦炉煤气还会增加煤气中的水含量，降低煤气的热量，影响热风温度，可能加重高炉布袋除尘器结露的问题。

C 喷吹发生炉煤气

发生炉煤气是一种将高炉煤气注入气化炉中产生富氢气体，再将其加热至高温，最后同热风一起通过风口喷入高炉的混合气体，其主要成分为 CO、H_2、N_2 和 CO_2 等。将发生炉煤气喷入高炉实现了高炉煤气的循环利用，从而降低了炉顶煤气的 CO_2 转化成本。在造气过程中，这种工艺可使用劣质煤，降低了炼铁对优质焦炭的需求。此外，这种工艺具有简单、成本低、生产的煤气温度高等优势。然而，由于发生炉煤气中含有一定量的焦油等物质，容易导致管道堵塞，从而限制了煤气的输送距离。此外，随着高炉煤气回收技术的不断进步，发生炉煤气造气过程中的污染问题等已逐渐得到解决。

5.1.3 高炉喷吹富氢燃料的冶炼特点

与传统高炉冶炼相比，喷吹富氢燃料对理论燃烧温度、炉腹煤气量、焦炭消耗、铁矿石间接还原、高炉透气性、初渣成分、炉内温度场、煤气流分布、铁水质量以及生产成本等均有一定程度的影响，具体规律见表 5.1。

表 5.1 高炉喷吹富氢燃料的冶炼特点

影响因素	变化规律
理论燃烧温度和炉腹煤气量	喷吹富氢燃料本身的物理热和燃烧反应的吸放热特性会降低风口区的理论燃烧温度，同时导致炉腹煤气量增加
焦炭消耗	喷吹富氢燃料产生的 H_2 在还原铁矿石时产生的水蒸气会促进焦炭的气化反应，加速焦炭的消耗。此外，软熔滴落区的渣铁会熔蚀焦炭，影响其在高温下的结构和强度，从而影响其骨架作用
铁矿石间接还原	喷吹富氢燃料使炉内的 H_2 体积分数增加，气体还原剂浓度升高，促进铁矿石的间接还原反应。在不同温度下，随着还原气体 H_2 含量的增加，铁矿石的还原度和还原速率均加快
高炉透气性和初渣成分	在一定范围内，增加煤气中 H_2 含量可以使高炉软熔区位置下移变窄，从而有效地改善高炉透气性。高炉富氢冶炼可使得初渣渣量及初渣中的 FeO 含量显著降低
炉内温度场和煤气流分布	当富氢燃料以冷状态入炉时，会降低风口回旋区的平均温度，使高炉内等温线向上移动。富氢燃料中碳氢化合物的分解使炉内 H_2 含量增加，煤气动能增加，高炉中心煤气流得到发展
铁水质量和生产成本	喷吹富氢燃料有助于提高铁水产量，增加高炉的利用系数，同时降低铁水中的硅含量。通过促进高炉中的间接还原反应，减少了直接还原反应，从而降低了焦比和燃料成本

由表 5.1 高炉喷吹富氢燃料的冶炼特点可知，喷吹富氢燃料可以降低理论燃烧温度，增加炉腹煤气量，促进铁矿石的间接还原反应，改善高炉透气性，优化初渣成分，改变炉内温度场和煤气流分布，提高铁水质量，并降低生产成本。这些影响对高炉冶炼过程的优化和节能降碳具有重要意义。

5.1.4 国内外研究及应用现状

在炼铁—炼钢流程中，炼铁工作者通过各种技术措施，力求降低燃料比（焦比+喷煤、喷油比），我国宝钢的燃料比已降低至每吨铁 495 kg 以下，其中碳含量达到每吨铁 429.892 kg(见图 5.1)，已接近理论计算最低碳比（每吨铁 414 kg）。尽管如此，高炉二氧化碳排放量仍高达约每吨铁 1.5 t，而全流程钢铁生产的总碳排放量每吨钢可达 2.0~2.5 t。这也表明采用氢冶金的迫切性。早在 2000 年，我国冶金工作者便开始关注氢能源的应用，提出应用焦炉煤气量产制氢还原气的正确切入点。同时，国外制订的氢还原研究内容和目标包括：焦炉煤气重整及还原气喷入风口的反应行为研究；铁矿石用 H_2+CO 还原气进行高温还原的基础研究及其应用技术经济评价；铁矿石氢还原的动力学研究及高炉内焦炭和氢基气体反应机理。研究中进行了 200 m^3/t 重整后焦炉煤气从高炉炉身及风口喷吹还原的模拟计算（见图 5.2）及模型试验验证。

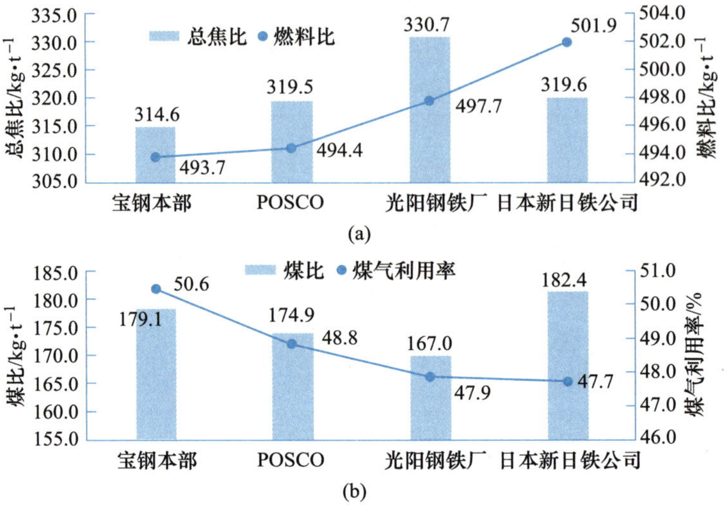

图 5.1 宝钢高炉的主要指标对比情况

（a）燃料消耗与国内外同行对比情况；（b）煤气利用率与国内外同行对比情况

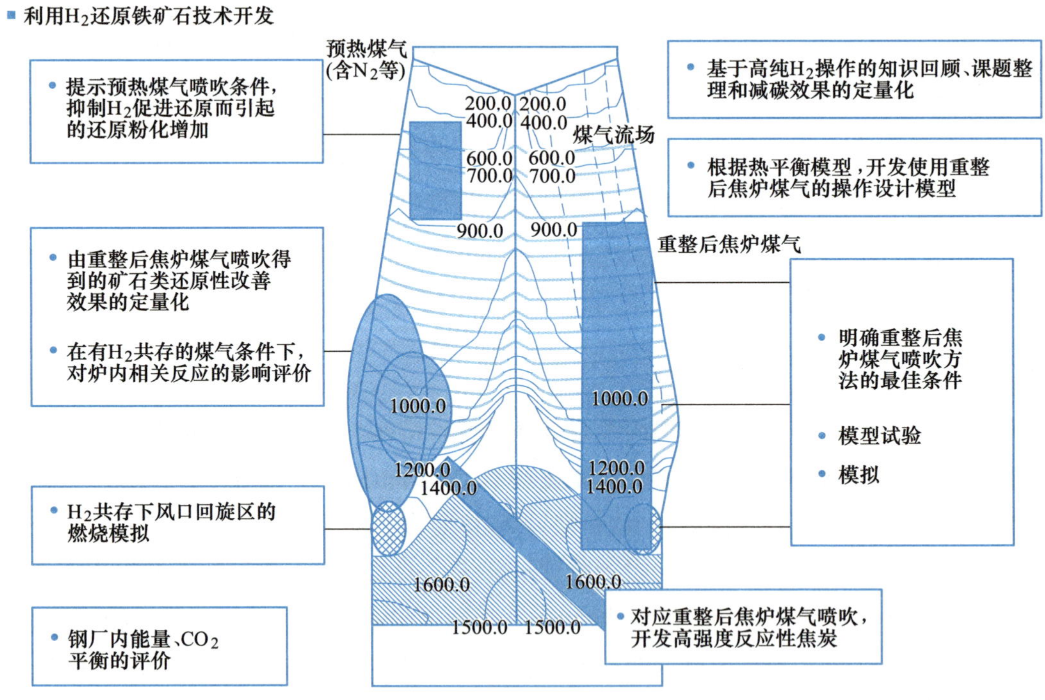

图 5.2 高炉炉身及风口喷吹 200 m^3/t 焦炉煤气的模拟计算

结果表明，从炉身喷吹效果最好，燃料比可从 588 kg/t 降至 486 kg/t。韩国浦项经营研究院分别进行了不同 H_2 浓度（0~100%）条件下还原氧化球团的研究，具体内容包括反应常数测定和完全还原 $FeO_{1.05}$ 样本的时间比较等。结果均表明，H_2 的有无及其浓度大小对还原速度有决定性影响，如图 5.3 所示。

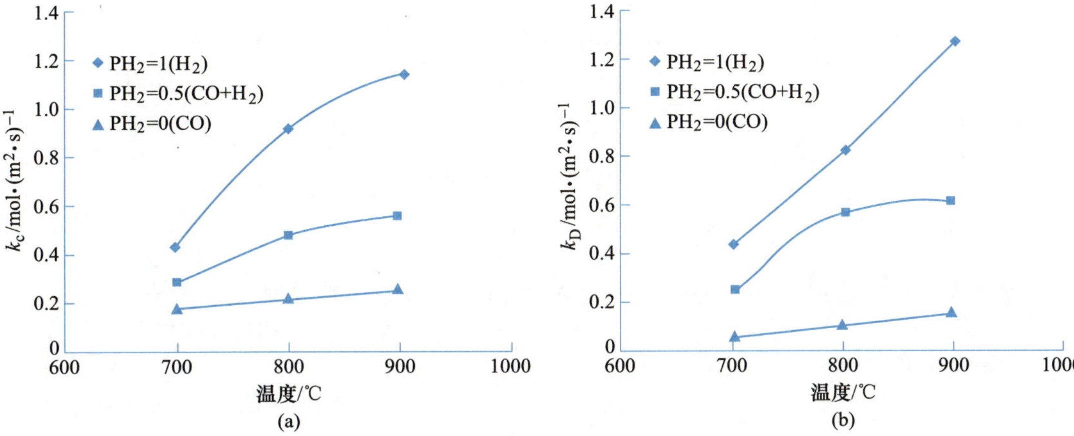

图 5.3 用不同浓度 CO、CO+H_2、H_2 还原球团的反应速率常数

(a) k_c；(b) k_D

孔令兵和郭培民等对高炉喷吹氢气入炉后其在炉内各个区域的还原行为进行了研究。其过程为：从风口喷入的 H_2 在吸收热量后，随着煤气流升至炉内 1000 ℃以上区域，将热量传递给物料并还原氧化铁；在低于水煤气反应平衡温度时催化焦炭与多价氧化铁的还原反应。综合来看，H_2 在风口高温区吸收的热量可通过上部炉料间接还原的增加及 H_2 释放的热量得到补偿，其节碳效果近似为 $\Delta C = 0.287 + 0.137V$（$V$ 为吨铁氢量，m^3/t）；东北大学唐珏和储满生等研究了在梅山钢铁股份有限公司（以下简称“梅钢”）的原燃料条件下，利用富余焦炉煤气进行高炉风口喷吹的数值模拟。结果表明，与未喷吹焦炉煤气相比，喷吹后高炉内还原气体浓度增加，炉料还原速度明显加快，效果反映为焦比降低 14.43%，碳排放减少 8.61%。毕传光等基于多流体高炉数学模型，对梅钢原燃料条件下高炉喷吹焦炉煤气进行数值模拟研究，并在此基础上分析了高炉喷吹焦炉煤气的综合经济效益。结果表明，当考虑煤气富余量、富氧能力等因素对高炉进行适量的焦炉煤气（每吨铁 50 m^3）喷吹时，不仅取得显著的增产、节焦、减排效果，也获得了显著的经济效益。经济效益表现为：当期每吨铁成本降低 20.14 元（当期焦炭价格为每吨 1607 元，焦炉煤气为每立方米 0.7749 元），年可节约焦炭 7.79 万吨，创效 5115 万元。

从全球视角来看，许多国家都选择使用喷吹富氢焦炉煤气的方式来利用富氢燃料。由于天然气的价格较为昂贵，且资源分布相对集中，因此只有少数国家采用喷吹天然气的技术。2020 年，宝武已正式启动高炉喷吹天然气项目。此外，喷吹 H_2 也逐渐受到人们的关注，但制氢成本较高，储存、输送和使用存在一定的技术难题，具体见表 5.2。这些不同的选择反映出不同国家和地区对于喷吹富氢燃料的不同需求和资源条件，同时也展示了喷吹富氢燃料在节能降碳方面的潜力。

表 5.2 高炉喷吹富氢燃料的项目

喷吹燃料种类	年份	项目名称	企业名称
天然气	2004	5000 m^3 高炉喷吹天然气	日本 JFE 公司
	2020	高炉喷吹天然气	宝武
焦炉煤气	2010	350 m^3 高炉喷吹焦炉煤气	济钢集团有限公司
	2010	450 m^3 高炉喷吹焦炉煤气	承德钢铁集团有限公司
	2012	两座 4038 m^3 高炉喷吹焦炉煤气	鞍钢股份有限公司鲅鱼圈钢铁分公司
	2021	富氢碳循环试验高炉	宝武八钢
	2021	1860 m^3 高炉喷吹煤气	山西晋南钢铁集团有限公司
焦炉改制煤气	2008	COURSE50 低碳炼铁项目	日本制铁株式会社、日本 JFE 公司、神户制钢所、日新制钢株式会社、新日铁工程公司
高炉副产煤气制备 H_2	2017	COOLSTAR 项目	POSCO
H_2	2017	H2FUTURE 项目	奥地利联合钢铁集团
	2019	“以氢代煤”项目	德国蒂森克虏伯钢铁公司
	2023	以纯氢为喷吹气源的高炉富氢冶炼	昌黎县兴国精密机件有限公司

5.1.4.1 日本 COURSE50 低碳炼铁项目

日本的 COURSE50 项目于 2008 年 7 月启动，该项目由日本新能源产业技术综合开发机构委托 6 家钢铁公司共同研发。COURSE50 项目的主要目标是降低高炉的 CO_2 排放量，图 5.4 为 COURSE50 项目的技术路线图。该项目的核心技术路线包括两个部分：第一，减少高炉 CO_2 排放，包括利用氢还原铁矿石技术、富氢焦炉煤气改质技术和高强度高反应性焦炭生产技术，目标是实现 10%的 CO_2 减排量；第二，捕集、回收高炉煤气中的 CO_2，目标是实现 20%的 CO_2 减排量。

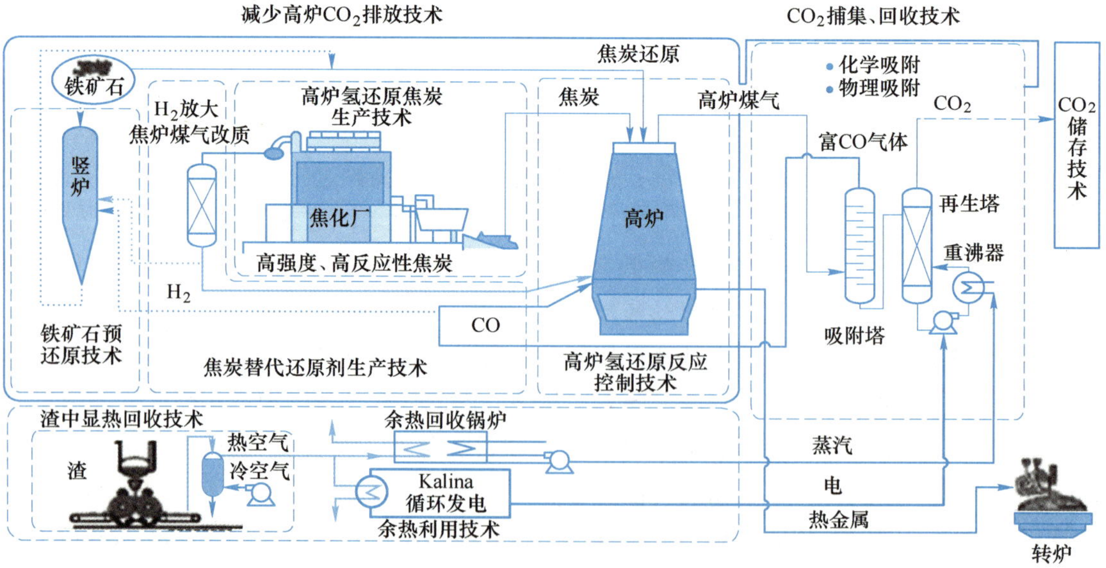

图 5.4 COURSE50 项目的技术路线图

COURSE50 项目计划分 3 个阶段进行。第 1 阶段（2008—2017 年）的主要任务是进行技术探索。2015 年，日本制铁株式会社在君津厂建成 12 m^3试验高炉用于 H_2 还原和 CO_2 捕集技术的开发，并在 2016—2017 年实现 CO_2 减排 10%的目标。第 2 阶段（2017—2030 年）的主要任务是开展大型工业化试验，在这一阶段共进行 5 组试验，在试验高炉中喷入富氢煤气。随着 H_2 含量的增加，CO_2 排放量呈明显下降趋势。当每吨铁水 H_2 喷入量（标准状态）为 359 m^3时，CO_2 减排量约为 16%。

2020 年 10 月，日本政府提出将在 2050 年实现温室气体净零排放，完全实现碳中和。为了进一步实现钢铁生产过程的减碳目标，日本制铁株式会社推动 Super COURSE50 工艺技术开发，图 5.5 为日本低碳减排过程高炉的演变方向，包括优化高炉生产过程 CO_2 减排和配套采用 CCS 技术。2022 年，日本制铁株式会社启动了利用钢铁厂外部 H_2 的 Super COURSE50 课题研究，预计到 2050 年实现实际高炉运行，并使 CO_2 排放减少超过 50%。COURSE50 和 Super COURSE50 高炉均是在现有高炉的基础上进行的部分装置改造，用 H_2 代替一部分还原材料焦炭，用还原铁直接代替一部分铁矿石。2023 年，日本制铁株式会社在高炉中试验喷吹富氢气体，并计划于 2026 年在君津厂 2 号 4500 m^3高炉开展工业化试验。该项目计划在第 3 阶段（2030—2050 年）实现技术大范围的推广和应用，预计在 2050 年以后，日本炼铁工序的吨钢 CO_2 排放量将从现在的 1.64 t 减少到 1.15 t。

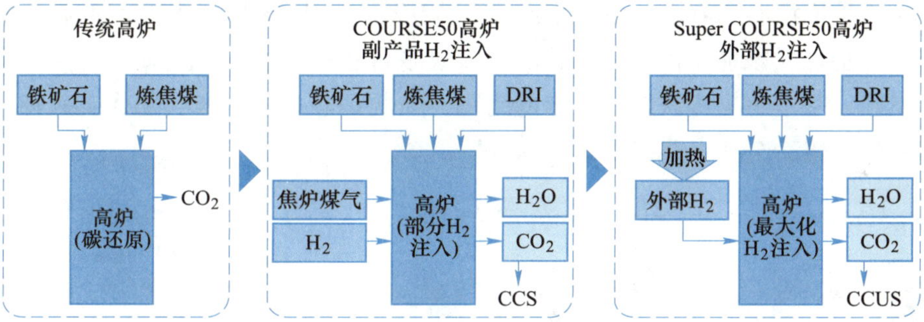

图 5.5 日本低碳减排过程高炉的演变方向

图 5.5 彩图

此外，高炉喷吹 H_2 还存在诸多技术挑战，包括以下几点：

（1）炉内温度降低，喷吹大量 H_2 时，须对 H_2 进行预热，相关技术仍有待开发；

（2）炉内气体的渗透性降低，炉内反应恶化，同时矿粉与高温气体的接触减少，导致其不易熔化；

（3）大型高炉在喷吹 H_2 时，还面临气体和热量的均匀分布、矿石黏着和熔体流动等技术难题。

5.1.4.2 德国高炉富氢冶炼项目

位于德国杜伊斯堡的蒂森克虏伯斯塔尔钢厂采用长流程工艺，目前拥有 4 座高炉，分别为 1 号 3844 m^3、2 号 4769 m^3、8 号 1303 m^3和 9 号 1833 m^3。2019 年 11 月，该厂投资

100 亿欧元，进行了用 H_2 作为还原剂来代替部分煤炭的试验，该试验在全球属于首次尝试。试验将 H_2 喷入 9 号 1833 m^3高炉，在初始阶段通过一个风口喷 H_2，后继逐步扩大到全部 28 个风口。2020 年，蒂森克虏伯斯塔尔钢厂与德国莱茵集团建立长期的氢能源合作伙伴关系，所有的 H_2 来源于水电解，而水电解的电力来源于可再生能源。莱茵集团计划在林格发电厂建设一个 100 MW 的电解槽，可生产 H_2 1.7 t/h，满足杜伊斯堡钢厂高炉所需 H_2 量的 70%，理论上可生产 5 万吨左右的“碳中和”钢材。

德国迪林根和萨尔钢铁公司于 2020 年 8 月投资 1400 万欧元，开展了高炉喷吹富氢焦炉煤气的试验，该试验是在高炉正常运行条件下向高炉注入焦炉煤气，实现了在现有高炉冶炼工艺下采用焦炉煤气作为还原剂部分替代固体燃料。这一试验证明了未来高炉利用 H_2 作为还原剂在技术上是可行的，并为实际使用绿氢创造了条件。试验的目的是进一步减少碳排放，并积累在钢铁生产中使用 H_2 的经验。迪林根和萨尔钢铁公司认为，在绿氢供应充足的条件下，高炉完全可以使用 H_2 作为还原剂进行冶炼。未来，当绿氢的数量满足需求、成本具有竞争力的条件下，该公司的钢铁生产计划采用氢基直接还原铁-电炉技术路线。项目的下一步计划是在两座高炉中进行纯氢冶炼试验，目标是在 2035 年实现高炉炼铁碳减排 40%。

5.1.4.3　中国宝武富氢碳循环高炉冶炼技术

在富氢高炉炼铁研究方面，中国宝武已于 2019 年 1 月 15 日与中国核工业集团有限公司、清华大学签订《核能-制氢-冶金耦合技术战略合作框架协议》，采用核能制氢技术实现氢冶金工艺，基本解决炼铁燃煤限制的问题，降低 CO_2 排放 30%，形成宝武特有的低碳炼铁技术。其低碳冶金技术路线图如图 5.6 所示。

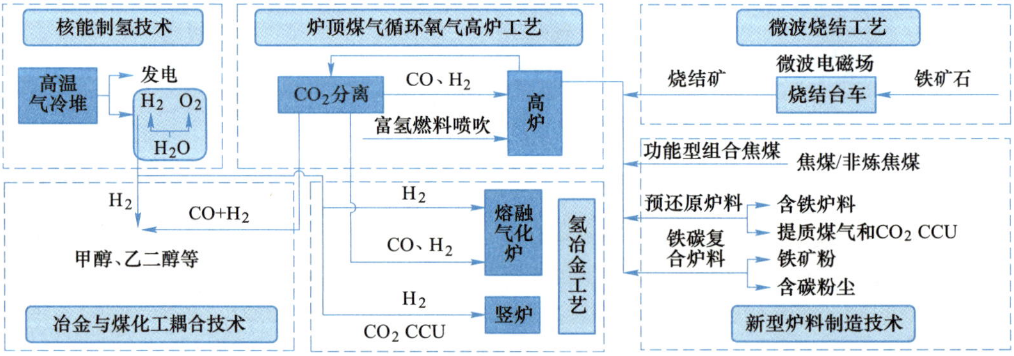

图 5.6　宝武低碳冶金技术路线图

图 5.6 彩图

富氢碳循环高炉冶炼技术的关键是全氧鼓风。当高炉实现全氧鼓风时，由于 N_2 减少，高炉煤气可以很容易实现 CO 和 CO_2 的分离。CO_2 回收利用后，剩余的高体积分数的 CO 通过管道输送到风口和炉身，重新与 H_2 富集成具有较高还原能力的煤气，回流至高炉，用于还原铁矿石，以达到碳循环的目的。煤气的循环使用避免了 H_2 化学能的浪费，同时氢气也可以在高炉中循环，从而降低高炉流程中对化石能源的消耗。宝武在新疆八一钢铁厂不断对富氢碳循环高炉技术进行探索。目前，富氢碳循环高炉风口已成功喷吹焦炉煤气，风口喷吹焦炉煤气的最大量为每吨铁 200 m^3（标准状态），使得高炉可以在富氢的环境下进行冶炼，同时成功实现了 50%高富氧、减碳 15%的二期目标。三期的工业试验于 2022 年 7 月 6 日正式展开，目标是减碳 30%。

亚洲的能源结构以“多煤少气”为主，因此高炉炼铁一直是亚洲钢铁企业的主要生产工艺。到 2050 年，预计仍然会有一半的钢铁产品由高炉工艺生产。宝武集团大胆创新，不断改造富氢碳循环高炉冶炼技术，这对钢铁行业碳减排具有重要意义。

5.1.4.4 中国山西晋南高炉喷吹富氢气体项目

2020 年 10 月，中国钢研科技集团钢铁研究总院有限公司与山西晋南钢铁集团有限公司签订了 2000 m^3高炉规模化喷吹富氢气体项目，建设了我国首座富氢炼铁高炉。该项目的实施可以大幅降低能耗，减少碳排放，同时提高生产效率和产品质量。

2021 年，山西晋南钢铁集团有限公司针对两座 1860 m^3高炉开展了风口喷吹焦炉煤气和工业副产 H_2 的研发、设计及工业化应用。在每吨铁富氢气体喷吹量为 65 m^3的条件下，富氢气体与固体燃料的置换比为 0.49 kg/m^3；喷吹富氢气体后，炉内 H_2 的利用率平均为 37.3%，CO 的利用率约为 43.2%；每吨铁 CO_2 排放量可降低 80 kg 左右，高炉 CO_2 排放量降低了 5.6%，取得了良好的经济环境效益与社会效益。

5.1.4.5 中国上海大学高炉富氢半工业化试验研究

2021 年，上海大学与昌黎县兴国精密机件有限公司合作建成 40 m^3高炉试验装置，用于开展高炉富氢冶炼、高炉炉顶煤气回收利用、炉顶煤气 CO_2 捕集回收等试验。2021 年 12 月，以纯 H_2 为气源，利用该 40 m^3试验高炉进行高炉富氢冶炼的技术开发。纯 H_2 的喷吹量达每小时 1800 m^3、吨铁 250 m^3。试验结果表明，喷吹富氢煤气可降低焦比 10%，减少 CO_2 排放量 10%，同时增加生铁产量 13%，该试验项目为钢铁生产中大规模安全使用 H_2 积累了经验。2022 年 7 月，研究团队对试验高炉进行了解剖，获取了高炉块状带、软熔带、滴落带、风口区、死料柱、渣铁层等关键物料样品及相关数据信息，以实现“打开高炉黑箱”，进一步解读富氢冶炼对高炉内炉料结构和性状变化的影响规律，使构建系统的高炉富氢低碳冶炼技术理论和工艺迈出了一大步。该项目下一步将建立电解水制氢（日产 H_2 3×10^5 m^3及日产 O_2 1.5×10^5 m^3）-规模化适量储氢-富氢冶炼项目，预计在现有 450 m^3高炉开展富氢富氧喷吹冶炼的工业化推广应用。

5.1.5 发展趋势预测

高炉富氢冶炼作为减少碳排放的关键技术，受到全球范围的关注。各国政府和组织纷纷出台一系列政策以支持这一技术的发展。例如，欧盟推出了碳排放交易体系，通过对碳排放征税来激励企业减少碳排放。我国也提出了“碳达峰”和“碳中和”的目标，鼓励钢铁行业采用低碳技术。

高炉富氢冶炼的优点有以下几方面。

（1）高炉富氢冶炼能显著减少燃料消耗和碳排放。张华等的研究结果表明，高炉喷吹焦炉煤气有助于改善炉内间接还原，从而降低直接还原度、焦比和燃料比，在满足约束条件的前提下每喷吹 1 m^3 焦炉煤气可减少燃料消耗约 0.4 kg。张卫国等的研究也表明，高炉炼铁过程喷吹天然气、焦炉煤气、炉顶循环煤气可不同程度地促进间接还原，减少燃料消耗。Zhang 等采用数值模拟方法，研究了高炉天然气与煤粉混合喷吹和仅煤粉喷吹在热状态、气体成分和煤粉可燃性方面的差异，结果表明，天然气可以代替部分喷吹煤粉，降低生产过程中的环境污染和能耗。

（2）高炉富氢冶炼可以提高炉内中上部的还原速度和炉身效率。H_2 良好的扩散性和反应性极大地提高了炉内中上部的还原速度和还原度，进而提高炉身效率。

（3）高炉富氢冶炼还可以缩窄软熔带和提高透气性。高炉富氢冶炼后，软熔带厚度变窄且位置下移，原因是气体中 H_2 增加后，浮氏体迅速还原，软熔带初渣熔点升高，使得软熔带向高温区移动。Lan 等的研究显示，高炉富氢冶炼后软熔带的最大压差和透气性指数均降低，透气性得到改善。

（4）高炉富氢冶炼还能降低渣量和提高铁水质量。由于氢还原能力较强，炉渣的成分与终渣相近，炉腹渣熔化性和流动性更好，有助于改善造渣过程。研究表明，富氢率为10%时，高炉初渣渣量显著降低，接近终渣渣量，从而提高了铁水的质量。

以上这些优点使得高炉富氢冶炼成为钢铁行业实现绿色发展的重要途径。

然而，高炉富氢冶炼也存在一些缺点和挑战。首先，富氢冶炼的关键技术仍有待深入研究，包括适宜的富氢比例和 H_2 的利用率问题。事实上，高炉富氢冶炼的 H_2 比例并非越高越好，存在一个最佳喷吹量，超过这个量会导致 H_2 利用率降低，甚至可能增加 CO_2 排放。例如，Yilmaz 等通过数值模拟发现，H_2 最佳喷吹量为每吨铁 27.5 kg，超过这个量后，CO_2 排放量反而增加。此外，氢还原是吸热反应，大量喷吹未加热的 H_2 会导致炉内温度下降，需要额外的热补偿措施。其次，减碳潜力有待提高。目前，富氢冶炼只能降低10%～20%的 CO_2 排放，不能完全解决高炉碳排放问题。此外，富氢冶炼成本相对较高。张真等结合富氢冶炼的减碳能力、纯铁产量、H_2 使用量和来源等因素计算出 2025 年富氢冶炼的成本预计每吨为 1335 元，预计 2030 年降为每吨 1303 元，这一高成本也是推广该技术的主要障碍之一。

在发展趋势上，高炉富氢冶炼技术的未来改进方向为耦合炉顶煤气 CO_2 分离捕集技术，以提高整体的脱碳潜力。崔小杰等指出，虽然高炉富氢冶炼可以降低 10%～20%的碳排放，但仍有大量 CO_2 排放，因此结合 CO_2 捕集技术是提高绿色发展潜力的关键。此外，随着碳市场交易和碳税政策的发展，高炉富氢冶炼的减碳收益可能会抵消部分生产成本，使得该技术在经济上更具吸引力。同时，钢铁企业应该积极应对碳交易市场、碳税和碳金融市场的变化和政策导向，提高自身减碳能力。

综上所述，高炉富氢冶炼技术的发展需要在技术成熟度、环境影响和经济可行性之间找到平衡点。未来的研究和实践将聚焦于优化富氢比例、提高 H_2 利用率、降低成本以及与 CO_2 捕集技术的整合等方面，以实现高炉冶炼过程的深度脱碳。随着相关技术的不断进步和政策的支持，高炉富氢冶炼有望在未来钢铁生产中发挥更加重要的作用。

5.2 氢基熔融还原技术

5.2.1 技术概述

钢铁行业是国民经济的基础产业之一，具有举足轻重的作用，同时它也是碳排放的主要行业之一。我国的钢铁产量占全球钢产量的一半以上，且大部分钢铁生产主要还是以传统的高炉—转炉工艺为主。传统高炉炼铁工艺由于工艺特点的限制，需要大量的优质焦煤来提供骨架、还原剂和热量，因此成为产生 CO_2 的主要来源。为了克服传统高炉炼铁工艺流程的各种缺陷，减少 CO_2、SO_2、粉尘及废水的排放，很多学者将目光聚集到非高炉炼铁技术。非高炉炼铁以替代烧结矿和较少或不使用焦炭为出发点，为炼铁工序的低碳、可持续发展提供了新的选择。非高炉炼铁包括直接还原法和熔融还原法，其中熔融还原法是以非焦煤作为主要能源，使用块矿、球团矿或直接使用铁粉等原料，在高温熔融状态下将经过预还原的铁氧化物（主要为 FeO）还原，生成液态铁水的工艺方法。熔融还原铁的还原度高，粒度均匀，杂质少。它不仅是转炉炼钢和电炉炼钢不可缺少的冷却剂及原材料，还可以弥补我国废钢资源不足的问题，因此是钢铁生产的优质原材料。氢基熔融还原技术经过几十年的发展已有长足的进步，可以达到降低污染的目的，与当今绿色生产的理念相适应。该技术的原理是用富氢或纯氢气体取代 CO 作为还原剂，在高温熔融状态下进行铁氧化物的还原、渣铁分离，从而生成铁水。由于 H_2 比 CO 的还原能力更强，其是实现钢铁清洁、低碳、高效生产的重要燃料和还原剂。同时，采用富氢工艺流程，还可以显著提高还原气利用率及生产效率。

5.2.2 工艺理论及特点

目前，氢能作为一种高效、清洁的二次能源已经受到了业界的广泛关注。氢-碳熔融还原工艺的中心思想是用 H_2 作为炼铁的主要还原剂，取代部分还原剂（C），起到降低能耗、合理利用资源的作用，其反应机理为：

还原反应：

$$Fe_2O_3 + 3H_2 = 2Fe + 3H_2O$$

供热反应：

$$2C + O_2 = 2CO$$

制氢反应：

$$CO + H_2O = H_2 + CO_2$$

总反应：

$$Fe_2O_3 + 3C + \frac{3}{2}O_2 = 2Fe + 3CO_2$$

反应放出的热量将铁矿石、熔渣加热，通过搅拌作用使渣层的运动增加，并将热量传递给还原区。熔融还原竞争力的关键标准就是能耗，采用 C 还原铁矿石时的反应式如下：

$$\frac{1}{2}Fe_2O_3+\frac{3}{2}C = Fe+\frac{3}{2}CO(\Delta H=246.940\ kJ/mol)$$

由上式可知，采用C还原铁矿石时还原1 mol铁消耗246 kJ，采用H_2还原铁矿石的反应式如下：

$$\frac{1}{2}Fe_2O_3+\frac{3}{2}H_2 = Fe+\frac{3}{2}H_2O(\Delta H=50.013\ kJ/mol)$$

由上式可知，采用H_2还原1 mol铁需要50 kJ热量，这不仅减少了能源消耗，还原速率也比其他方式高出一到两个数量级，且还原潜能是CO的14倍，显示出节能环保、能提高效率的优势。此外，氢-碳熔融还原工艺可以充分回收利用熔炼煤气的能量来减少能耗，其主要途径为充分回收熔融还原产生的热能。熔融还原过程中产生的高温煤气还能用来给锅炉提供热能，在低温下将炉气中的CO通过水煤气转化反应（$H_2O+CO = H_2+CO_2$）转化为所需要的H_2，再通过PSA技术，将转化后的气体中的CO_2除去，之后在煤气中配入H_2并通入熔融还原炉中，达到H_2的循环利用。通过H_2还原，铁水中C、P、Si等杂质远低于其他炼铁工艺，减少了后续降碳所需的能源，同时为企业生产提供了优质钢源。

5.2.3 工艺流程

氢基熔融还原技术的工艺流程较为复杂，主要包括以下几个步骤：

（1）原料准备：选择合适的铁矿石作为原料，可能需要进行破碎和筛分，以满足熔融还原工艺的要求。H_2的制备方法包括水电解、天然气重整或其他途径。在理想情况下，使用的H_2应该是“绿氢”，即通过可再生能源电解水制成的H_2。

（2）H_2纯化：制备出的H_2需要经过纯化处理，以确保其纯度满足工艺要求，去除其中的杂质，如CH_4、CO等。

（3）H_2输送：将纯化后的H_2压缩并输送到熔融还原炉。这一过程可能需要高压管道或其他输送系统来确保H_2的安全和有效输送。

（4）于熔融还原炉内发生反应：铁矿石被送入熔融还原炉，与喷入的H_2混合。在高温条件下，H_2与铁矿石中的氧化铁发生还原反应，生成铁和水蒸气。反应通常在没有空气的情况下进行，以避免H_2与O_2混合而引发爆炸。

（5）熔融铁和渣的分离：还原后的熔融铁和渣通过炉底的出口分离。熔融铁被收集并进一步加工，而渣则被移除并处理。

（6）能源回收及废气处理：在一些工艺中，熔融还原过程中产生的热量可以用来产生蒸汽，进而驱动涡轮发电。此外，熔融还原过程中产生的废气需要进行处理，以防止对环境造成影响。在某些情况下，可能会有少量的CO_2产生，需要进行捕集和封存。

在考察和总结目前熔融还原工艺（COREX、HISMELT、ROMELT、FINEX等）的基础上，基于只能使用粉矿和煤的前提，学者提出铁粉矿终还原的路线设想，如图5.7所示。

该工艺将终还原炉中的煤气预热到600~700 ℃，预还原度达到30%~50%。煤气以喷吹的方式加入终还原炉，煤主要用作发热剂使用，将其粉碎成煤粉并喷入炉内，与O_2发生燃烧反应为终还原炉提供热量。同时，水煤气转化反应将终还原炉煤气中的CO转化为

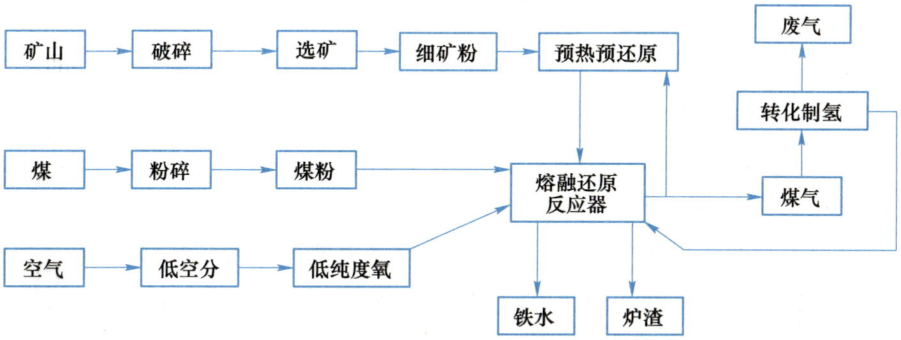

图 5.7 氢冶金工艺路线示意图

H_2，并从炉底吹入终还原炉，作为部分还原剂参与反应。这样一方面利用了煤气中的化学热，另一方面降低了氢还原所需的热量，从而减轻了炉缸的热负荷，有利于提高生产效率。由于炉渣中含 2%左右的 FeO，有利于脱磷，最终生产的铁水质量优于高炉炼铁工艺。

5.2.4 碳氢熔融还原的动力学影响因素

5.2.4.1 温度对熔融态铁氧化物还原的影响

A H_2 还原熔融态铁氧化物

李洋研究了温度对纯氢气还原铁氧化物的影响，结果如图 5.8 所示。

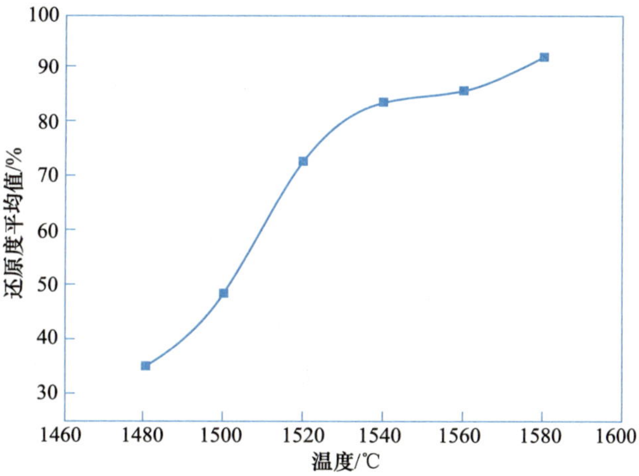

图 5.8 不同温度下 H_2 还原铁氧化物的还原度

研究发现，当体系温度低于金属铁的熔点（1538 ℃）时，还原度随温度升高而明显上升，从 1480 ℃时的 34.83%升至 1520 ℃时的 73.98%。当体系温度高于金属铁的熔点时，还原度随温度升高的趋势减缓，温度为 1580 ℃时还原度为 92.19%。此外，熔融物的流动性受温度的影响较大。当温度低于 1538 ℃时，熔融物中有固体质点存在，流动性较差，从而影响还原物和还原产物的内扩散过程，阻碍 H_2 与熔融物中的铁氧化物还原反应的发生以及产物铁的聚集。当温度升高到 1538 ℃以上，熔融物的流动性得到改善，有利于还原物及还原产物的扩散，反应更加充分。

B 碳氢复合还原熔融态铁氧化物

倪晓明等采用底吹 H_2 的方法研究了 H_2 与 C 复合还原熔融态铁矿石的反应。研究发现，H_2 与 C 复合还原铁矿石的反应为一级反应，且反应激烈，速率较快。温度为影响反应速率的主要因素，提高温度可以改善动力学条件，降低反应的活化能。

无论是采用 C 还是 H_2 作为还原剂，随着温度的升高，还原反应的驱动力增大，反应的动力学条件得到改善，有利于还原反应的进行。这主要是由于熔渣的黏度与温度有较大的关系，若将温度提升到 1538 ℃以上，还原物以及还原产物都为熔融态，此时熔渣的黏度更低，有利于还原物和还原产物的内扩散，从而促进还原反应的进行。此外，在较高的温度下，往往也能够增加 FeO 和 Fe 的活化能，进一步加速还原过程。

5.2.4.2 压力对熔融态铁氧化物还原的影响

A H_2 还原熔融态铁氧化物

Ban-Ya 等用热分析天平研究了铁坩埚中液态 FeO 的氢还原动力学。其实验过程是在 1400 ℃下将 H_2-Ar 或 H_2-He 混合气体吹到熔融的样品表面。研究发现，熔融态的纯 FeO 的还原速率取决于 H_2 在 H_2-Ar 和 H_2-He 气体混合物中的分压。如图 5.9 所示。

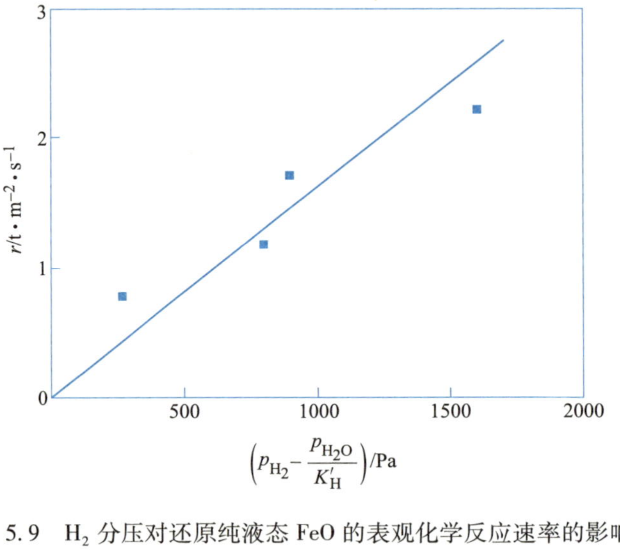

图 5.9 H_2 分压对还原纯液态 FeO 的表观化学反应速率的影响

界面化学的反应速率与 H_2 的分压成正比，还原速率 r 为：

$$r = k_{a,H_2}(p_{H_2} - p_{H_2O}/K'_H) = 1.6 \times 10^{-6}(p_{H_2} - p_{H_2O}/K'_H)$$

式中，k_{a,H_2}为氢还原的表观速率常数，kg/(m^2 · s · Pa)；p_{H_2}和 p_{H_2O}分别为 H_2 和 H_2O 的分压，Pa；K'_H 为 p_{H_2}/p_{H_2O}在液态 FeO 和纯固态 FeO 中平衡时的比例。

Hayashi 等也研究了纯液态 FeO 在 1773 K 下被 H_2 还原的过程。在实验中，采用非常细的 FeO 颗粒，在气体输送系统中与 H_2-N_2 混合物反应，H_2 体积分数为 5%～30%。实验结果表明，气相中的化学反应速率受p_{H_2}控制，表观速率常数为1.58×10^{-6} kg/(m^2 · s · Pa)，该结果与 Ban-Ya 等人的结果相吻合。Katayama 等研究还原气体中 H_2 和 H_2O 的含量对还原熔融态渣中 FeO 的影响。研究发现，当 H_2 含量一定时，p_{H_2O}/p_{H_2}的值越大，反应速率越慢。

B 等离子氢还原熔融态铁氧化物

Rajput 等利用微波和氢气分子极性及相互作用促进等离子体的生成，在较低温度下考察了还原速率的影响因素。研究表明，环境温度对等离子氢的还原速率影响较小，而在更高微波功率和更高压力的条件下，反应速率提高了近 3 倍。这可能是因为高微波功率和高压力会改变等离子体的电子密度、气体温度以及等离子体中各粒子的密度等性质，从而影响了还原反应速率。

总的来说，还原气体的分压在铁氧化物的还原过程中起着重要作用，主要影响界面化学反应的速率。还原气体的分压越高，界面化学反应的速率越大，且界面化学反应速率与还原气体的分压成正比。这可能是更高的分压增加了还原气体的摩尔流量，提高了化学反应的驱动力，从而促进了化学反应的进行。

5.2.4.3 还原气流量对熔融态铁氧化物还原的影响

A H_2 还原熔融态铁氧化物

Ban-Ya 等人研究了 H_2 流量对 H_2 还原液态 FeO 表观速率常数的影响，如图 5.10 所示，当气体流量较低时，表观速率常数 k_a 与气体流量的 2/3 次方成正比，这个过程中气体流量影响了 H_2 在气相的扩散。当气体流量较高时，还原速率受到气相传质和界面化学反应的共同控制。李洋的研究也证实，气体流量主要对还原反应中的气体外扩散过程产生影响。当气体流量大于 3 L/min 时，气体外扩散对还原过程的影响减弱，且当气体流量达到一定值时，气体流量的增加对终还原转化率及达到终还原转化率所需的时间几乎没有影响。

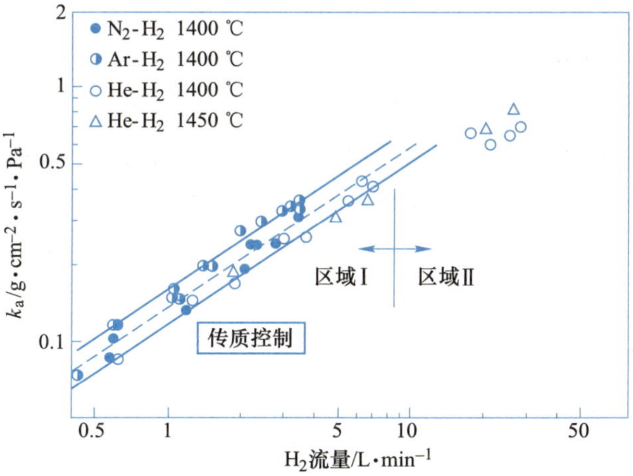

图 5.10 H_2 流量对 H_2 还原液态 FeO 表观速率常数的影响

B 等离子氢还原熔融态铁氧化物

Kamiya 等通过研究等离子氢还原铁矿石的还原速率，发现铁矿石的还原速率与 H_2 流量成正比，这意味着化学反应的速率非常高，此时气相中的传质过程成为还原反应的限制因素。Das 等的研究发现，气体流量会对等离子氢的性质产生影响，随着 H_2 流量的增加，H-α 谱线的峰值强度显著提升，但谱线的展宽恒定。

总体来看，还原气流量对气相传质过程的影响较为显著。当还原气体流量较低时，还原气体在气相中的扩散受到影响，从而限制了还原反应速率。当还原气体的流量达到一定值时，气体外扩散的影响减小到可忽略，这时其他因素对还原速率起关键限制作用。

5.2.4.4 渣系对熔融态铁氧化物还原的影响

熔融还原也需要在高温熔融条件下将还原得到的金属铁与其他熔渣分离，因此熔渣性能对冶炼过程至关重要。熔渣在冶炼过程中不仅起到分离或吸收杂质的作用，还能去除金属中有害于金属产品性能的杂质并富集金属氧化物，促进精炼过程。熔体内的反应物和还原产物（渣、铁）的扩散过程是限制还原速率的一个重要因素。因此，熔渣的熔化温度、黏度等性能指标主要由渣系组成控制，了解渣系对熔融还原过程的影响规律具有重要意义。

Nagasaka 等在 1673 K 下研究了 FeO-M_xO_y 炉渣（包括 CaO、SiO_2、Al_2O_3 和 TiO_2）中液态 FeO 的 H_2 还原反应动力学。尽管添加剂的含量不高（低于 5%（质量分数），余同），实验结果表明，CaO 略微提高了 H_2 还原熔融态 FeO 的反应速率常数，而 SiO_2 则降低了反应速率常数。

Hayashi 等采用稀颗粒气相输送反应系统研究了不同添加剂对 H_2 还原熔融态浮氏体的影响，其添加剂的量分别为 CaO 14.5%、SiO_2 18.2% 和 Al_2O_3 5.15%，实验测得的结果如图 5.11 所示。从图中可以看出，CaO 提高了 H_2 还原纯浮氏体的反应速率，而 SiO_2 降低了反应速率，Al_2O_3 则对还原过程无明显影响。在熔渣中加入 CaO 可以降低熔渣完全熔化温度和黏度，通过调整渣系成分可以改善熔渣的流动性能，并有助于抑制复杂含铁化合物的形成，从而改善 FeO 的还原速率和渣铁分离效果。相反，若渣相中存在较多 Si 和 Al 等氧化物时，会造成熔渣的黏度增大，导致与 Fe 形成复杂化合物，不利于反应的进行。总的来说，SiO_2 和 Al_2O_3 均会降低 H_2 还原熔融态 FeO 的反应转化率及转化速率，且 SiO_2 会影响终转化率，明显降低 FeO 的终还原度。而添加 CaO 能够破坏 FeO-SiO_2 二元体系中的 Si—O 四面体复杂网络结构，从而改善 H_2 在熔融 FeO 表面与 O^{2-} 的吸附条件，提高还原速率和终还原度。

5.2.5 国内外研究及应用现状

近年来，熔融还原炼铁工艺因其对环境相对友好以及矿石价格上涨等因素而受到广泛关注。氢基熔融还原炼铁工艺采用 H_2 代替非焦煤作为主要的还原剂和热源，从而达到 CO_2 减排的效果。该工艺可以直接使用块矿、球团矿或铁矿粉等原料进行生产，与高炉工

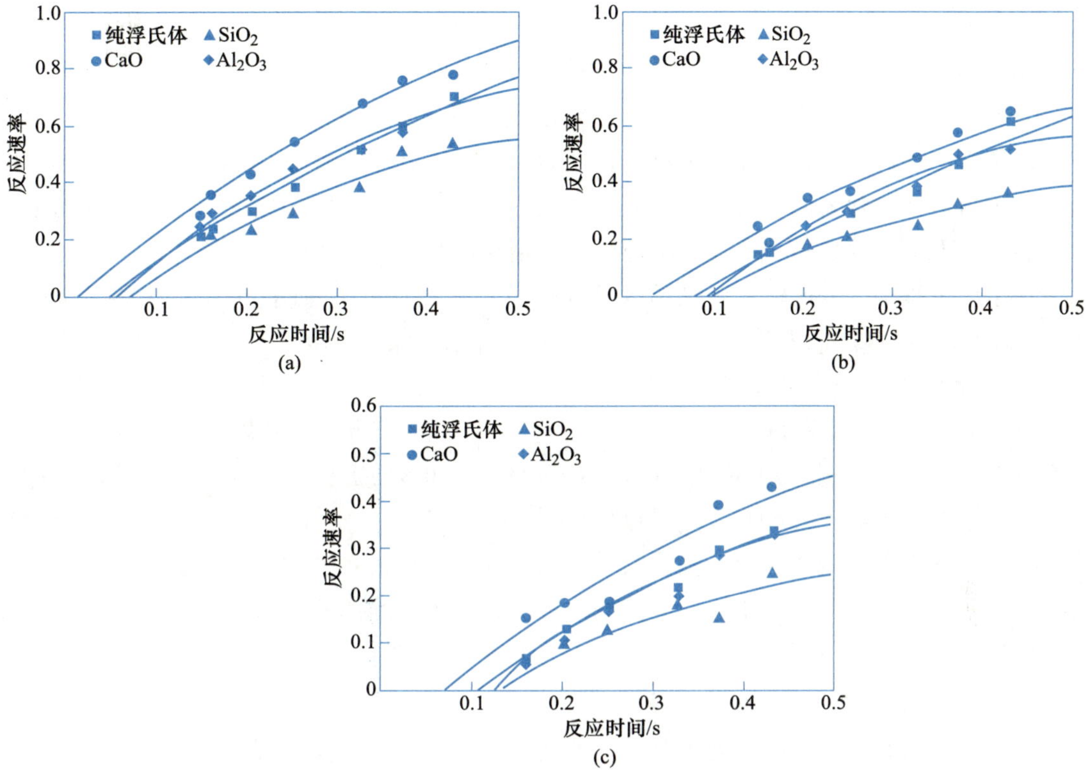

图 5.11 不同添加剂对 H_2 还原熔融态 FeO 的影响

(a) H_2 体积分数为 30%；(b) H_2 体积分数为 20%；(c) H_2 体积分数为 10%

艺和气基直接还原工艺相比原料使用范围更广，且产品为铁水，与高炉铁水成分相似，具有更广泛的应用。

5.2.5.1 底吹 H_2 熔融还原工艺

底吹 H_2 熔融还原工艺是上海大学以铁浴式熔融还原工艺为基础，同时结合 HIsmelt 与 ROMELT 等工艺的特点开发的熔融还原炼铁新工艺。该工艺的中心思想是将 H_2 作为主要的还原剂，而碳仅作为热源以及部分还原剂。

在生产过程中，富氢气体从反应器底部吹入还原铁矿石，减少热量消耗的同时也起到搅拌熔池的作用，有利于传热传质。还原反应器有两支顶吹喷枪和双层侧吹喷枪，位于反应器中央的顶吹喷枪用于喷吹富氧热风以供二次燃烧，另外一支顶吹喷枪用于加料。上层的侧吹喷枪喷吹粒煤与 O_2，下层的侧吹喷枪喷吹粉煤。反应器的顶部空间是二次燃烧高温氧化反应区，底部空间是低温还原区，喷溅的渣液将顶部空间的热量带入熔池中后通过搅拌传递到底部区域。炉顶排出的尾气通过 PSA 技术分离出 H_2，并再送入熔融还原炉内，实现 H_2 的循环利用，从而减少对外部供给 H_2 的需求。该工艺对煤种的适应能力更强，能够实现铁矿粉的快速还原，并提高副产煤气的综合利用价值，显著减少排放气体中的有害气体，达到 CO_2 减排的目的。

5.2.5.2 侧吹 H_2 熔融还原工艺

侧吹 H_2 熔融还原工艺主要用于生产高纯铸造生铁。该工艺采用新型熔融还原炉，增加了喷氢量，减少了喷煤量，推动了绿色冶金的发展。熔融还原炉可分为三个区域：氧化燃烧区位于还原炉上部，中部为过渡区，还原区在下部。大量富氧热风从炉顶通过热风喷枪进入炉内上部，含氢、富氢、纯氢等氢基还原气体通过侧部的还原气体喷枪喷入熔渣层内和熔渣层上部。铁矿粉、熔剂以及煤粉经过混合喷枪一同喷入熔融还原炉内。

在生产过程中，铁矿粉和熔剂的入炉粒度需小于 6 mm，并通过预热系统将其加热到 400 ℃以上，然后以 N_2 为载气将其喷入反应炉内，喷矿量为 120~180 t/h，喷煤量为 20~60 t/h。熔融还原炉共有 4 支气体喷枪，两支位于渣层内部，另外两支在渣层上部。还原气体中的 H_2 体积分数为 50%以上，喷吹量超过 15000 m^3/h。热风炉将富氧气体加热到 1000 ℃左右，再通过热风枪将 O_2 体积分数为 40%~60%的富氧热风喷入熔融还原炉的上部空间。熔融还原炉中的 CO 和 H_2 与热风中的 O_2 发生二次燃烧反应，产生大量的热量，炉中飞溅的铁液和炉渣将这些热量吸收并带回熔池，通过涌泉换热将热量提供给熔池。这些热量一部分用于铁矿粉熔化，一部分用于还原，喷入熔池的富氢气体还会加快熔池还原反应的进行，在缩短冶炼周期的同时也减少了 CO_2 的排放。

5.2.5.3 氢基熔融还原炼铁工艺探索与实践

氢基熔融还原工艺目前尚处于基础研究阶段，仅有部分企业开展了氢气熔融还原的工业试验，试验表明，在控制好 H_2 压力和流量的前提下，H_2 熔融还原的工业化是安全可行的，但是依旧面临热量不足的困扰。其中比较典型的案例有上海大学 500 kg 级氢碳熔融还原试验和内蒙古赛思普科技有限公司的富氢熔融还原新工艺。

上海大学进行了 500 kg 级氢碳熔融还原试验，试验采用了真空加压中频感应炉，炉底有底吹 H_2 装置，炉顶有吹氧枪（用于提供二次燃烧）、加料枪（可连续加铁矿和粒煤）以及废气处理装置。在试验中，加入冷矿会使熔渣温度降低，黏度增大，同时加入煤矿又会产生气体，出现泡沫渣。试验发现，底吹气体可以起到搅拌的效果，当流量为 3.0~4.0 m^3/h 时效果最好，且氢碳熔融还原的还原反应速率常数为 2.34 $g/(cm^2 \cdot min)$，高于纯氢或纯碳还原的速率。

2020 年，内蒙古赛思普科技有限公司报道了其联合北京科技大学等科研单位共同开发出了富氢熔融还原新工艺（CISP）。CISP 工艺是以短流程炼铁技术和氢能利用技术为基础开发出来的氢基熔融还原新工艺。该工艺直接使用铁矿粉，无须高能耗、高污染的烧结、焦化、球团等工序，一步生产出高纯铸造生铁。产品中的磷、硫、硅、碳等有害元素含量比大部分高炉铁水都低。2021 年，该项目投资 10.9 亿元，建设了年产 30 万吨的富氢熔融还原法高纯铸造生铁的设备调试完成，并成功实现热负荷试车。该项目有助于推动碳冶金向氢冶金转变，为钢铁行业的绿色化和高端化发展提供了技术支撑。

总体而言，氢基熔融还原技术是利用 H_2 作为主要还原剂，在高温条件下将铁矿石还原成铁水，具有显著降低碳排放量的优势。此外，该工艺使用的原料范围更广，生产出的高纯铸造生铁可用于高端铸件领域。

然而，对于氢基熔融还原工艺，H_2 还原熔融态的铁氧化物属于气液反应，受试验条件的限制，关于该反应的研究还十分匮乏。该工艺面临的挑战主要包括热量不足以及基础研究不够深入，尤其是对 H_2 还原熔融态铁氧化物过程的限制环节、微观机制以及各种参数的影响等微观机理需要进一步探索。因受到各种因素的影响，目前仅有部分企业或研究单位开展了 H_2 熔融还原铁氧化物的工业试验。

尽管氢基熔融还原工艺的研究仍处于基础阶段，但随着研究的深入以及国家政策的支持，预计该技术将逐步成熟，工艺流程和设备将得到优化，以适应工业化生产的需求。

5.3 气基竖炉炼铁技术

5.3.1 技术概述

控制 CO_2 排放已在全球范围内得到普遍共识，建立低碳经济发展模式和低碳社会消费模式，将成为应对气候变化的根本途径。钢铁工业是我国推进实现“双碳”目标的重点行业，推进低碳冶金工艺研究和新能源开发利用是钢铁行业未来的发展趋势，也是国家实现制造强国战略的必然要求。我国钢铁生产以高炉—转炉长流程为主，生产每吨粗钢 CO_2 排放量高达 1.85~2.2 t，其中高炉炼铁工序的 CO_2 排放量占比高达 70%。以废钢为原料的电炉炼钢短流程生产每吨粗钢 CO_2 排放量仅约 0.40 t，表现出显著的环保优势。然而，由于废钢资源短缺、品质参差不齐，我国电炉粗钢年产量占比仅约 10%，远低于世界平均水平（33%），这也是导致我国钢铁工业 CO_2 排放量居高不下的重要原因之一。传统的“高炉—转炉”流程所产生的 CO_2 单位排放量，即使进行工艺优化，每吨钢也约为 1.6 t；而“直接还原竖炉—电炉”短流程的 CO_2 排放量，每吨钢可低至 0.25~0.5 t，降幅明显。

气基竖炉炼铁技术是一种使用富含 H_2 和 CO 的气体作为还原剂，在竖炉中将铁矿石还原成 DRI 的工艺。DRI 较为纯净且成分稳定，能够有效作为电炉炼钢的优质原料和废钢调质剂。但我国现有 DRI 产能仅百万吨级，无法满足国内每年上千万吨级的 DRI 需求量。气基竖炉直接还原炼铁工艺是一种典型的氢冶金工艺，具有环境负荷小、工艺能耗低、生产规模大、生产效率高等优势。据统计，以天然气为还原剂生产的直接还原铁—电炉短流程生产每吨粗钢 CO_2 排放量约为 0.97 t。气基竖炉直接还原工艺技术符合我国钢铁工业绿色低碳转型发展的要求，对我国发展短流程炼钢、生产优质钢意义重大，是我国钢铁工业节能降耗、减少 CO_2 排放的重要发展方向。

气基竖炉炼铁技术的工艺流程如下：

（1）原料准备：首先需要准备铁矿石，通常使用铁矿石块矿或球团矿作为原料。

（2）还原气制备：使用天然气、煤制气或焦炉煤气等作为原料，通过重整转化等工艺制备出富含 H_2 和 CO 的还原气。这一步骤是气基竖炉炼铁的关键，因为还原气的质量直接影响到还原效率和产品质量。

（3）竖炉还原：将制备好的还原气通入竖炉中，与铁矿石进行逆流运动，在高温下完成铁矿石的还原反应。竖炉通常分为预热段、还原区和冷却区。铁矿石在竖炉中自上而下移动，通过与上升的还原气接触而被加热和还原。

（4）冷却与排出：还原好的 DRI 在竖炉下部的冷却区被冷却，然后通过排料机构出炉。如果需要热直接还原铁炼钢，竖炉可以不设冷却区，热直接还原铁可以用密封罐装运到炼钢车间去冶炼。

（5）炉顶气和冷却气的净化：从炉顶出来的气体，要经过洗涤除尘。对于蒸汽转化法，竖炉还要脱除 CO_2；而采用顶气转化法的竖炉可不脱除 CO_2。净化后的炉顶气会返回到制气部分，与新添加的天然气一起再重新进行还原气的制备。

（6）DRI 的处理：出炉的 DRI 经筛分后，小于 3 mm 的 DRI 粉可以加黏结剂压块后供炼钢用。也可用喷吹的办法喷入炼钢熔池使用。对于热出料的竖炉，若用户离竖炉近，产品可用保温罐装运；若用户远，则热直接还原铁需进行热压块以减小表面积，增加致密度，防止再氧化。

5.3.2 典型气基竖炉直接还原工艺

气基竖炉直接还原工艺生产效率高、产量大，且装置规模日益庞大，在 DRI 中占据优势。2016—2022 年全球 DRI 产量中不同生产工艺占比情况见表 5.3。由表可知，以 Midrex 及 HYL/Energiron 为主的气基竖炉直接还原工艺，经过几十年的发展已经趋于成熟，占比超过 70%，已成为世界上主流的气基竖炉直接还原工艺，得到工业化应用。

表 5.3 2016—2022 年全球 DRI 产量各工艺占比（质量分数） （%）

直接还原工艺	2016 年	2017 年	2018 年	2019 年	2020 年	2021 年	2022 年
Midrex	64.8	64.8	61.5	60.5	60.2	59.5	57.8
HYL/Energiron	17.4	16.9	15.7	13.2	12.4	12.7	12.1
Pered	—	—	2.4	2.1	2.9	2.3	2.1
回转窑	17.5	17.6	20.2	24.0	24.3	25.4	0.1
其他	0.3	0.7	0.2	0.2	0.2	0.1	27.9

5.3.2.1 Midrex 工艺

Midrex 工艺由 Midrex 技术公司成功开发，现已被日本神户制钢所收购，是现如今世界上总产量最大的直接还原工艺，其工艺流程图如图 5.12 所示。

Midrex 工艺主要包括原料气重整系统、竖炉还原系统和排料系统。标准的 Midrex 工艺使用天然气作为原料气，与部分除尘、加压后的炉顶气混合，经换热器预热后送入装有镍基催化剂反应管的重整转化炉，反应得到含 CO 和 H_2 共约 87%的还原气，剩余部分的炉顶气用作重整转化炉的燃料气。还原气从竖炉中部的风口支管鼓入，与球团/块矿形成对流的气固两相流，经炉顶导出管排出。球团/块矿由炉顶装入，连续缓慢下行过程中被还原气加热、还原后得到 DRI。DRI 经下锥段冷却后排出，可直接热压块成型，或直接送至下一工序，如电弧炉等。Midrex 技术公司配套开发了 MxCol 工艺，使其可以灵活地使用天

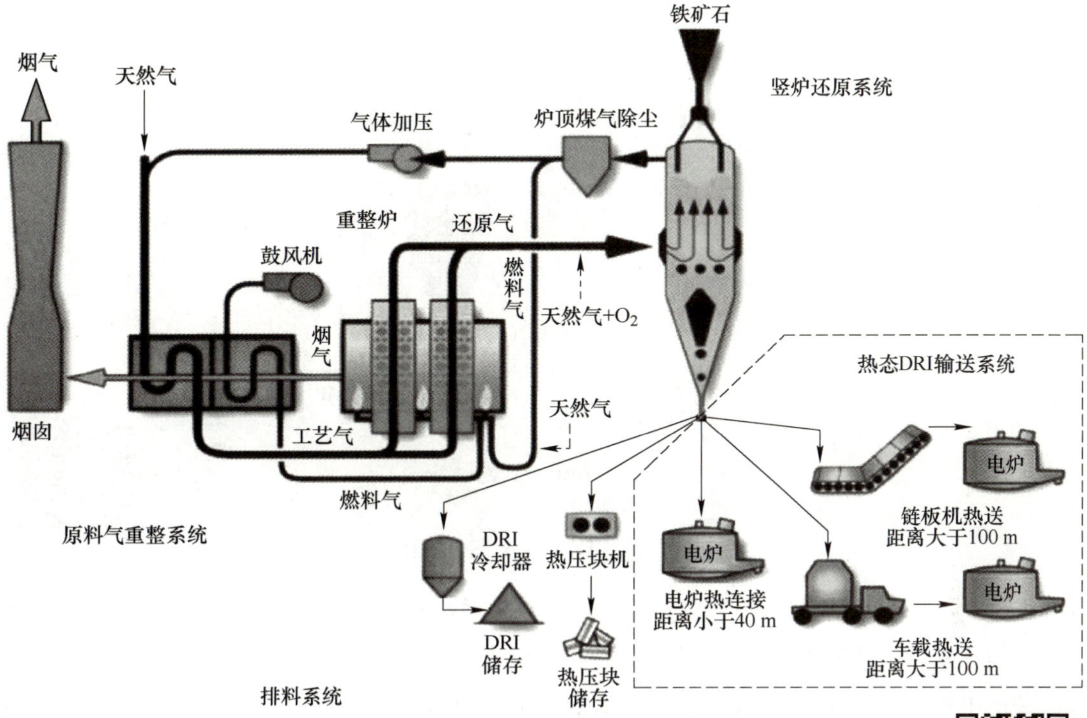

图 5.12 Midrex 工艺流程图

图 5.12 彩图

然气、煤制气、COREX 煤气等原料气。

Midrex 工艺能够回收 60%~70%的炉顶煤气，并循环利用炉顶煤气中剩余的还原性气体（H_2、CO）。该工艺直接将洗涤除尘、加压后的炉顶煤气与天然气进行混合重整，充分利用了炉顶煤气中的 CO_2，无须设置炉顶煤气脱碳工序，且无须补充额外的氧化剂。由于主要发生 CH_4 与 CO_2 的重整反应，制得的还原气中 $n(H_2)/n(CO)$（n 为物质的量）为 1.5~2.0。但需注意的是，由于采用炉顶气混合重整，Midrex 工艺对原料气和铁矿石中的硫含量均有严格要求，要求进入重整炉之前的还原气中硫质量浓度小于 4.3 mg/m^3，铁矿石中的硫质量分数小于 0.01%，这也导致该工艺无法直接使用焦炉煤气（占比>30%时）作为气源。Midrex 工艺竖炉操作压力通常为 0.1~0.2 MPa，入炉还原气温度通常为 850~950 ℃，温度过高会导致高温炉料在下降过程中发生黏结或开裂等现象，影响炉料顺行。与其他气基竖炉直接还原工艺相比，Midrex 工艺生产 DRI 的能耗较高，为 10.2~11.0 GJ/t。

5.3.2.2 HYL-Ⅲ

HYL-Ⅲ工艺是由 Hylsa 公司在其早期开发的间歇式固定床罐式法（HYL-Ⅰ和 HYL-Ⅱ）的基础上革新的一种高压逆流式移动床竖炉法直接还原工艺，于 1980 年开始生产 DRI，其工艺流程图如图 5.13 所示。

HYL-Ⅲ工艺以天然气为原料气，以水蒸气为裂化剂，在镍基催化剂作用下重整，生成富含 H_2 和 CO 的还原气，由于采用水蒸气重整工艺，还原气中的 $n(H_2)/n(CO)$ 的比

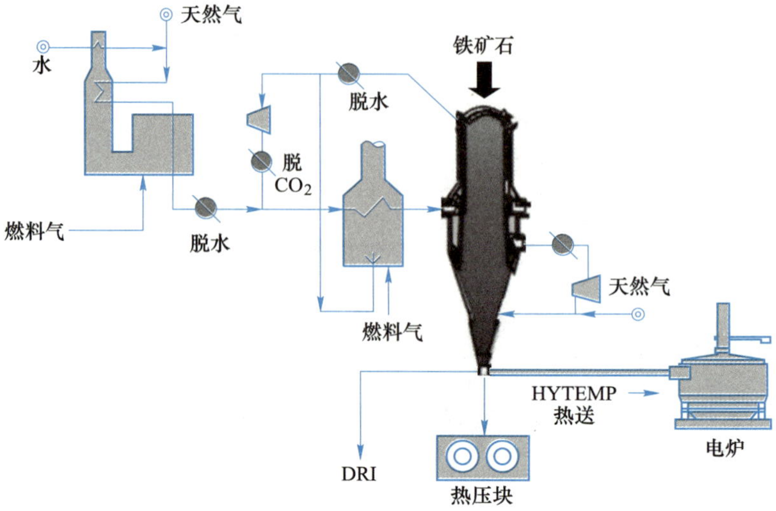

图 5.13 HYL-Ⅲ工艺流程图

图 5.13 彩图

值可高达 5~6。相较于 Midrex 工艺，HYL-Ⅲ工艺采用独立的原料气重整系统及独立的炉顶煤气循环系统，重整反应器及催化剂不受炉顶煤气中粉尘和硫的影响，因而对铁矿石中的硫含量不做特殊要求。但由于使用镍基催化剂，对进入重整炉之前的原料气中的硫含量有严格要求。原料气与水蒸气混合后在重整炉烟道对流换热器中预热至约 370 ℃，然后流经脱硫系统将原料气中的硫质量浓度降低至 4.3 mg/m^3 以下，脱硫后的原料气方能进入重整炉进行催化重整。重整炉产生的粗还原气经过还原气洗涤器进行洗涤、冷却，以冷凝出过剩的水蒸气，并提高还原气的还原势。净化后的还原气与部分洗涤、加压、脱碳后的炉顶气混合送入加热炉进行预热，升温至 900~950 ℃，然后从竖炉本体中间部位进入还原段，与下降的球团矿形成逆向流动，完成对球团矿的预热及还原过程。还原后的炉顶煤气首先经过洗涤，将其中的水蒸气冷凝分离，并脱除粉尘。洗涤后的净炉顶煤气被分为两部分，其中一部分作为燃料供应给还原气加热炉；另一部分经加压、脱碳后用作还原气补充气，与净化后的还原气混合后一并通入加热炉预热。HYL-Ⅲ工艺竖炉采用高压操作，通常为 0.5~0.6 MPa，可实现更好的过程控制、获得更高的生产效率，生产 DRI 的能耗为 10.4~11.3 GJ/t。

5.3.2.3 Energiron-ZR 工艺

Energiron-ZR 工艺是 Tenova HYL、Techint 和 Danieli 公司基于 HYL-Ⅲ工艺联合开发的一种“零重整”直接还原工艺，其现今应用范围较 HYL-Ⅲ更为广泛，其流程图如图 5.14 所示。Energiron-ZR 工艺与 HYL-Ⅲ工艺的基本流程回路相同，基本流程回路的主要设备包括竖炉本体、CO_2 脱除装置、气体加热装置，区别在于 Energiron-ZR 工艺移除了原料气外部的催化重整系统，将原料气直接通入竖炉内部，在高温 DRI 的催化作用下，与 CO_2 和 H_2O 发生炉内原位重整反应，将原料气中的 CH_4 转化为 H_2、CO 还原性气体。炉内重整反应难以调节，CH_4 的重整转化率不高，导致还原气中的有效还原气（H_2+CO）的体积分数通常只有 65%左右，导致相同竖炉产能的情况下炉内循环气量及系统能耗增加。但由于重整反应和还原反应均发生在竖炉内，提供给工艺流程的能量大部分被有效利用，向环境散失的热量少，因而该工艺的整体能效超过 78%，高于其他工艺流程的 70%。以天然气为原料气时，Energiron-ZR 工艺生产 DRI 的能耗为 10.0~10.5 GJ/t。

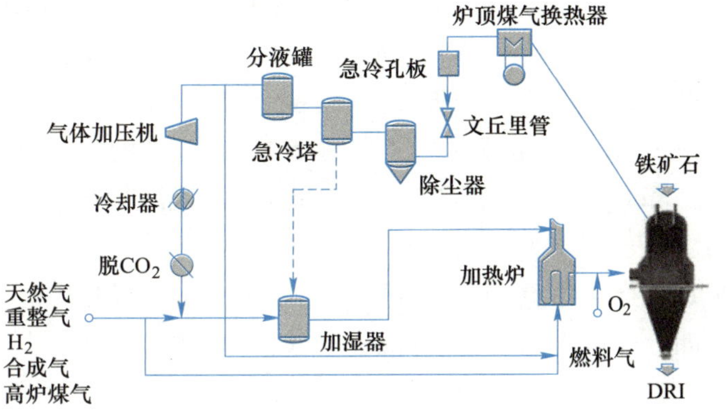

图 5.14 彩图

图 5.14 Energiron-ZR 工艺流程图

由于 Energiron-ZR 工艺采用炉内原位自重整转化技术，移除了重整炉及催化剂，因此对原料气及铁矿石中的硫含量均无特别要求，可选择天然气、焦炉煤气、合成气等气体作为原料气。当采用焦炉煤气作为原料气时，其本身会带入一部分 H_2 和 CO，能够共同补充还原反应消耗的 H_2 和 CO。但需注意的是，当原料气中重烃比例较高（>6%）时，重烃成分容易在加热过程中裂解生成碳，增加对气体加热炉的危害，在这种情况条件下采用 HYL-Ⅲ工艺更合适。Energiron-ZR 工艺还原后的炉顶煤气温度通常为 400~500 ℃，通过换热器回收热量后再经冷却、洗涤以实现除尘、脱水，从炉顶气中回收的水进入冷凝回收系统，可供工艺加湿器使用。除尘、脱水后的炉顶气进一步加压、脱碳后与原料气混合作为工艺气进入加湿器，以提高工艺气体进入加热炉之前的湿度，抑制加热炉中析碳反应的发生。加热炉预热后的工艺气温度通常约为 900 ℃，但竖炉内发生的自重整反应主要为 CH_4 与 H_2O 的重整，产生的还原气中 $n(H_2)/n(CO)$ 比例较高（3~5），炉内整体反应吸热量大，导致炉内温度迅速下降，不利于铁矿石的还原，因而需向预热后的工艺气补充 O_2，以发生部分燃烧，将温度进一步提升至 1050~1080 ℃。这使得 Energiron-ZR 工艺要求铁矿石具备良好的还原性能及较高的软化温度指标，并且为了弥补炉内温降造成的还原效率降低，其炉内操作压力较 HYL-Ⅲ更高，通常为 0.6~0.8 MPa，因而对设备要求更严格，投资费用更高。

5.3.3 气基竖炉直接还原工艺的发展现状

5.3.3.1 国外现状

20 世纪 20 年代，英国建造了第一个 DRI 工厂。20 世纪 30 年代，瑞典开发了世界上第一个依靠焦炭气化的气体作为还原气的工业方法——WBIERG 法。20 世纪 50 年代，Hylsa 公司的 HYL 气基 DRI 工艺设备投入生产，标志开启了现代化 DRI 技术的新篇章。直至 20 世纪 70 年代，随着 Midrex 工艺的技术突破，Midrex 工艺已经成为全球 DRI 产量最高、应用最广的工艺。

如今，全球 DRI 工艺已经广泛应用。由于 2020 年 DRI 的产量一定程度上受到全球疫情影响，因此本书以 2019 年全球 DRI 产量为参考值来进行说明。2019 年，全球 DRI 的年产量同比增长 7.3%，实现 2016—2019 年连续增长，产量已经高达 1.081 亿吨，相比于 2015 年增长率接近 49%，增长量为 3550 万吨。同年，Midrex 工艺生产的 DRI 年产量高达 6540 万吨，同比增长 5.3%，占全球总产量的 60.5%，而其他的气基 DRI 工艺的产量同比下降 8.5%。这表明，Midrex 工艺为目前全球 DRI 的主要生产工艺。2017—2019 年全球 DRI 产量各工艺占比见表 5.3。

2019 年，全球 DRI 产量最高的国家是印度，产量高达 3374 万吨，占全球总产量的 31.21%；其次是伊朗，产量为 2852 万吨，占全球总产量的 26.36%。印度煤基工厂、伊朗天然气基工厂和阿尔及利亚的 Tosyali Midrex 工厂的 DRI 产量增加是 2019 年全球 DRI 产量增长的主要原因。表 5.4 为 2019 年全球 DRI 产量前五的国家，可以看出，目前全球 DRI 产量主要依赖印度和伊朗两国。

表 5.4 2019 年全球 DRI 产量前五的国家

国家	产量/万吨
印度	3374
伊朗	2852
俄罗斯	803
墨西哥	597
沙特阿拉伯	579

以上数据表明，当今全球气基 DRI 技术发展十分成熟，并且主要以 Midrex 和 Energiron 工艺为主导。

5.3.3.2 国内现状

虽然我国 DRI 技术的研究工作早于 20 世纪 60 年代就开始进行，但受气体燃料和高品位铁矿石稀缺等因素的限制，我国 DRI 技术始终发展缓慢。截至 2021 年，我国 DRI 产能低，年产量只有百万吨级，占全球比重极小。根据中国废钢铁应用协会估算，我国 DRI 年需求量应为千万吨级，因此急需发展 DRI 技术，特别是气基 DRI 技术。

由于天然气资源的匮乏，我国的气基 DRI 技术一直以煤基 DRI 技术为主，主要研究方向为隧道窑和回转窑，并且在国内已经有了较为成熟的应用。虽然煤基 DRI 技术在我国研究和发展情况较好，但是在能耗、环保、质量、技术和成本等方面仍然存在着诸多亟待解决的难题，生产效果远不如气基 DRI 技术。由于原料气和高品位块矿和球团矿的缺乏导致我国一直没有气基 DRI 的工业化生产设备。然而，随着气基 DRI 技术的不断革新和优化，还原气的可选范围不断扩大，国内 DRI 行业对煤制气-竖炉直接还原技术进行的大量的调研工作也积累了丰富数据，基于这两点我国具有了发展气基竖炉 DRI 技术发展的可能性，并得到了行业内的专家和企业的一致认可。

目前，国内的有关研究只停留在实验室阶段，难以投入工业化。湘南大学李佳元和梁智凯等人通过实验和计算相结合的方式研究了 DRI 在研磨系统中的再氧化问题。

早在 20 世纪末，我国就有企业进行过水煤浆制气-竖炉还原生成 DRI 的试验和德士古炉水煤浆制气-竖炉生成 DRI 的半工业实验。德士古炉水煤浆制气-竖炉生成 DRI 的实验实现了二十多天连续产出金属化率高达 93%的 DRI，其流程图如图 5.15 所示。德士古炉水煤浆制气-竖炉生成 DRI 半工业实验的成功良好地推动了我国气基竖炉 DRI 技术的发展，说明在我国发展气基竖炉 DRI 是具有可行性的。目前，由于高品质的 DRI 在国内具有良好的发展前景和现实需求，因此现在正是大力发展我国气基竖炉 DRI 技术、满足我国 DRI 年需求千万吨级的关键时期。

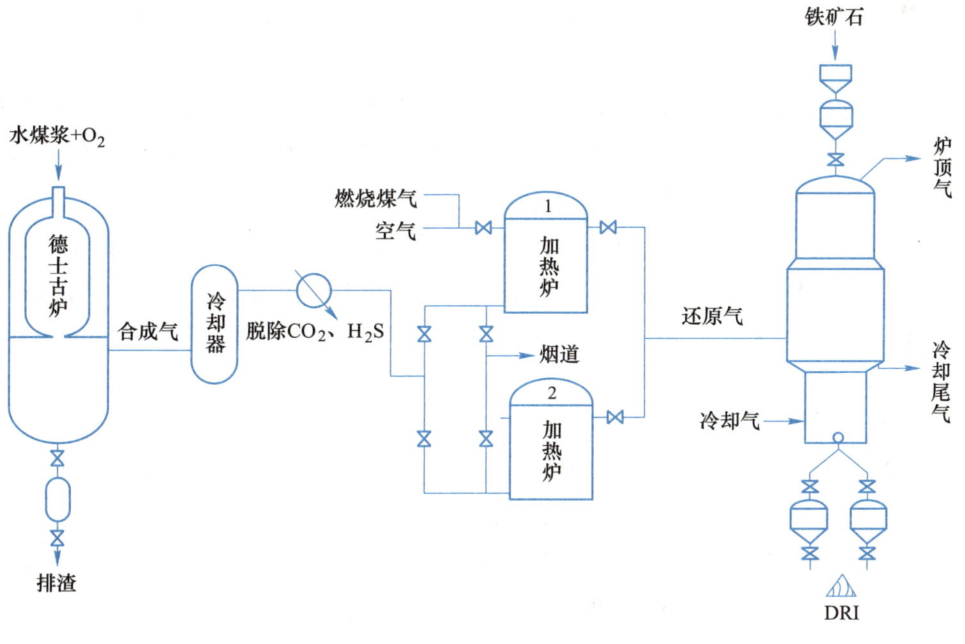

图 5.15 德士古炉水煤浆制气-竖炉生产 DRI 半工业试验流程图

近年来，在碳减排政策推动的影响下，国内宝武、河钢及中晋冶金科技有限公司（以下简称“中晋冶金”）等公司已开始积极布局气基竖炉直接还原技术。我国现有的气基竖炉工程化项目见表 5.5。由表 5.5 可见，当前我国气基竖炉直接还原工艺的工业化应用仍依赖于引进国外技术包和主要设备，存在技术瓶颈，急需开发具有自主知识产权的国产化气基竖炉工艺技术及装备。

表 5.5 国内气基竖炉工程化建设项目

企业	产能/$t \cdot a^{-1}$	核心工艺	项目现状
中晋冶金	3×10^5	Pered	2020 年 12 月试生产
宝武	1×10^6（一期）	Energiron-ZR	2023 年 12 月投产
河钢	6×10^5（一期）	Energiron-ZR	2023 年 5 月投产

5.3.4 气基竖炉直接还原工艺的展望

5.3.4.1 竖炉产能提升

竖炉产能具有诸多优势，如提高竖炉生产效率、降低成本、减少排放、降低基建投资、提高生产流程及 DRI 产品质量的稳定性，能够应用更先进、更智能的生产设备等。自世界上第一座直接还原竖炉建设以来，全球竖炉单套规模主要为 5×10^5 ~ 1×10^6 t/a，其占比超过 60%。经过数十年的发展，单套竖炉的产能逐步扩大，由原来的 10 万吨级突破至百万吨级。近年来，投产的竖炉单套产能多为 1×10^6 ~ 2×10^6 t/a，最高可达 2.5×10^6 t/a。单套产能突破 3×10^6 t/a 甚至更高将是气基竖炉直接还原工艺下一阶段的重要发展目标。

5.3.4.2 竖炉长效运行

竖炉的长期安全高效运行是提高生产效率、降低维护成本的重要前提，而导致竖炉停产维护的主要原因在于炉料下行受阻或炉衬耐火材料受损严重。为了确保竖炉长效运行，可围绕以下 3 点开展工作。

（1）炉料膨胀、黏结行为研究。球团矿在竖炉内的高温还原过程中，由于物相转变、铁晶须生长、内应力、碳沉积等原因，会不可避免地发生体积膨胀。当发生异常膨胀（体积膨胀>20%）时，炉料相互挤压加剧，黏结成块，严重影响炉料下行，导致透气性变差，降低 DRI 质量。此外，球团矿膨胀还会对炉衬耐火材料产生压力，造成耐火材料压溃，缩减耐材使用寿命。球团矿在高温还原过程中的膨胀行为主要受组成特性、还原气组成及温度等因素影响。因此，基于上述因素耦合作用下的球团矿在还原过程中的膨胀、黏结行为及膨胀抑制方法是确保竖炉长期顺行的重要研究方向。

（2）竖炉结构优化设计。球团矿的加热及还原过程是在竖炉上部还原段内完成，而还原段的结构参数优化对缓解炉料膨胀挤压具有重要作用。依据竖炉还原段不同高度上的铁氧化物的还原行为及球团矿的膨胀特性进行竖炉内型设计优化，同样有利于竖炉的长效运行。

（3）竖炉用新型耐火材料开发。基于竖炉的工艺特点，从竖炉耐火材料的组成设计、结构调控、制备工艺、改性工艺几方面入手，开发并制备长寿化、功能化的新型耐火材料能够从根本上解决因耐火材料受损导致的炉役缩减问题。与高炉工况条件相比，竖炉虽然工作温度较低，但其采用富含 H_2 和 CO 的强还原性气体，要求耐火材料具有高化学稳定性，特别是对铁氧化物含量的严格控制。还原气中的 H_2 具有强扩散性、强还原性、高渗透性等特点，在带压工况下的扩散作用更强，这要求竖炉工作层的耐火材料不仅需具有强抗还原性能，还应具有低气孔率、少裂纹或缝隙等性能。同时，对保温层的抗还原性能同样具有较高要求。此外，H_2 还原铁氧化物后产生的水蒸气在高温下会与耐火材料发生反应，这也要求耐火材料尽可能避免含有 CaO、MgO 等低温易水化的物质以及碳化硅（SiC）、氮化硅（Si_3N_4）等易高温水化物。竖炉在运行过程中，内部填充大量的球团矿及 DRI，耐火材料受到高温挤压和磨损的影响较大，因此要求工作层耐火材料具备低蠕变和高耐磨特性。

5.3.4.3 全氢直接还原竖炉

以氢代碳具有显著的减碳优势，在“碳排放”政策的引导及下游市场“低碳钢”“零碳钢”的倒逼下，进一步提升还原气中的 H_2 含量以形成富氢还原并最终发展成为全氢还原必将成为气基竖炉直接还原的重要发展方向。全氢直接还原技术尚不成熟，仍处于试验探索阶段，目前仅有 Energiron 公司于 2020 年在瑞典吕勒奥和 2022 年在德国萨尔茨吉特建设的两座生产能力分别为 1 t/h 和 0.1 t/h 的试验线全氢直接还原竖炉，但距离真正的大规模工业化生产还有一定距离。

全氢直接还原技术仍面临诸多挑战。H_2 还原铁氧化物会导致炉内温度显著降低，从而降低 H_2 的还原效率及热能利用效率。同时，高温全氢气氛对耐火材料和加热炉等设备及材料的抗氢腐蚀性能要求更高。此外，随着 H_2 DRI 的产能提升，必将会大量使用 H_2，导致了对 H_2 的制备、安全运输及储存技术的重大依赖。基于上述问题，行业内的研究人员应做好相关技术储备，才能更快、更好地实现全氢直接还原工业化应用。

我国钢铁工业长期以高炉—转炉长流程为主导，碳排放强度居高不下。DRI 或废钢—电炉短流程碳减排优势显著，是我国钢铁工业低碳转型的重要发展方向。Midrex、HYL/Energiron 等仍是当前生产 DRI 的主流工艺。国内气基竖炉直接还原发展滞缓，现有工程化项目均依赖引进国外技术，急需开发国产化的气基竖炉直接还原工艺技术。目前，提高竖炉产能、确保竖炉长效运行、发展全氢直接还原竖炉是气基竖炉直接还原工艺的主要发展方向。

参考文献

[1] 潘钊彬．碳中和背景下我国低碳炼铁技术发展现状与前景［J］．烧结球团，2024，49（1）：35-41.

[2] 林安川，阴树标，朱羽，等．钢铁工艺流程概述及发展方向初探（上篇）［J］．云南冶金，2021，50（4）：120-127.

[3] 张志霞．熔融还原炼铁与高炉炼铁能耗分析［J］．现代冶金，2019，47（1）：31-33.

[4] 于蓬，郑金凤，王健，等．氢在钢铁生产中的应用及趋势［J］．科学技术创新，2019（29）：152-154.

[5] 应自伟，储满生，唐珏，等．非高炉炼铁工艺现状及未来适应性分析［J］．河北冶金，2019（6）：1-7，31.

[6] 高雨萌．国外氢冶金发展现状及未来前景［J］．冶金管理，2020（20）：4-14.

[7] 郑少波．氢冶金基础研究及新工艺探索［J］．中国冶金，2012，22（7）：1-6.

[8] 林安川，阴树标，朱羽，等．钢铁工艺流程概述及发展方向初探（下篇）［J］．云南冶金，2021，50（5）：119-128，134.

[9] 林圣华．氢能在钢铁冶金中的应用及发展趋势研究［J］．中国煤炭，2022，48（10）：95-102.

[10] YIN R，LIU Z，SHANG G F. Thoughts on the implementation path to a carbon peak and carbon neutrality in China's steel industry［J］. Engineering，2021，7（12）：1680-1683.

[11] 陈衍彪．新型炉料制备及在高氢高炉下的冶金行为研究［D］．北京：北京科技大学，2023.

[12] 果晶晶．高炉喷吹富氢燃料的探究［J］．山西冶金，2024，47（4）：125-127.

[13] 崔小杰，胡长庆．高炉富氢冶炼发展现状与展望［J］．中国冶金，2024，34（5）：1-10.

[14] ZHANG C，VLADISLAV L，Xu R，et al. Blast furnace hydrogen-rich metallurgy-research on efficiency injection of natural gas and pulverized coal［J］. Fuel，2022，311.

[15] LAN C，ZHANG S，LIU X，et al. Change and mechanism analysis of the softening-melting behavior of the iron-bearing burden in a hydrogen-rich blast furnace［J］. International Journal of Hydrogen Energy，2020，45（28）：14255-14265.

[16] YILMAZ C，WENDELSTORF J，TUREK T. Modeling and simulation of hydrogen injection into a blast furnace to reduce carbon dioxide emissions［J］. Journal of Cleaner Production，2017，154：488-501.

[17] 张淑会，武校章，刘然，等．喷吹富氢气体高炉冶炼特点及存在问题的探讨［J］．钢铁，2024，59（1）：1-11.

[18] 张卫国，张宗旺，徐润生，等．富氢气体喷吹对高炉冶炼工况的影响规律［J］．钢铁研究学报，2023，35（9）：1065-1073.

[19] 王煜，何志军，湛文龙，等．富氢气氛下不同含铁炉料的还原行为［J］．钢铁，2020，55（7）：34-40，84.

[20] 郄亚娜，王新东，李宇壮，等．冶炼钒钛矿高炉富氢非等温还原行为及合适富氢率的探讨［J］．钢铁，2023，58（8）：61-68，81.

[21] 王新东，郄亚娜，吕庆，等．高炉喷吹不同富氢介质节能减排潜能的分析与比较［J］．钢铁，2023，58（10）：34-41.

[22] 朱仁良．未来炼铁技术发展方向探讨以及宝钢探索实践［J］．钢铁，2020，67（8）：2-10.

[23] 徐匡迪．低碳经济与钢铁工业［J］．钢铁，2010，57（3）：1-12.

[24] 孔令兵，郭培民，王磊．喷吹的氢气在高炉内的还原行为［J］．烧结球团．2020，45（6）：1-4，16.

[25] 唐珏，储满生，李峰，等．我国氢冶金发展现状及未来趋势［J］．河北冶金，2020（8）：1-6，51.

[26] 毕传光，唐珏，储满生．梅钢 2 号高炉喷吹焦炉煤气数值模拟［J］．钢铁，2018，53（4）：89-96.

[27] 刘清梅，张福明．钢铁工业减碳与 CO_2 资源化利用技术的研究进展［J］．钢铁，2024，59（2）：13-24.

[28] 张颖，王莹，查松妍，等．钢铁行业氢冶金技术路线及发展现状［J］．烧结球团，2023，48（4）：8-15，23.

[29] 高建军，朱利，克俊超，等．晋南钢铁高炉喷吹富氢气体工业化实践［J］．钢铁，2022，57（9）：42-48.

[30] 张华，张卫国，张宗旺，等．焦炉煤气喷吹对高炉热量分布及冶炼参数的影响［J］．冶金能源，2023，42（3）：3-8.

[31] 张真，杜宪军．碳中和目标下氢冶金减碳经济性研究［J］．价格理论与实践，2021（5）：65-68，184.

[32] 苍大强．钢铁工业“碳达峰”“碳中和”及低碳技术的误区及现实路径［J］．中国冶金，2021，

31（9）：3-8.

［33］张建良，刘征建，焦克新，等．炼铁新技术及基础理论研究进展［J］．工程科学学报，2021，43（12）：1630-1646.

［34］汪旭颖，李冰，吕晨，等．中国钢铁行业二氧化碳排放达峰路径研究［J］．环境科学研究，2022，35（2）：339-346.

［35］杨天钧，刘述临．熔融还原技术［M］．北京：冶金工业出版社，1991.

［36］高强．白云鄂博含铌铁精矿富氢熔融还原实验研究［D］．包头：内蒙古科技大学，2015.

［37］刘臣，叶恒棣，魏进超，等．钢铁工业炼铁工序绿色低碳技术浅析［J］．烧结球团，2021，46（6）：1-7，26.

［38］王太炎，王少立，高成亮．试论氢冶金工程学［J］．鞍钢技术，2005（1）：4-8.

［39］李洋．铁氧化物氢基熔融还原物相演变及还原动力学研究［D］．北京：北京科技大学，2022.

［40］卢立金，王锋，王海风，等．熔融态铁氧化物碳氢还原热力学与动力学研究现状［J］．钢铁研究学报，2024，36（2）：150-162.

［41］张波．铁浴碳-氢复吹终还原反应器动力学研究［D］．上海：上海大学，2011.

［42］王晶，王朋．国内外氢冶金技术研究进展［J］．河北冶金，2022（4）：1-5.

［43］刘然，张智峰，刘小杰，等．低碳绿色炼铁技术发展动态及展望［J］．钢铁，2022，57（5）：1-10.

［44］陈玉民，赵永椿，张军营，等．甲烷自热重整制氢的热力学和动力学分析［J］．燃料化学学报，2011，39（8）：633-640.

［45］高成亮，王太炎．利用焦炉煤气生产直接还原铁技术［J］．燃料与化工，2010，41（6）：15-17.

［46］代友训，余俊杰，王兆才，等．基于焦炉煤气平衡的长短流程冶金工艺布局的思考［J］．烧结球团，2022，47（3）：66-72，113.

［47］杨天钧，张建良，刘征建，等．低碳炼铁势在必行［J］．炼铁，2021，40（4）：1-11.

［48］姚聪林，朱红春，姜周华，等．全废钢连续加料电弧炉短流程碳排放计算及分析［J］．材料与冶金学报，2020，19（4）：259-264.

［49］邢奕，崔永康，田京雷，等．钢铁行业碳中和低碳技术路径探索［J］．工程科学学报，2022，44（4）：801-811.

6 钢化联产系统的能源利用

6.1 传统能源利用

6.1.1 钢铁行业传统能源利用情况

钢厂所用的传统能源介质主要包括煤、焦炭、汽油、柴油、天然气、煤气、蒸汽、电力、O_2、N_2 等，下面以本钢集团有限公司（以下简称“本钢”）的钢铁生产流程为例说明每种能源介质的使用情况。

6.1.1.1 本钢简介

本钢位于辽宁省东部的本溪市，公司始建于 1905 年，是中国历史最悠久的钢铁企业之一。本钢通过联合和新扩建模式，不断发展壮大，形成了以钢铁为主产品，年产铁 982 万吨、钢 1006 万吨、钢材 820 万吨的特大型钢铁联合企业。本钢的主生产体系包括炼铁、炼钢、轧钢；加工转换生产体系包括炼焦、发电、制氧；辅助生产体系包括动力、铁运、公运等。球团矿和烧结矿是本钢高炉炼铁的主要原料，无烟煤、冶金焦是主要燃料，高炉冶炼产出的铁水供给转炉炼钢，精炼后的钢水经连铸机进行铸坯，而后进入连轧厂轧制。焦化厂、氧气厂与发电厂分别生产冶金焦、蒸汽、氧气、氮气和电等供生产使用。

6.1.1.2 本钢能源消耗流向

A 煤的消耗流向

本钢消耗的主要能源是煤，其中焦化用煤量最大，其次是炼铁和发电。煤的消耗流向图如图 6.1 所示。

焦化是钢铁生产过程中的一个重要环节，主要负责将煤炭经过高温干馏转化为焦炭，焦炭作为还原剂用于高炉炼铁。因此，焦化和炼铁工序的用煤量较大。

此外，钢铁厂有很多种发电方式，其中一种是通过煤在锅炉燃烧产生蒸汽，随后高温高压蒸汽冲击汽轮机叶片带动发电机进行发电，所以发电工序也会用到煤。但钢铁厂的自备发电主要是通过余热、废气来进行发电的，所以用煤量不是很大。

B 焦炭的消耗流向

本钢集团所用的焦炭除焦化厂自产外，部分为外购，主要用于烧结和炼铁工序，另有部分外销。烧结工序除需要含铁原料和熔剂外，还需要使用焦炭和无烟煤等燃料，通过燃料燃烧使烧结料中的部分组分软化和熔化并发生化学反应，生成液相，冷却时相互黏结成块，最终形成烧结矿。

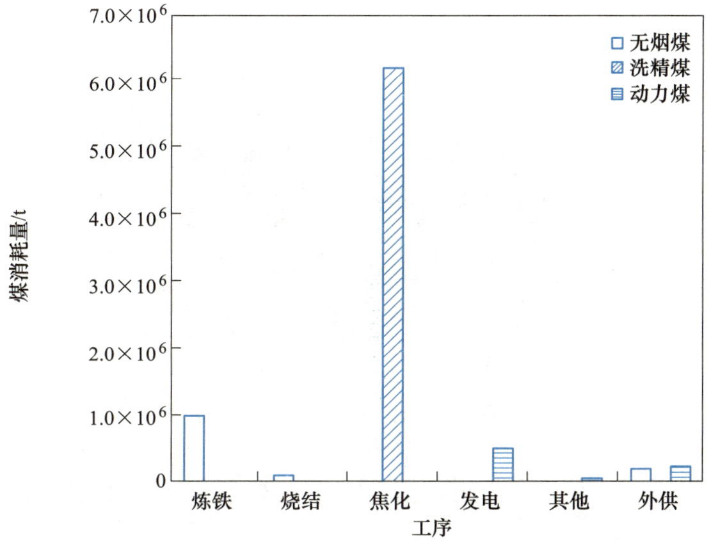

图 6.1 煤的消耗流向图

C 汽油、柴油的消耗流向

汽油和柴油主要用于运输环节，以满足物流和运行设备的需求。

D 煤气的消耗流向

（1）焦炉煤气的消耗流向。焦炉煤气由焦化厂的焦炉产生，是炼焦过程的副产品，供给烧结、炼铁、炼钢、热轧和发电等环节使用，这些工序都需要消耗燃料。焦炉煤气热值高，是良好的副产燃料。焦炉煤气的消耗流向图如图 6.2 所示。

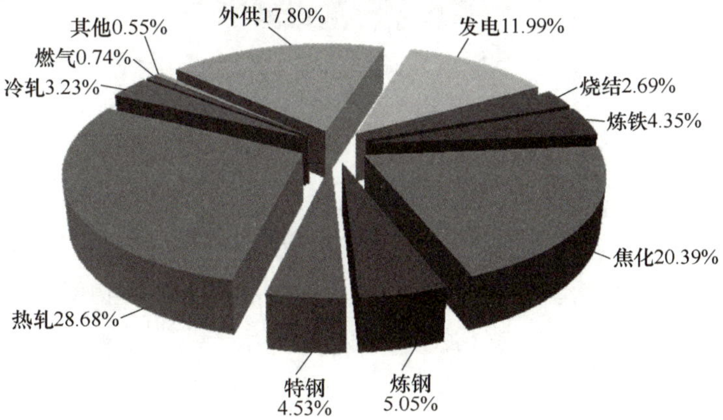

图 6.2 焦炉煤气的消耗流向图

（2）高炉煤气的消耗流向。高炉煤气由炼铁厂的高炉产生，是炼铁过程的副产品。除炼铁厂热风炉自用外，剩余部分会供给烧结、热轧、焦化和发电使用。因热值较低，高炉煤气的利用价值有限，剩余部分会被放散。高炉煤气的消耗流向图如图 6.3 所示。

（3）转炉煤气的消耗流向。转炉煤气由炼钢厂的转炉产生，是炼钢过程的副产品。除

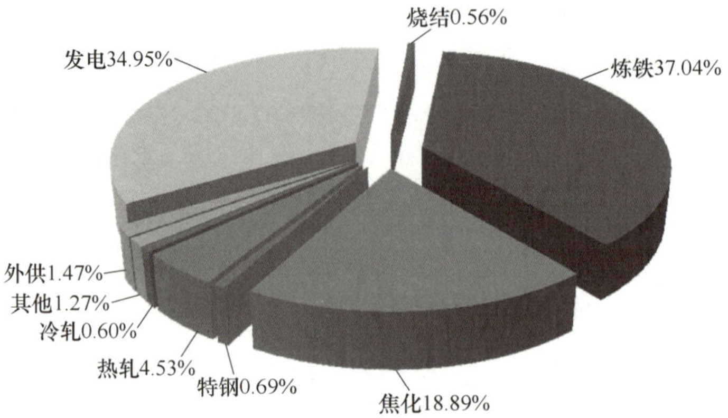

图 6.3 高炉煤气的消耗流向图

炼钢厂自用外，还会供给热轧、发电使用，其余部分外供。转炉煤气的消耗流向图如图 6.4 所示。

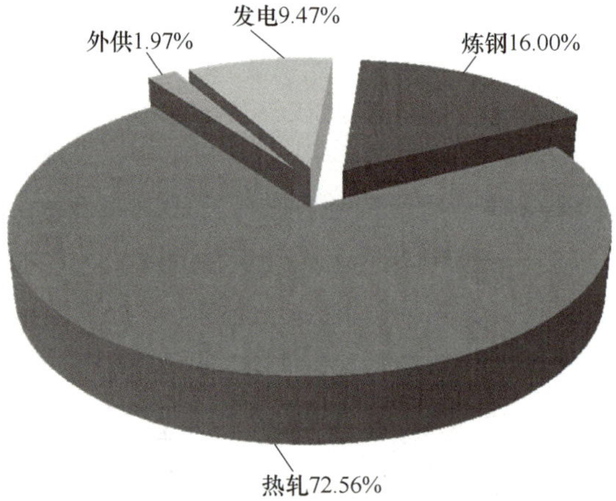

图 6.4 转炉煤气的消耗流向图

E 蒸汽的消耗流向

本钢的蒸汽全部自产，通常通过发电机组或锅炉生产。除企业内部生产使用外，也外供部分蒸汽。内部使用主要是利用蒸汽的热能，加热和烘干各种物料和燃料，同时，还用于驱动各种机械设备、输送带和搅拌器等，满足钢铁生产线的需求。蒸汽的消耗流向图如图 6.5 所示。

F 电力的消耗流向

2010 年，本钢共用电 5.97×10^9 kW · h，其中外购电 4.29×10^9 kW · h。除外供用户外，主要用电环节为制氧、炼钢、热轧、炼铁和烧结。其中，氧气厂用电量最大，占公司总用电量的 14.54%。工业制氧耗电较多是因为制氧过程需要将空气通过压缩机提高温度和压力，为后续分离氧气和氮气创造条件。其次是炼钢工序，占公司总用电量的 11.84%，热轧工序占公司总用电量的 11.45%。电力的消耗流向图如图 6.6 所示。

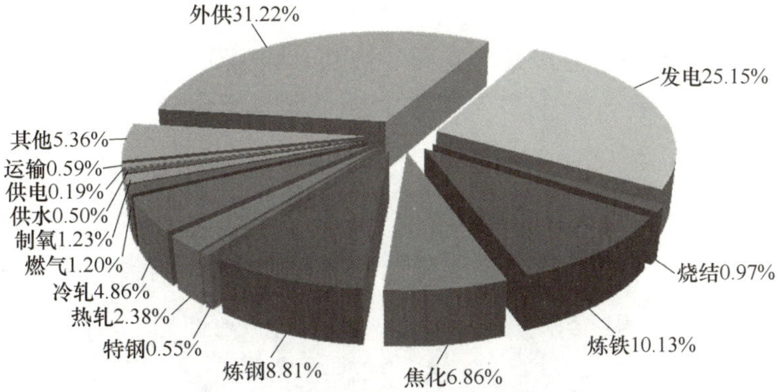

图 6.5　蒸汽的消耗流向图

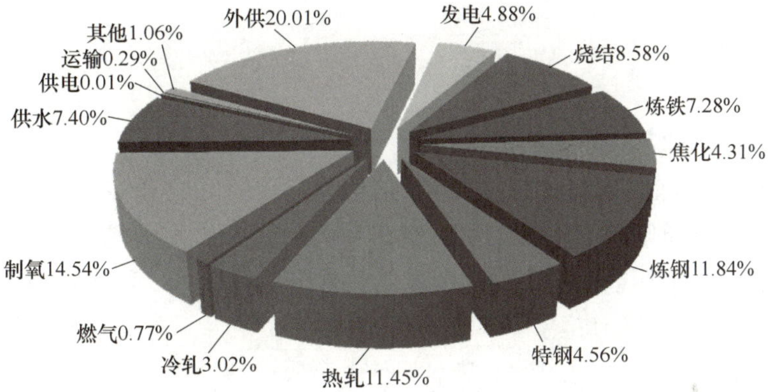

图 6.6　电力的消耗流向图

G　氧气的消耗流向

氧气全部由氧气厂提供，主要用于炼钢、炼铁、热轧和发电等工序。因为燃料燃烧需要有助燃剂，而氧气是最为常见的助燃剂，所以需要燃料的工序都会有氧气的参与。氧气的消耗流向图如图 6.7 所示。

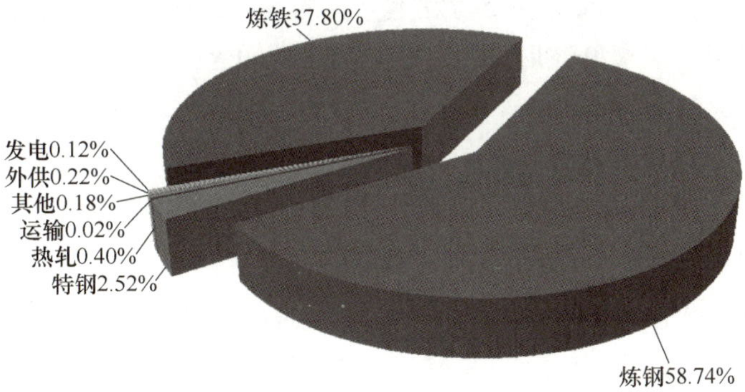

图 6.7　氧气的消耗流向图

H 氮气的消耗流向

氮气主要由氧气厂供应，主要用于焦化、炼铁、炼钢和冷轧等工序。氮气的消耗流向图如图 6.8 所示。

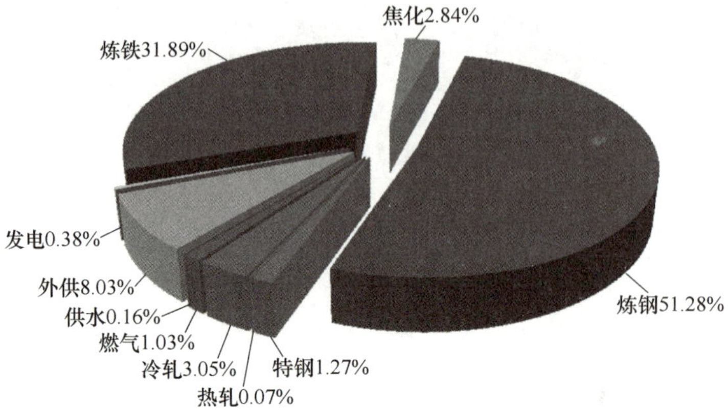

图 6.8 氮气的消耗流向图

此外，氮气在焦化工序中有四方面作用：

（1）控制温度。炼焦车间中高温气体的存在对设备和人员的安全都构成了一定的威胁，而氮气的低温性质则可以用来控制温度。在高温设备内注入氮气可以立即降低温度，避免过热而引起设备损坏或工人中暑等情况。此外，氮气也可以用于控制其他工艺环节的温度，有效防止焦炉壁的结皮。

（2）保护设备。炼焦车间的设备基本都是由金属材料制成的，容易被氧化或腐蚀，而氮气可以对这些设备进行保护。氮气可以取代常规的保护气体，其稳定的性质可以有效防止设备受到氧化或腐蚀的侵蚀。

（3）净化空气。炼焦车间空气污染严重，氮气可以用来净化空气。在焦炉燃烧时，氮气可以将一部分氧气排除，抑制氧化反应，有效减少有害气体的生成。此外，炼焦车间为了提高工作效率，需要大量使用氧气，而氮气可以帮助调控空气中的氧气浓度，维持一个安全、舒适的空气环境。

（4）预防火灾。炼焦车间是一个易发生火灾的场所，而氮气可以防止火灾的发生。在炼焦车间内，可以通过注入氮气形成惰性气体层，防止空气中的氧气浓度达到燃烧极限，从而预防爆炸或火灾的发生。

氮气在炼铁工序中有两方面作用：

（1）隔绝氧气。炉内通入氮气后，氮气会形成一层气垫保护层，保护炉料，减少铁水的氧化损失，从而提高铁水的质量。

（2）降低铁水中的氧含量。氮气能够将铁水中的氧含量降低，减少氧化反应，提高钢铁品质。

氮气在炼钢工序中有两方面作用：

（1）减少金属表面的氧化。氮气在高温下不会与钢铁发生反应，可以在钢铁表面形成一层保护层，避免钢铁和空气中的氧气接触进行氧化反应，从而保护钢铁表面的光洁度和质量。

（2）促进冷却过程。在冷却过程中，氮气可以通过增加钢铁的表面积和改进冷却液的输送方式等促进钢铁的冷却和固化，促进金属中的碳等元素的析出，并调控钢的成分结构以满足用户的要求。

氮气在冷轧工序中有三方面作用：

（1）减少金属表面的氧化。在冷轧过程中，使用高纯度氮气作为保护气，可以有效防止金属表面的氧化和腐蚀，保证金属材料的表面质量。

（2）去除金属表面的杂质。氮气在某些冷轧工序中，如退火过程，可以作为一种清洁剂，去除金属表面的杂质，提高产品的表面光洁度。

（3）改善金属材料的性能。在某些特殊的冷轧加工过程中，需要使用氮气作为反应介质，参与化学反应，改善金属材料的性能。

I 给水的消耗流向

本钢购入的水主要是地表水，2010 年，公司共用水 8808.06 万吨，主要用于炼铁、炼钢、轧钢、制氧以及其他消耗。给水的消耗流向图如图 6.9 所示。

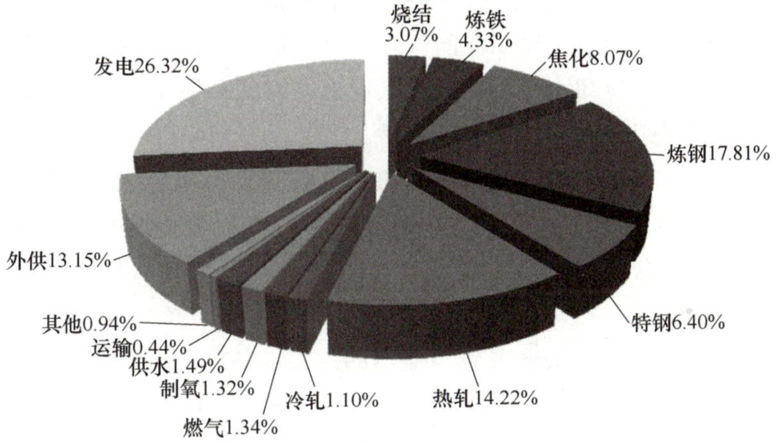

图 6.9 给水的消耗流向图

冷却水倒入制氧机中，在制氧工序中有四方面作用：

（1）湿润作用。制氧机在工作过程中，吸入的空气经过机器内部的分子筛等部件处理后，产生氧气。在这个过程中，空气中的灰尘和其他微粒可能会被带入制氧机内部。加水可以有效地湿润这些空气，帮助捕捉其中的粉尘微粒，保持机器内部清洁，延长其使用寿命。

（2）过滤空气。水具有天然的过滤效果。通过加水，制氧机能够更好地过滤空气中的细菌、病毒和其他有害物质，从而提供更加纯净的氧气。

（3）稳定氧气质量。在某些制氧技术中，水还用于稳定产出的氧气质量。通过水的化学作用，可以调整氧气的纯度，确保输出的氧气符合医疗或家庭使用的标准。

（4）冷却和降噪。制氧机运行过程中会产生一定的热量和噪声，加水有助于降低机器的温度和减少噪声，提高使用的舒适度。

冷却水在炼铁工序中有三方面作用：

（1）保持冷却。铁矿石冶炼需要高温，但是高温会导致炉体过热，因此需要用水冷却。水能够吸收炉体中的热量，避免炉体受到过热的影响。

（2）支持炉料流动。冷却水可以保持炉体温度适宜，以支持炉料的流动性。

（3）处理废气和废水。铁矿石冶炼产生的废气和废水需要经过处理和过滤后才能排放，这是一个重要的环保问题。使用水可以有效地帮助过滤废气和废水中的有害物质，减少对环境的影响。

冷却水在炼钢工序中有三方面作用：

（1）保持冷却。炼钢过程中需要大量使用水进行冷却，冷却水通常来自厂区内的循环水或上游的江河、湖泊等自然水源。

（2）清洗灰尘。炉内废气需要通过除尘设备进行处理，而除尘设备会使用水来清洗过滤器的灰尘。

（3）加速冷却。在对钢水进行连铸时，高压水可以使钢水迅速冷却并尽快成型。

冷却水在轧钢工序中有三方面作用：

（1）降低钢材温度。在轧制过程中，由于钢板的高温以及热轧工艺的特殊性，容易导致钢板内部的不均匀物质分布，比如晶间气孔、组织松散等，这些缺陷将直接影响钢板的性能和使用寿命。而喷洒冷却水可以有效降低钢板的温度，促使钢板内部发生既定的相变过程，从而保证了钢材组织的均匀性和致密性。

（2）改善钢材性能。一方面，冷却水能够使钢板表面迅速形成一层均匀、致密的氧化铁皮，保护钢板表面不被氧化，从而提高钢板的表面质量和整体的抗腐蚀性能。另一方面，喷洒冷却水还能改善钢材的铁素体组织，使其均匀有序，从而提高钢材的硬度、强度、韧性等综合力学性能。

（3）保护轧机设备。轧机设备是钢材制造的重要设备之一，而高温的热轧钢板长时间接触轧机设备，会导致轧机设备的磨损甚至损坏，严重影响设备寿命和使用效率。而喷洒冷却水能够有效减少轧机设备的磨损和损坏，延长设备的使用寿命。

6.1.2 化工行业传统能源利用情况

一般来说，化工行业包括橡胶和塑料制品业、化学原料和化学制品制造业等重要产业，主要消耗的能源包括煤炭、天然气、原油等。以下为化工行业传统能源的利用情况。

6.1.2.1 能源消耗量巨大

能源是化学工业的主要原料，我国化学工业规模巨大，生产过程中会消耗大量的能源。根据《中国统计年鉴2021》数据，2019年我国标准煤消费量为 4.87×10^9 t，其中化学原料和化学制品制造业一项便达到 5.3×10^8 t。2015年，由于我国严峻的环境保护形势，许多化工企业倒闭，导致化工行业能耗下降。但2017年开始呈现回升态势，2016—2019年各化工行业年耗能源量逐年递增，整体能源消耗量巨大。

6.1.2.2 能源利用种类多

在化工行业，能源消耗的主要类型包括煤炭、焦炭、原油、汽油、煤油、柴油等。其中煤炭的消耗量最大，其次分别为电力、焦炭、原油等。例如，在化学原料和化学制品制造业中，各种能源的年消费量逐年上升。在环保因素的影响下，自2015年以来，煤炭、焦炭等能源的消费量出现下降趋势。2016—2019年化学原料和化学制品制造业的能源消费统计情况具体见表6.1。

表6.1 2016—2019年化学原料和化学制品制造业的能源消费统计

年份	能源消费总量/tce	煤炭/tce	焦炭/tce	原油/tce	汽油/tce	煤油/tce	柴油/tce	燃料油/tce	天然气/m^3	电力/kW·h
2016	4.87×10^8	2.59×10^8	4.00×10^7	3.88×10^7	3.51×10^5	3.13×10^4	1.18×10^6	1.17×10^7	2.41×10^{10}	4.87×10^{11}
2017	4.91×10^8	2.47×10^8	3.67×10^7	3.22×10^7	2.85×10^5	2.17×10^4	8.88×10^5	1.03×10^7	2.66×10^{10}	5.12×10^{11}
2018	5.13×10^8	2.35×10^8	3.74×10^7	2.68×10^7	1.90×10^5	2.00×10^4	4.10×10^5	5.69×10^6	3.25×10^{10}	5.45×10^{11}
2019	5.33×10^8	2.20×10^8	4.01×10^7	3.40×10^7	1.40×10^5	2.00×10^4	3.90×10^5	5.63×10^6	4.10×10^{10}	5.43×10^{11}

从表6.1中可以看出，煤炭能源的消费量最高。消耗量较大的煤炭、焦炭、原油能源的消费趋势如图6.10所示。

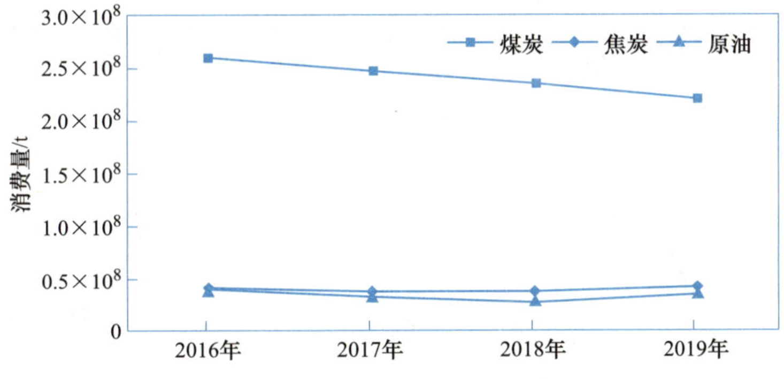

图6.10 2016—2019年化学原料和化学制品制造业煤炭、焦炭、原油消费量

结合表6.1和图6.10可以看出，受环保因素的影响，2015年后原油、焦炭的年消费量呈小幅波动趋势，而煤炭年消费量下降趋势明显，从2016年的2.59×10^8 t降至2019年的2.20×10^8 t，呈逐年下降态势。此外，电力作为清洁能源的一种，其2016—2019年的消费量趋势如图6.11所示。

电力作为一种清洁能源，可以有效降低化工企业污染物的排放量，近几年，化工企业

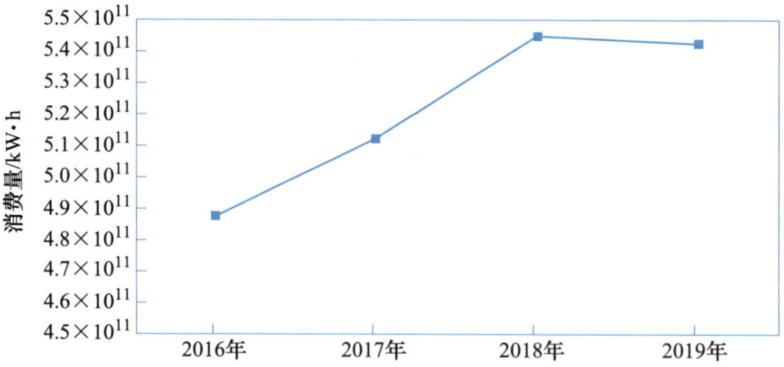

图 6.11 2016—2019 年化学原料和化学制品制造业电力消费量

中电力的消费量呈现较为明显的上升趋势。但化工企业仍需不断加大电力的使用力度，降低煤炭、焦炭等能源的使用率，实现化工工艺的节能降耗与绿色环保。

6.2 制氢工艺

目前，全球的能量来源绝大部分还是来自化石燃料，这种不可再生燃料在给我们带来便利的同时也会带来严重的环境污染，不符合当前日益严峻的环保要求及可持续发展要求。因此，清洁、高效的非化石能源越来越受到人们的关注。

H_2 具有能源属性，能量密度很高，单位质量热值约为煤炭的 4 倍、汽油的 3.1 倍、天然气的 2.6 倍，各燃料的热值对比见表 6.2。

表 6.2 各燃料的热值对比表

类　别	热值/$J\cdot kg^{-1}$
烟煤	约 2.9×10^7
无烟煤	约 3.4×10^7
焦炭	3.0×10^7
汽油	4.6×10^7
煤油	4.6×10^7
柴油	3.3×10^7
氢气	1.4×10^8
天然气	$7.1\times10^7\sim8.7\times10^7$ J/m^3

H_2 可存储且无碳，可以实现跨时间及地域的灵活运用，燃烧后生成无污染的水，被认为是未来最理想的绿色能源，已成为当前能源环境领域的研究热点。作为一种清洁高效的二次能源，氢能在全球能源转型、实现碳中和目标中发挥着重要作用。

2022 年 3 月，我国氢能产业发展首个顶层设计《氢能产业发展中长期规划（2021—2035 年）》出台，明确了氢的能源属性和战略地位。根据中国氢能联盟的测算，2030 年我

国 H_2 需求量将达到 3715 万吨，2060 年将增至 1.3 亿吨左右，氢能需求将大幅增长。

H_2 能被广泛应用于工业领域，如炼油、氨和甲醇合成、钢铁生产等，是重要的化工原料。氢能的开发和大规模应用首先要解决的就是氢源问题，研究人员也在不断改进现有技术及探索新的技术来获得廉价的 H_2。

研究人员根据氢能生产来源和生产过程中碳的排放情况，将氢能分为灰氢、蓝氢、绿氢三种类型。灰氢是利用化石燃料制得的 H_2，生产成本较低，但生产过程中 CO_2 的排放量很高；蓝氢也是利用化石燃料制得的 H_2，但生产过程中使用了碳捕集和碳封存技术，所以 CO_2 的排放量相对较低，但生产成本较高；绿氢是利用风能、太阳能等可再生能源电解水制得的 H_2，生产成本较高，但生产过程中可以实现 CO_2 的零排放，更符合“清洁低碳”的原则，但是受生产规模的限制，可再生能源制备 H_2 的工艺技术普及困难。

6.2.1 传统制氢技术

本节详细介绍了化石能源制氢、工业副产制氢和甲醇裂解制氢等当前主流的传统制氢工艺。

截至 2019 年底，我国是世界上最大的 H_2 生产及消费国，制氢规模已居世界首位。从生产原料来看，当前我国 H_2 产能每年约 4100 万吨，产量约 3342 万吨。其中，煤制氢产量达到 2124 万吨，占比 63.55%；天然气制氢产量约为 460 万吨，占比 13.77%；工业副产制氢产量约为 708 万吨，占比 21.18%；电解水制氢产量约为 50 万吨，占比 1.5%。当前主流的制氢工艺见表 6.3。

表 6.3 现阶段的主要制氢工艺

分类	主要制氢工艺
化石能源制氢	煤气化制氢、天然气重整制氢
化工原料制氢	甲醇制氢
工业副产制氢	焦炉煤气制氢、氯碱副产氢、丙烷脱氢、乙烷裂解制氢
电解水制氢	碱性电解制氢、质子交换膜电解制氢、固体氧化物电解制氢
其他方式制氢	光解水制氢、生物质气化制氢、微生物制氢

6.2.1.1 化石能源制氢

以现有的技术水平来看，化石能源制氢是 H_2 的主要来源，占工业制氢总量的 90%以上。煤气化制氢和天然气重整制氢是化石能源制氢的主要方式。欧美大多数国家以天然气制氢为主，鉴于我国“富煤、贫油、少气”的能源结构特点，我国主要以煤气化制氢的技术路线为主。

A 煤气化制氢

煤气化制氢是当前环境下工业大规模制氢的首选方式之一。其技术路线是通过将原料煤在一定条件下气化，再经过净化、CO 变换和分离提纯等处理，得到产品 H_2，其工艺路线示意图如图 6.12 所示。

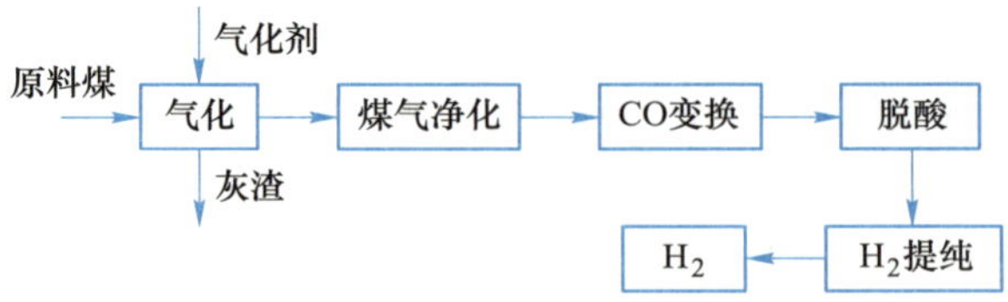

图 6.12 煤气化制氢工艺路线示意图

煤气化制氢技术具有原料低廉易得、成本低等优势。马文杰等对比了不同技术路线制氢的成本，结果表明，煤/石油焦制氢的成本为每立方米 0.74 元，重质油制氢成本为每立方米 1.42 元。美国能源部对不同规模、不同方案的制氢成本进行测算，也表明大规模制氢采用煤制氢更具有经济合理性。

尽管如此，煤气化制氢技术的显著缺点是能量转化率低。当前主流的冷煤气制氢法产氢效率不到 60%，与蒸汽轮机组发电效率相比依然存在明显的劣势。此外，在现有工艺条件下，通过煤气化、分离等工艺环节的优化对制氢效率的提高是有限度的。因此，煤气化制氢效率的提升需要探索新技术，如 HyPr-RING 煤制氢、氧载体煤直接化学链气化制氢以及超临界水煤气化制氢发电等。

B 天然气制氢

天然气制氢技术包括蒸汽重整、部分氧化、自热重整以及近年来热门的高温催化裂解等技术。

（1）蒸汽重整制氢技术。目前行业普遍认为，以天然气为原料生产工业氢气较为理想的方法是蒸汽转化法，它是目前工业上最成熟、应用最广的制氢工艺。天然气的蒸汽转化主要有以下两种方式：间歇转化法和加压连续转化法。间歇转化法天然气消耗高，排放气中含有 CO 和 H_2 等成分，有效成分损失大而且会造成环境污染；转化在常压下进行，压缩做功能耗较大。加压连续转化法天然气消耗低，运行过程连续进行，易于操作和控制；转化在加压下进行，压缩功能耗也低，因此被普遍采用。

加压转化过程中，通常需要在 2.5 MPa 以上的压力下操作，而管道运输天然气一般无法满足直接进料的条件，需要进行二次增压。由于天然气中的硫化物在转化过程中会对镍系和铁系变换催化剂造成毒害，使变换后气体中的 CH_4含量增高，因此加压后的天然气需进入原料精制系统进行脱硫与烯烃饱和处理。精制后的天然气与水蒸气混合后进入转化炉对流段和辐射段，在催化剂的作用下，CH_4与水蒸气反应生成 CO 和 H_2，部分 CO 与水蒸气反应生成 CO_2和 H_2，从而产出含有 H_2、CH_4、CO、CO_2和水蒸气的混合转化气。该转化气经换热降温后进入变换炉，在催化剂的作用下，将 CO 和水变换成 CO_2和 H_2，变换后的气体进入 PSA 部分进行分离提纯，剩余的杂质通过冲洗步骤进一步净化，净化后的工业氢纯度可达到 99.9%以上。重整制氢的主要技术路线示意图如图 6.13 所示。

该工艺过程为强吸热过程，反应在 800 ℃以上进行，且需要额外提供热源。尽管 CH_4 转化率可达 85%，但缺点是该过程的能耗高、生产设备昂贵、制得的 H_2 杂质多且纯度低，

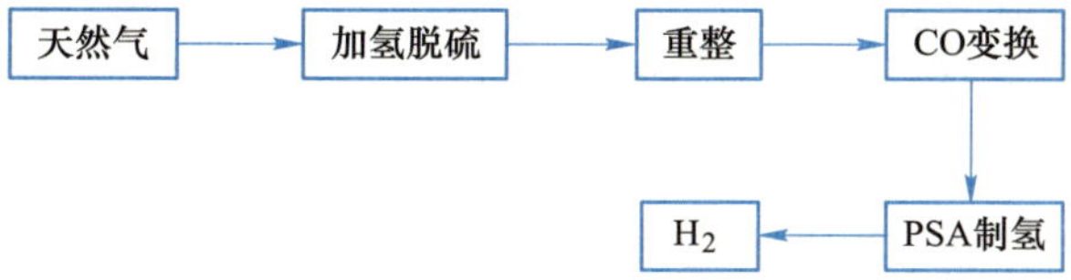

图 6.13 重整制氢工艺路线示意图

需多次脱除净化后才能得到高纯 H_2。其中，催化剂的种类、活性和寿命对合成气的纯度、产率和成本具有重要影响，因此，制备高活性、高稳定性和强抗积碳性能的催化剂是蒸汽重整技术的重点研究方向。

（2）部分氧化制氢技术。天然气部分氧化制氢是比较成熟的制氢工艺，其反应机理是 CH_4在纯氧条件下部分氧化生成 CO 和 H_2O。在天然气部分氧化制氢工艺中，存在两种工艺路线，一种是无催化剂条件下发生的部分氧化，另一种是有催化剂参与的部分氧化。无催化剂的反应过程反应条件较为苛刻，反应温度在 1200 ℃以上，反应压力在 3 MPa 以上；而在有催化剂条件下，反应温度可缓和至 800 ℃以上，但同时对催化剂在高温条件下的抗积炭失活能力、热稳定性都有很高的要求。为提高反应效率，部分氧化工艺都需要纯氧参与整个反应过程。此外，由于部分氧化反应为放热反应，虽然在纯氧、高温、高压条件下其反应效率得到一定提高，减少了设备体积，但却对喷嘴、反应器外壁、内构件等设备的材质提出了较高的要求，同时纯氧的制备也增加了 H_2的成本。

（3）自热重整制氢技术。在众多天然气制氢工艺中，如何更好地降低能量消耗是一个重要的研究方向。甲烷蒸汽转化过程表现为吸热反应，而甲烷的氧化过程则表现为放热反应，自热重整制氢技术是在同一反应系统中将两种反应进行耦合，通过原料配比和催化剂的选择控制两种反应的速率，使整个反应系统内实现放热和吸热的平衡，整个过程无须提供额外热源。

具体来说该反应可分为两个过程：一个是氧化过程，在氧化区内发生部分氧化重整；另一个是催化过程，在催化区内发生蒸汽重整。由于在同一反应系统中，热量交换更加充分，能量利用的效率更高，但也导致同一个反应系统中有着更复杂的反应环境，其中包含完全氧化反应、部分氧化反应、水蒸气转化反应、水蒸气变换反应、生焦反应、燃烧反应和消碳反应。因此，如何精确控制反应过程中的物料平衡、热量平衡和各种反应的反应速率是自热重整制氢技术的关键部分。但在反应过程中由于放热反应的参与，设备内容易出现局部热点以及积炭，因此对材料的耐热性以及系统的热管理提出了更高的要求。

（4）高温催化裂解制氢技术。近年来有许多研究集中在 CH_4 在催化剂作用下的裂解反应，但其最初目的是研究制合成气及碳纳米材料。随着我国氢能源利用的不断深入，以制取高纯度工业氢为目的的高温催化裂解制氢工艺逐渐成为制氢工艺一个热门研究方向。其工艺原理是 CH_4在催化剂的作用下，在高温隔绝氧气的条件下直接裂解生成 C 和 H_2，其反应过程如下：

$$CH_4 \longrightarrow C + 2H_2$$

由于在隔绝氧气环境下进行反应，反应过程中不会有碳氧化合物产生，便于后续 PSA 环节提高 H_2 纯度，生产高纯 H_2。该反应为温和的吸热反应，CH_4 通过催化裂解，在生产 H_2 的同时，部分碳在金属颗粒催化剂内扩散沉积后，可得到高附加值的纳米碳纤维、碳纳米管和石墨烯等材料，减少了催化剂再生时 CO_2 的排放，整体降低了制氢过程中的碳排放系数，同时能耗相较蒸汽重整法低，因而拥有广阔的市场前景。但裂解反应中生成的碳极易造成催化剂积碳失活，在连续的工业生产中无疑会极大地影响生产效率及成本，因此，耐积碳催化剂的开发和再生技术是当前的重点研究方向。

总体而言，目前煤气化制氢以及天然气制氢等化石燃料制氢方式最大的问题在于生产过程中的碳排放较高，不利于我国“双碳”目标的实现。目前，我国工业年产 2500 万吨氢中，有 96%是碳排放较高的灰氢。通过 CCUS 技术使其转化为碳排放较少的蓝氢是当前发展的重要方向。同时，全球碳捕集与封存量仅为全部碳排放量的 0.1%。IEA 预计，要实现全球控温 2 ℃的目标，累积到 2060 年需要封存至少 1000 亿吨 CO_2，约 17%的减排依靠 CCS 技术。因此，化石能源制氢工艺与 CCUS 技术相结合，在未来中短期内将会是最具竞争力的低成本制氢技术。

6.2.1.2 工业副产气制氢

2020 年，我国一次能源消费总量为 49.8 亿吨标准煤，占全球能源消费总量的 26.1%，年 CO_2 排放量为 98.99 亿吨，占全球排放总量的 30.7%，能源消费量和 CO_2 排放量都位居世界第一。巨大的能源消费背后是我国门类齐全的工业的发展，在工业生产过程中，工业副产气作为副产物和排放物，具有排放总量大、对环境污染重、有用组分资源浪费等特点。

我国炼油、化工、焦化等行业产生的大量副产气中，许多副产气含有 H_2，且部分副产气 H_2 含量较高。工业副产气制氢相较于化石燃料制氢流程短、能耗低，且与工业生产结合紧密，配套公辅设施齐全，下游 H_2 利用和储运设施较为完善，故工业副产气是目前较为理想的制氢来源。我国主要工业副产气及可副产 H_2 量见表 6.4。

表 6.4 主要工业副产气及可副产 H_2 量

序号	排放气类别	产量/$m^3 \cdot a^{-1}$	H_2 量/$m^3 \cdot a^{-1}$
1	焦炉煤气	1.11×10^{11}	6.35×10^{10}
2	炼厂气	1.19×10^{11}	6.20×10^{10}
3	合成氨尾气	1.24×10^{10}	8.60×10^{9}
4	甲醇弛放气	2.39×10^{10}	1.61×10^{10}
5	兰炭尾气	2.90×10^{10}	8.12×10^{9}
6	氯酸钠副产气	5.70×10^{8}	5.0×10^{8}
7	聚氯乙烯尾气	1.29×10^{9}	6.0×10^{8}
8	烧碱尾气	9.92×10^{9}	9.77×10^{9}
9	丙烷脱氢尾气	3.80×10^{8}	3.10×10^{8}

注：表中的数值均为近似值。

工业副产气制氢工艺普遍采用 PSA 气体分离技术提纯氢。PSA 提纯采用六塔流程，工艺过程由吸附、均压降压、顺放、逆放、冲洗、均压升压、产品气升压7个步骤组成。在一定的温度和压力下，对于相同的吸附剂和吸附质，动态平衡吸附量是一个定值。吸附过程中，在一定的温度下，随着压力升高，杂质吸附量逐渐增大；解吸过程中，在一定的温度下，随着压力降低，杂质逐渐被释放出来。PSA原理图如图6.14所示。

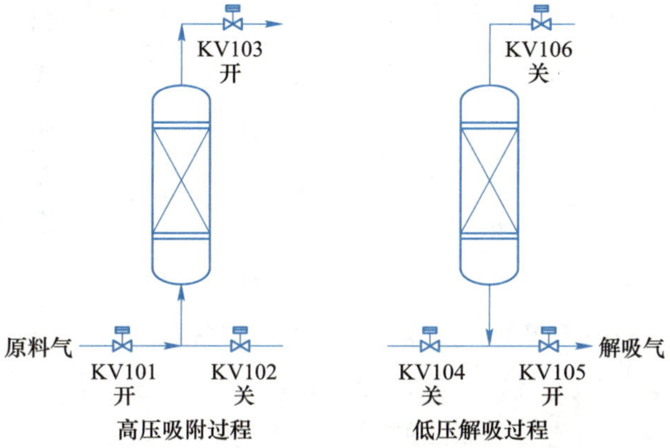

图6.14 PSA原理图

工业副产气制氢的原料主要来源于冶金以及氯碱工业，包括氯碱尾气、丙烷、焦炉煤气等工业副产气。这些原料经过提纯可用于制氢。其中，冶金工业虽然规模庞大，可以提供大量的焦炉煤气，但是多被作为燃料使用在烧结、炼铁和炼钢等工序中，实现了工业流程内部的充分利用，因此，制氢原料的主要来源依赖于氯碱工业。我国氯碱工业产能丰富，年产可达3000万吨以上，每生产1 t烧碱，将会产生278 m^3的副产H_2，经过PSA纯化处理后，可以得到高纯H_2。

A 焦炉煤气制氢

焦炉煤气制氢主要有焦炉煤气直接净化+PSA分离提纯H_2和焦炉煤气蒸汽转化+PSA分离提纯H_2两种工艺。

（1）直接净化+PSA分离提纯技术。目前主流工艺是焦炉煤气压缩净化后采用PSA法直接分离提纯H_2，流程简图如图6.15所示。提氢后的焦炉煤气解吸气返回燃料气管网，也可以用于生产液化天然气（LNG）或其他富甲烷气转化原料。

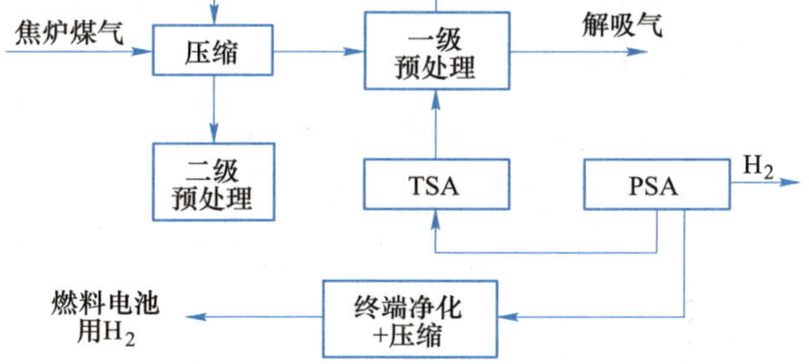

图6.15 焦炉煤气制氢工艺流程简图

（2）蒸汽转化+PSA 分离提纯技术。焦炉煤气蒸汽转化的提氢流程是在上述流程基础上增加蒸汽转化炉，将焦炉煤气中的 CH_4 转化为 CO 和 H_2，可最大化产出 H_2。

焦炉煤气制氢的关键技术在于焦炉煤气的净化和 PSA H_2 分离提纯。焦炉煤气含有粉尘、焦油、萘、苯、氨、氰化物、硫化物等多种杂质组分，因此净化工艺及净化剂的选择至关重要。目前主流工艺为 TPSA（变温变压吸附）分离-化学催化耦合净化技术，其在工业上已有较好的应用效果，采用的焦炉煤气干法净化工艺流程简图如图 6.16 所示。

图 6.16　焦炉煤气干法净化工艺流程简图

B　炼厂副产气制氢

炼厂副产气包括低压气和高压气，常见的低压气有轻烃回收尾气、解吸气、脱氢尾气等，高压气有重整气、歧化尾气、加氢低分气、乙烯尾气等。炼厂副产气制氢流程较短，典型的炼厂副产气制氢的工艺流程简图如图 6.17 所示。

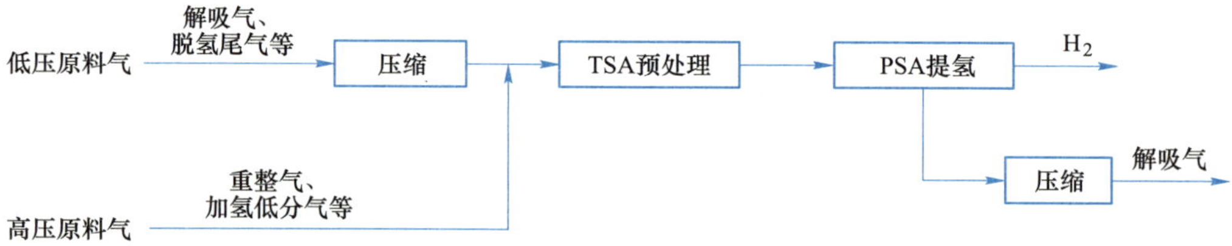

图 6.17　炼厂副产气制氢工艺流程简图

针对炼厂副产气，新型 CNA-229 吸附剂在 0.1 MPa 的低压下，对烃类（C_2~C_3）物质的吸附容量可达 50~80 g/mL，提升了生产效率。炼厂副产气制氢的主要意义在于炼厂本身就是 H_2需求大户，传统炼厂 H_2来源主要有天然气制氢、炼厂干气（石脑油）制氢等工艺。与传统制氢方式相比，副产气直接制氢流程简单，无直接 CO_2排放，且提氢后的副产气中乙烯等烃类得到有效提浓，可作为炼厂原料再次利用，实现资源的回收利用。

C　氯碱尾气制氢

氯碱工业是以工业盐为原料，电解氯化钠等盐水生产烧碱、氯气、PVC 等化工产品的行业。富含 H_2 的氯碱尾气主要有氯酸钠尾气及 PVC 尾气，两种尾气组成相差较大，氯酸钠尾气和 PVC 尾气的主要组分见表 6.5。

表 6.5　氯碱尾气的主要组分

尾气	组成（体积分数）/%						
	H_2	N_2	O_2	C_2H_3Cl	C_2H_2	H_2O	Cl_2/mg·m^{-3}
氯酸钠尾气	约 92		5			≤1	10~30
PVC 尾气	30~70	8~15		8~25	5~10	饱和	

氯酸钠主要由电解工艺生产，每生产 1 t 氯酸钠可副产约 620 m^3 H_2。2020 年我国氯酸钠产量约为 85 万吨，即可副产 5.27×10^8 m^3 H_2，可作为氢能产业的重要 H_2 来源。氯酸钠尾气 H_2 含量高，提纯工艺简单，关键在于脱氧脱氯和 PSA 分离纯化，工艺流程简图如图 6.18 所示。

图 6.18　氯酸钠副产气制氢工艺流程简图

烧碱装置一般联合 PVC 装置，每吨烧碱可副产 270 m^3 H_2，该部分 H_2 用于 HCl 合成，最终用于 PVC 生产。2020 年我国烧碱产量为 3673 万吨，PVC 产量为 2074 万吨，按 H_2 消耗量可折算可副产 H_2 量为 5.97×10^9 m^3（每吨 PVC 消耗 HCl 的量按 0.62 t 计）。PVC 尾气含有 H_2、氯乙烯（VCM）、HCl 等气体，其制氢工艺流程如图 6.19 所示。

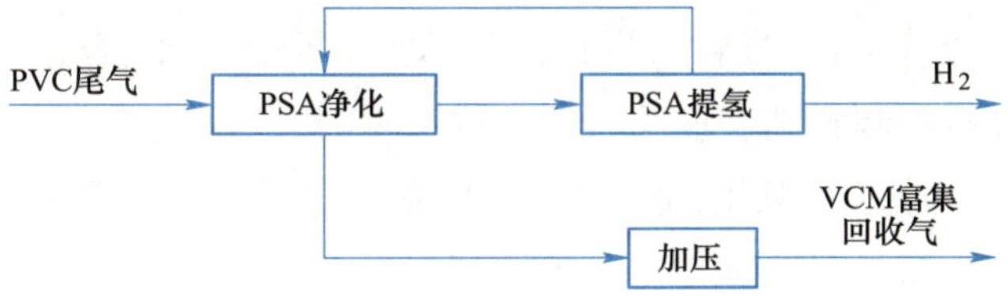

图 6.19　PVC 副产气制氢工艺流程简图

由于 PVC 尾气含有 VCM 和乙炔等高附加值成分，直接排放将造成严重的资源浪费和环境污染，故采用净化+两段 PSA 法，既可实现 VCM、乙炔和 H_2 的回收利用，又降低了尾气污染排放，具备净化精度高、消耗低、整体运行成本低等优势。

氯碱尾气制氢的显著优势是通过回收工业副产物，实现资源的梯度利用，成本低廉，能够提高产品附加值，增加企业效益。然而，目前对于氯碱行业副产物的利用率仍不足 70%，有待进一步提高。

总体而言，工业副产气来自炼油、化工、钢铁、焦化等行业，其排放量大，地域分布广，研究和开发高效的工业副产气净化除杂技术、分离纯化技术是促进工业副产气制氢工艺发展的关键。目前，低压、低氢含量的工业副产气（如兰炭尾气）制氢工艺仍存在能耗高、投资过大的难题。因此，改进现有的吸附分离技术和开发先进的分离纯化工艺是解决此类问题的突破口。

6.2.1.3　甲醇制氢

甲醇制氢以丰富的甲醇和脱盐水为原料，在一定温度和压力下，通过催化剂作用裂解生成 H_2 和 CO，随后 CO 和水蒸气继续发生变换反应，最终生成 H_2 和 CO_2。最终，通过 PSA 法去除 CO_2，得到高纯度 H_2，纯度最高可达 99.9%以上。根据反应条件的不同，甲醇制氢工艺可以细分为甲醇水蒸气重整（methanol steam reforming，MSR）制氢、氧化重整制氢、部分氧化制氢等。

具体生产过程可分为以下几个方面：

（1）转化工序。甲醇与脱盐水的蒸汽混合物在转化器中加压加热，通过催化裂解和水蒸气变换反应生成 H_2 和 CO_2，其反应式如下：

主反应：

$$CH_3OH = CO + 2H_2$$

$$CO + H_2O = CO_2 + H_2$$

总反应：

$$CH_3OH + H_2O = CO_2 + 3H_2$$

副反应：

$$2CH_3OH \longrightarrow CH_3OCH_3 + H_2O$$

（2）PSA 工序。PSA 是利用吸附剂对不同吸附质的选择性，以及吸附剂对吸附质的吸附容量随压力变化而有差异的特性，能够在高压下吸附原料中的杂质组分，在低压下脱附这些杂质而使吸附剂获得再生。PSA 分两段法制取 H_2，第一段为脱碳段，将绝大部分 CO_2 脱除；第二段为提氢段，主要是将 H_2 与其他气体彻底分离，得到纯度达 99.999% 的 H_2。整个操作过程由计算机控制自动切换阀门，并均在 40 ℃（环境温度）以下进行。

（3）导热油工序。本工序利用循环油泵强制液相循环导热油的方式，将热能输送给用热设备后，继而返回重新加热的特种工业炉的过程。其中有机热载体炉多为注入式。

（4）脱盐水工序与反渗透原理。反渗透也称逆渗透（reverse osmosis，RO），是用一定的压力使溶液中的溶剂通过反渗透膜（或称半透膜）分离出来，由于它和自然渗透的方向相反，故称反渗透。其原理是利用各种物料的渗透压差，达到分离、提取、纯化的目的。反渗透膜是用高分子材料经过特殊工艺制成的半透膜，其只允许水分子透过，而不允许溶质透过。常用的卷式膜元件是将半透膜、导流层和隔网按一定顺序排列黏合并卷制于有排孔的中心管上而形成的。经过加压的原水从元件一端进入隔网层，一部分水及少量盐类通过半透膜渗透到导流层内，再顺导流网的通道经中心管壁上的孔流入中心管，形成脱盐水。剩余水及大部分溶质、菌类等物质经隔网层从膜元件另一端排出，形成浓水，生产工艺流程简图如图 6.20 所示。

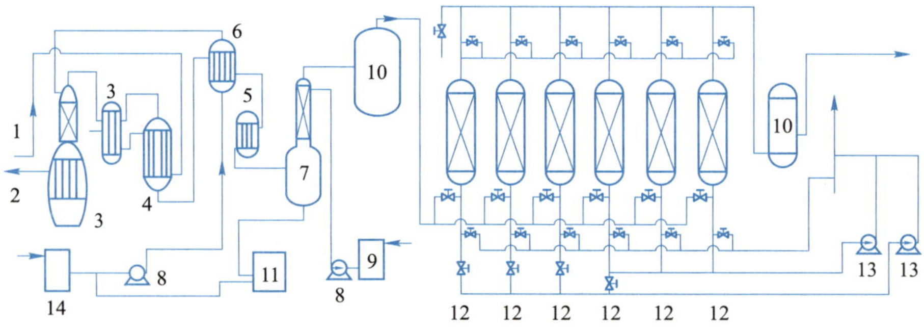

图 6.20 甲醇裂解制氢生产工艺流程简图

1—导热油进；2—导热油出；3—汽化塔；4—转化炉；5—冷却器；6—换热器；7—水洗塔；8—进料泵；9—脱盐水中间罐；10—缓冲罐；11—循环液储罐；12—吸附塔；13—真空泵；14—甲醇中间罐

甲醇裂解制氢相较于传统制氢工艺技术而言，有以下三方面优势：

（1）成本优势：工艺技术的成本低，耗能较少。

（2）原料优势：甲醇裂解制氢工艺技术所使用的主要原料为甲醇，甲醇在常压下为稳定的液体，储存、运输都比较方便。

（3）纯度优势：甲醇的纯度高，使用前不需要净化处理就可以直接参与反应，且制备的 H_2 纯度高。

尽管甲醇制氢有显著优势，但通过甲醇裂解工艺技术特点可知，甲醇原料的成本是制约其大规模发展的重要问题。因此，在甲醇裂解工艺技术改进的过程中应把降低甲醇原料的消耗作为主要研究方向。此外，研制出低温、高效且价格低廉的催化剂对甲醇裂解制氢的大规模应用意义重大。

由于 H_2 独特的物理化学性质，其储运始终是限制 H_2 发展的重大难题。H_2 质量能量密度大，体积能量密度小，常见的加压存储方式不仅技术难度大，且存在安全隐患。将 H_2 以化合物形式加以储存是一种更加安全高效的运输方式，尤其在远距离运输方面更具竞争力。甲醇具有良好的单位质量和单位体积储氢密度以及良好的化学稳定性，有助于实现氢能高效运输、分配和存储。除此之外，以甲醇为载体，构建“甲醇原位制氢-燃料电池”系统可以实现氢能的分布式终端应用，且可以直接利用现有的加油站等基础设施，避免了建设加氢站等巨大的成本投入。诺贝尔奖得主 George Andrew Olah 曾将甲醇-H_2体系视为后油气时代能源战略的关键。随着全球对氢能应用的逐步推进，甲醇-H_2能源体系相关的化学化工问题将日益成为基础研究和技术开发的热点。

6.2.2 新型制氢技术

随着各国“双碳”政策的提出，H_2 的绿色制取工艺在全球范围内受到广泛关注。根据国际可再生能源署（IRENA）的定义，采用可再生能源制氢所获得的 H_2 称为“绿氢”。这种制氢方式近零碳排放，可充分利用“三弃”（弃风、弃光、弃水）能源水解制氢，还可大大降低制氢成本，是实现“绿氢”生产的重要技术环节，也是氢能领域投资的重点。随着可再生能源装机量越来越大和度电成本逐渐下降，光伏、风电等可再生能源电解水制氢越来越受到国内外的关注。

电解水制氢是 H_2 和 O_2 燃烧生成水的逆过程，可再生能源电解水制氢的技术路线图如图 6.21 所示。电解槽内装有电解质、隔膜及沉浸在电解质中成对的电极。图 6.21 中，根据电解质种类，电解槽可分为碱性电解槽、质子交换膜（proton exchange membrane，PEM）电解槽、固体氧化物电解槽（solid oxide electrolyze cell，SOEC）。

6.2.2.1 碱性电解水制氢技术

在 20 世纪初，碱性电解水（alkaline water electrolysis，AWE）制氢技术便得到应用，经过不断完善改进，AWE 技术已经成为目前最成熟的电解水制氢技术，其原理图如图 6.22 所示。

电解水反应是在电解槽中进行的，电解槽结构较为复杂，槽内充满电解质（电解质常

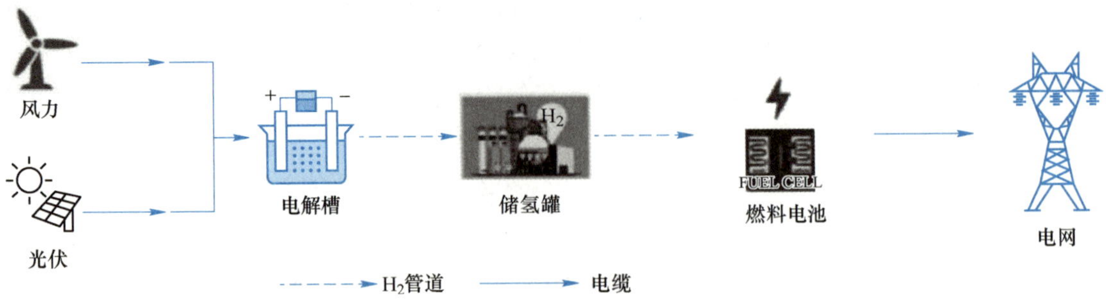

图 6.21 可再生能源电解水制氢的技术路线图

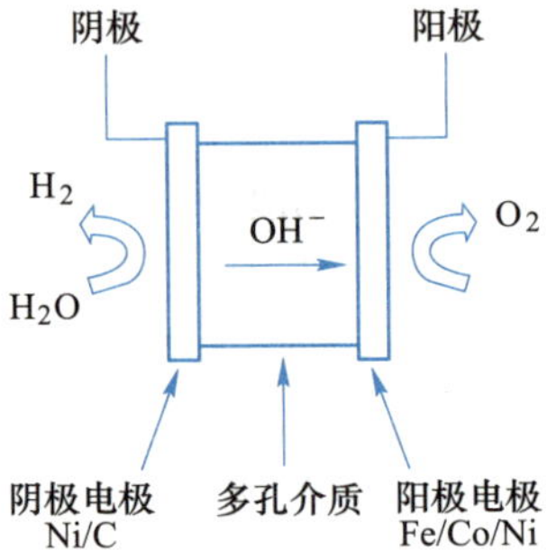

图 6.22 AWE 技术原理图

为碱性，如 NaOH 或 KOH 等强电解质，本身不参加反应)，并通过隔膜将电解槽分为阳极室和阴极室。隔膜一般为多孔，让电解液中的导电离子通过，且强度大、耐腐蚀。碱性电解池中可用石棉材料做隔膜，也可采用高分子酸性离子交换树脂，这种材料本身有分隔作用，可不另外加隔膜。此外，各室内分别置有电极，电极浸没于电解质中。当施加直流电压时，水在阴极附近发生电解反应生成 H_2，在阳极附近生成 O_2。通过气液分离、净化和干燥等步骤，最终收集 H_2。电解水制氢方程式如下：

阴极反应：

$$4H_2O + 4e^- \longrightarrow 2H_2 + 4OH^-$$

阳极反应：

$$4OH^- \longrightarrow 2H_2O + O_2 + 4e^-$$

总反应：

$$2H_2O \longrightarrow 2H_2 + O_2$$

电解水制氢的生产工艺流程示意图如图 6.23 所示。

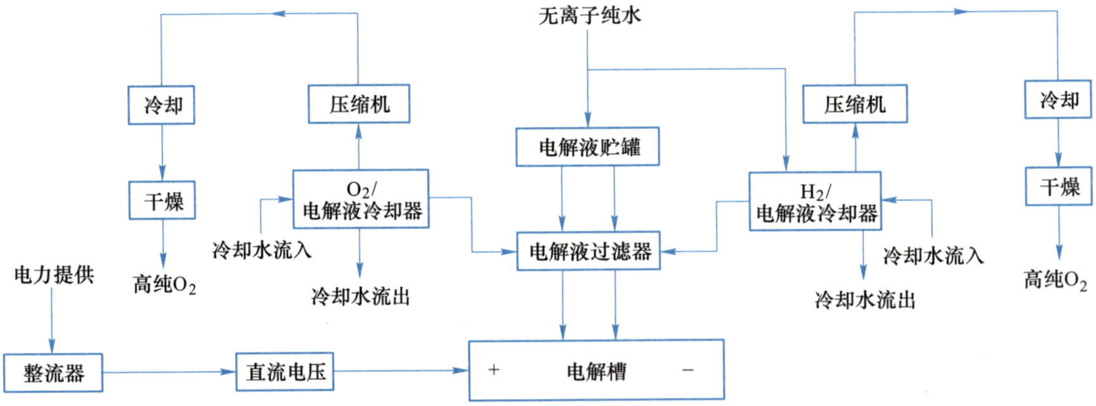

图 6.23 电解水制氢生产工艺流程示意图

AWE 技术具有成本低、运行时间长的特点，因此在全球范围内应用广泛，但其也存在一些问题：强碱环境导致设备腐蚀、隔膜的孔隙导致气体扩散混合、高电阻率导致电流密度降低。此外，碱性电解槽无法快速启动，其解决方法是在功率不变的情况下降低电压、增大电流。为了应对这些问题，需要使用高性能的电极材料和隔膜材料。

6.2.2.2 质子交换膜电解水制氢技术

19 世纪初，PEM 电解槽主要用于制取氨气，起初以强碱溶液作为电解液，将石棉作为隔膜材料，随着人们对石棉危害的认识加深，PEM 的膜材料逐渐采用复合氧化锆，应用趋势也逐渐转变为制取氯气，并产生 H_2 作为副产物。基于这种材料，PEM 电解槽可以注入纯水，进行水的电解，而促进该技术进步的关键因素是宇宙飞船项目中的制 O_2 技术。以上材料和技术为 PEM 电解水制氢打下基础。PEM 电解水制氢系统包括双极板、两极催化层和质子交换膜，如图 6.24 所示。

水进入催化层后，在直流电流和催化剂的作用下，阳极产生 O_2 和 H^+，H^+通过质子交换膜进入阴极催化层，随后与阴极电子结合生成 H_2。而质子交换膜的吸氧电位高，抑制了 O_2 的生成。PEM 技术具有电流密度大、气体不掺混、反应能垒低、设备紧凑等特点，具有良好的发展前景。但由于技术问题，PEM 的成本较高，同时为适应体系，极片需要用铂等高成本金属，设备对水质的要求也较 AWE 技术高。此外，由于实际操作经验不足，容易导致设备电压不稳定，从而不能达到理想制氢效率。

6.2.2.3 固体氧化物电解水制氢技术

20 世纪末，德国开始 SOEC 技术的研究，制氢速率为 6.8 L/h，由于反应堆的稳定性差、成本和能耗高，该技术未能得到深入研究。后来经过国内外研究与改进，制氢速率得到大大提升，美国爱达荷州国家实验室和 Ceramatec 公司实验测得制氢速率为 100 L/h。清华大学核能与新能源技术研究院（INET）实验测得制氢速率为 105 L/h。中国科学院宁波材料技术研究所实验测得制氢速率为 94.1 L/h。SOEC 技术通过电解水蒸气来制取 H_2 和 O_2，其技术原理图如图 6.25 所示。

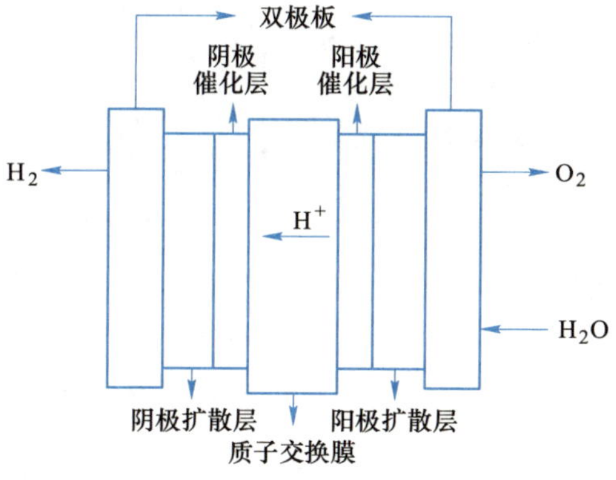

图 6.24 PEM 技术原理图

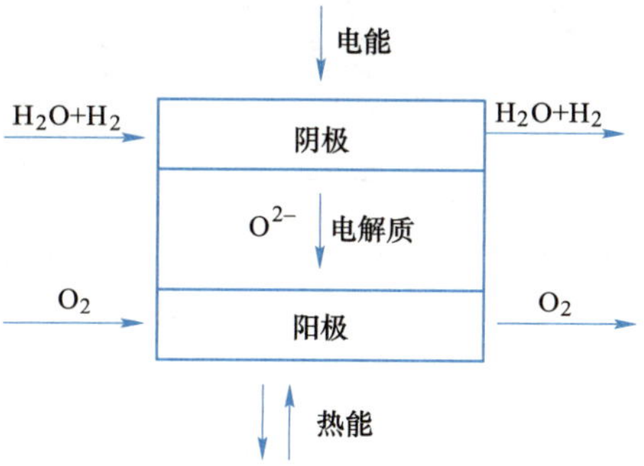

图 6.25 SOEC 技术原理图

SOEC 由两个电极和电解质层构成，用来隔绝气体并传导氧原子。水蒸气和部分 H_2

从阴极进入，在催化剂和电能的作用下，水分子裂解为 H_2 和氧原子，H_2 存入后续储罐，氧原子通过电解质进入阳极失去电子，生成 O_2。SOEC 技术的制氢效率高，但由于输入介质的纯度要求高和电极材料特性的限制，电解池的寿命较短，目前不能达到商业化的要求。

在“双碳”背景下，我国新能源的应用飞速增加，2021 年我国对太阳能发电的投资相比上一年增长 48.7%，比全部电力生产投资增速快 43.4%，可再生能源发电装机容量达到 10.63×10^8 kW，占总容量的 44.8%，风能、光能的利用率分别达到 96.9%和 98%。但由于光能的昼夜波动性大、能量密度低等问题，这对电网输送及能量储存都提出了挑战。在油田领域，光伏发电近年来得到广泛应用，截至 2022 年 5 月，胜利油田的光伏发电量突破 1×10^8 kW·h，如何使多余的电能得到高效利用是当前的热门话题，当前三种电解水制氢的技术参数及特点对比见表 6.6。

表 6.6 三种典型的电解水制氢技术对比

项目	AWE 制氢	PEM 制氢	SOEC 制氢
能源效率/%	60~75	70~90	85~95
运行温度/℃	70~90	70~80	700~1000
电流密度/A·cm^{-2}	0.2~0.4	1.0~2.0	1.0~10.0
能耗/kW·h·m^{-3}	4.5~5.5	3.8~5.0	2.6~3.6
响应速度	较快	快	慢
电能质量要求	稳定电源	稳定或波动	稳定电源
系统运维	有腐蚀液体；后期运维复杂；成本高	无腐蚀液体；运维简单；成本低	目前尚处于实验室阶段；运维需求暂不明确
电解槽寿命/h	12000	10000	
设备成本/元·kW^{-1}	2000	8000	
特点	技术成熟，已基本实现工业大规模应用；成本低	具有较好的可再生能源适应性；无污染；现阶段成本较高，我国暂未实现商业化（PEM 更换成本较高），催化剂为贵金属	部分电能可以用热能替代；转化效率较高；高温条件下材料选择困难；尚未实现商业化

由表 6.6 可以看出：AWE 制氢技术是目前市场化最成熟、制氢成本最低的技术；PEM 制氢技术较为成熟，具有较宽的运行电流密度范围，可以更好地适应可再生能源的波动性，是国外发展的重要方向，我国应加大 PEM 制氢技术的研发力度，加强与国外领先单位的合作研发；SOEC 制氢技术是能耗最低、能量转换效率最高的电解水制氢技术，国外学者在 *Science* 上发表的文章指出，SOEC 可在动态电力输出下工作，并不会有明显衰减。因此，SOEC 制氢技术有望实现大规模、低成本的 H_2 供应，应重点关注并提前进行技术和专利布局。

6.2.3 各种制氢技术对比分析及氢设施建设

6.2.3.1 各种制氢技术对比分析

表 6.7 给出了典型制氢工艺中各类能源的能量转换效率与碳排放量。由表可以看出，重整制氢能量密度最大达 750 MW/km^2，能量转换效率也最高，达 76%；煤化物 CO_2 制氢排放量较多，电解水制氢 CO_2 排放量较少，但受技术限制不能大规模应用。鉴于我国“富煤、贫油、少气”的能源结构特点，煤气化制氢仍是工业大规模制氢的首选，技术路线成熟高效，成本最低也是我国主流的化石能源制氢方法。该制氢工艺通过气化技术将煤炭转化为合成气（CO、CH_4、H_2、CO_2、N_2等），再经水煤气变换分离处理以提取高纯度的 H_2，是制备合成氨、甲醇、液体燃料、天然气等多种产品的原料，广泛应用于石化、钢铁等领域。

表 6.7 典型制氢工艺中各类能源的能量转换效率与碳排放量

制氢工艺	原料	能源	能量密度 /MW · km^{-2}	能量转换效率 /%	CO_2 排放量 /kg
重整制氢	烃类	天然气	750	76.0	69
煤气化制氢	煤炭	煤炭	750	59.0	193
电解水制氢	水	核能	500	28.0	17
		水力	5	70.0	15
		潮汐	1	70.0	20
		风能	4	70.0	18
		太阳能	120	10.5	27
光催化制氢	水	太阳能	120	4.0	27

6.2.3.2 氢设施建设

2020 年 9 月 8 日，国家发展和改革委员会印发的《关于扩大战略性新兴产业投资培育壮大新增长点增长极的指导意见》指出，加快新能源产业发展，加快制氢加氢设施建设。随着氢能相关政策的颁布和完善，我国还鼓励支持了一大批氢能项目的建设发展。

（1）明阳阳江青洲四海上风电场项目。该项目计划建设“海上风电+海洋牧场+海水制氢”融合项目，这是一种将新能源发电与海洋生态保护和资源利用相结合的创新模式。2023 年 10 月，该项目完成了风电部分的建设。

（2）远景能源 152 万吨的零碳氢氨项目。该项目旨在通过风光发电，电解水制氢，然后合成氨，实现全过程的零碳排放。项目将分三期进行建设，每一期的建设内容都各有侧重。一期项目总投资 20.1 亿元，主要建设风电 3.75×10^5 kW、储能 5.6×10^4 kW 4 h，并新建一座 220 kV 升压站。此外，项目还将配套建设翁牛特旗到元宝山绿电专线约 70 km。这一阶段的建设将进一步扩大新能源的利用规模，提高能源储存和调配的能力，提升电网的稳定性。

（3）深能（林西）能源有限公司年产 2.4 万吨电解水制氢项目。2023 年 10 月，该项目获批备案，计划于 2023 年 12 月开始建设，并于 2025 年 6 月完工。该项目总投资 12 亿元，新建年产 2.4 万吨绿氢生产线一条，总建筑面积 121000 m^2，其中办公楼 4200 m^2、公用工程房 26000 m^2、电解水制氢车间 21400 m^2、氢气压缩厂房 3400 m^2、仓库 1000 m^2、罐组（总存储 H_2 量为 50 t）以及其他配套附属设施。该项目关联的 500 MW 风电项目投资 30 亿元，年合成氨 15 万吨，此部分投资 7.5 亿元。

（4）新疆山能化工有限公司准东五彩湾 80 万吨/年煤制烯烃项目。2023 年 10 月 18 日，生态环境部发布受理该项目环境影响评价文件的公示。该项目采用太阳能光伏电解水制氢，制氢装置规模为 12000 m^3/h（标准状态）。该项目建设单位正在与国网电力协商签订“绿电”供应意向性协议。

（5）陕煤集团榆林化学有限责任公司 1500 万吨/年煤炭分质清洁高效转化示范项目。2023 年 10 月 18 日，生态环境部发布受理该项目环境影响评价文件的公示。项目计划建设的电解水制氢规模为 3.15×10^4 m^3/h（标准状态），制备的 H_2 与净化后的合成气合并，用于甲醇合成。

（6）中电建赤峰风光制氢一体化示范项目。2023 年 10 月 10 日，该项目（元宝山区部分）的环境影响评价文件第一次公示。本项目最大产氢量为 3.4×10^4 m^3/h（标准状态），总投资 77662.22 万元，计划通过风电、光伏所产绿电经输电线路送入电解制氢装置，生产出绿氢产品，电解产生的 1.4 MPa H_2 直接送入 H_2 管网并最终送至下游的合成氨用户。

（7）华电德令哈 3 MW 光伏制氢项目。2023 年 9 月 28 日，中国华电集团有限公司投资的这一大型绿色能源项目正式投产。该项目运用先进的 PEM 电解水制氢技术，标志着中国在高海拔地区制绿氢的首次尝试。项目位于青海省海西州德令哈市西出口，占地约 8 亩（1 亩≈666.67 m^2），制氢规模为 600 m^3/h（标准状态）。项目一期工程采用了 3 套 1 MW 的 PEM 电解水制氢装置，日产氢量约 5200 m^3/h（标准状态），约 465 kg。此外还配备了 20 MPa H_2 充装系统。

（8）中国能建松原氢能产业园（绿色氢氨醇一体化）项目。2023 年 9 月 26 日，该项目正式开工建设，是吉林省首批“氢动吉林”大型氢基化工示范项目，总投资 296 亿元。该项目将建设新能源电源、年产 60 万吨的绿色合成氨/醇生产线、年产 50 套 1000 m^3/h（标准状态）的碱性电解水装备生产线和 4 座综合加能站等，基本涵盖制氢、加氢、氢基化工、氢能装备全产业链条。

（9）京能滑县绿氢母站-豫北绿氢供应基地项目。2023 年 9 月 22 日，滑县人民政府与北京京能电力股份有限公司关于氢能源开发项目的战略合作签约仪式成功举行。北京京能电力股份有限公司拟在滑县投资建设绿氢母站-豫北绿氢供应基地，项目总投资 30 亿元，主要建设一个多能互补统一的调控中心：新建一座 5×10^5 kW 多能互补风力电站，一座年产绿电 1×10^9 kW · h 的绿电设施，以及 10000 m^3/h（标准状态）制氢站，年产绿氢 10000 t。

（10）中国能建双鸭山市百万吨级绿色甲醇生产基地项目。2023 年 9 月 16 日，中国能建中电工程与黑龙江省双鸭山市人民政府在双鸭山市签订了百万吨级绿色甲醇生产基地项目（综合能源基地补充项目）的投资合作协议。根据协议，中电工程在双鸭山市投资建设年产 100 万吨的绿色甲醇生产基地，总投资约 168 亿元。一期先行建设年产 30 万吨的生物质气化耦合绿氢制绿色甲醇示范项目。

（11）远景煤化工耦合绿氢/绿醇项目。2023 年 9 月 15 日，该项目签约，项目投资约 30 亿元（不包含新能源场站）。基于全球领先的智能风电、智慧储能系统技术和绿氢解决方案，预计建设 5×10^4 m^3/h（标准状态）绿氢、2.5×10^4 m^3/h（标准状态）绿氧和年产 30 万吨绿色甲醇的项目，并与榆林市共同建设“零碳化工国际产业园”。

（12）榆林华秦新能源产业园（中西部氢谷）二期项目。2023 年 9 月 15 日，榆林华秦新能源产业园（中西部氢谷）二期项目签约，项目投资 16 亿元，以一期工程年产 4 万吨 H_2 为基础，建设 100 MW 级以上的风光水电解制氢基地，配套建设储氢基地和储氢研究中心，以蓝氢+绿氢为 H_2 来源生产合成氨。该项目是陕西首个绿氢制绿氨项目，并为榆林市下游合成尿素提供所需要的原料。

（13）西北地区首个光储氢热综合应用示范项目。2023 年 9 月 13 日，由中国能建中电工程、中能装备投资建设的西北地区首个光储氢热综合应用示范项目正式投产。项目一期投资 1.2 亿元，建设 1000 m^3/h（标准状态）的制氢站、一座综合加注站和 5 MW 自备光伏电站以及 10 辆氢能客车，主要用于满足本地氢能大巴的用氢需求。制备 H_2 纯度较高，可充分满足氢燃料电池对 H_2 品质的要求。

（14）张掖绿氢合成氨一体化示范项目。2023 年 9 月 13 日，张掖绿氢合成氨一体化示范项目正式开工。该项目总投资 4.8 亿元，建设 4000 m^3/h（标准状态）电解水制氢站、年产约 1.6 万吨的合成氨工厂以及相关附属设施。

（15）鄂尔多斯市乌审旗风光融合绿氢化工示范项目二期。2023 年 9 月 11 日，鄂尔多斯市生态环境局康巴什区分局对鄂尔多斯市乌审旗风光融合绿氢化工示范项目二期（制氢站部分）的环境影响评价文件进行公示。本项目总投资 100000 万元，制氢规模为年产 2 万吨，制氢装置共配置 20 台 1000 m^3/h（标准状态）碱性电解槽和 4 台 2000 m^3/h（标准状态）碱性电解槽，储氢装置配置 8 台 2000 m^3球罐，储氧装置配置 4 台 2000 m^3球罐，同时扩建部分公用工程设施。

（16）中船通辽市 5×10^5 kW 风电制氢制氨一体化示范项目。据了解，该项目总投资 215470 万元，风电场规划总容量为 5×10^5 kW，制氢工厂配置 36 套 2000 m^3/h（标准状态）碱性电解槽设备，并包含气液分离及纯化装置、压缩空气系统、冷却水系统等附属设施。项目计划年制氢量约 2.26 万吨，全部用于合成氨。此外，年产 12.83 万吨的合成绿氨装置、生产车间、办公楼及辅助配套设施也将在项目范围内完成。

（17）陕西省 2023 年风电光伏竞争配置项目——风电（10 万千瓦）项目。2023 年 9 月 4 日，陕西华秦新能源科技有限责任公司子公司榆林华秦新能源科技有限公司获批“陕西省 2023 年风电光伏竞争配置项目——风电（10 万千瓦）”。该项目将发挥榆林的资源优势，致力于将风力发电与制氢相结合，建设风电电场共计装机 100 MW，配套水电解制“绿氢”制氢站共计装机 100 MW，实现大型水电解制“绿氢”综合清洁能源项目的落地。

（18）山西鲲鹏氢能源科技有限公司氢能热电联供装备制造项目。2023 年 8 月 31 日，山西鲲鹏氢能源科技有限公司氢能热电联供装备制造项目开工。该项目是继 2022 年氢能重卡、电堆、燃料电池系统、供氢系统装备制造落地孝义经济开发区后，山西鹏飞集团有限公司推动氢能全产业链发展的又一标志性项目，也是氢能产业园氢能装备产业基地首个开工项目。项目规划建设百千瓦级—兆瓦级大型氢能热电联供系统装配生产线，年产能达 200 MW，建成后可实现年产值 6 亿元。

（19）山西郑旺氢能源有限公司电解水制氢项目。2023 年 8 月 31 日，山西郑旺氢能源有限公司电解水制氢项目投产。该项目采用鹏飞焦化厂干熄焦余热发电所产生的电力电解水制氢，所产高纯 H_2 既能通过充装长管拖车向外运送，也可通过管道直接输送至北姚加氢综合能源岛，与 2 万吨/年焦炉煤气制高纯氢项目形成绿氢、蓝氢互补。

（20）鄂尔多斯中极新能源 4000 万方/年制氢加氢一体化项目。2023 年 8 月 29 日，内蒙古特弘煤电集团、格罗夫氢能源科技集团共同出资建设该项目，项目在达拉特旗正式开工。该项目计划总投资 20165 万元，建设规模为 5000 m^3/h（标准状态）H_2 纯化系统+3000 kg/d 的加氢站。

（21）平凉市首个制氢储运一体化项目。2023 年 8 月，该项目在崆峒区开工建设，总投资约 6760 万元。这是甘肃省平凉市的首个制氢储运一体化项目，占地面积约 8 亩（1 亩≈666.67 m^2）。一期工程主要建设一套碱性电解水制氢系统，涵盖去离子水处理、电解制氢以及缓冲储氢等设施。该项目为平凉市“十四五”第二批风光电重点建设项目的配套产业项目。

（22）中国能建张掖光储氢热综合应用示范项目。2023 年 8 月，一期 1000 m^3/h（标准状态）电解水制储氢一体化项目成功投运，每年将约 800 万千瓦时电就地转化为高纯 H_2 150 t，稳定满足正在投放的 30 辆氢燃料电池公交车的用氢需求。二期 4000 m^3/h（标准状态）制氢及合成氨项目建成后，计划每年通过市场化交易购买绿电 1.8 亿千瓦时，形成每年 3000 t 绿氢、2×10^4 t 绿色合成氨产能，填补国内绿氨的市场空白。

（23）大安风光制绿氢合成氨一体化示范项目。2023 年 8 月 14 日，项目集中招标公告发布，大安风光制绿氢合成氨一体化示范项目由吉林电力股份有限公司投资建设，总投资预计为 63.32 亿元。该项目包括两个重要部分：新能源和制氢合成氨。新能源部分将构建 700 MW 的风电项目以及 100 MW 的光伏项目，配套 40 MW/80 MW·h 的储能装置，以充分利用和储存可再生能源。在制氢合成氨部分，项目计划新建制氢、储氢设施以及年产 18 万吨的合成氨设备。

（24）中国能建石家庄鹿泉区光伏制氢及氢能配套产业项目。2023 年 8 月 9 日，中国能建石家庄鹿泉区光伏制氢及氢能配套产业项目获得备案。该项目计划在石家庄市鹿泉区建设光伏制氢和氢能配套产业。该项目总投资 32 亿元，旨在利用可再生能源（如风能和太阳能）进行电解水制氢，同时建设综合加能站和氢燃料电池汽车推广等设施。

（25）宁东光伏电解水制氢配套45万千瓦离网光伏复合发电项目。该项目总投资额为4.5亿元，计划建设周期为12个月。该项目将建设4.5×10^5 kW的离网光伏电站，同时配备1.5×10^4 kW的电解水制氢系统。

（26）远景通辽风光制氢氨醇一体化项目。2023年8月3日，内蒙古自治区扎鲁特旗发展和改革委员会就该项目发布《项目备案告知书》。该项目将分三期建设，总投资98亿元，每期建设规模分别为100000 m^3/h（标准状态）电解水制绿氢装置、年产20万吨绿氢制合成氨装置及年产10万吨绿甲醇装置。

（27）腾格里60万千瓦风光制氢一体化示范项目。2023年7月28日，该项目的环境影响评价信息公示，该项目是由内蒙古阿拉善能源有限责任公司实施的大型工程，总投资额为40.77亿元。该项目将建设规模为400 MW的风电场和200 MW的光伏电站，并拥有每年20827 t的制氢能力。该项目的H_2将被用于庆华集团腾格里精细化工合成氨项目及己内酰胺装置产能提升项目，显示了该项目在推动化工行业发展方面的重要价值。

（28）鄂尔多斯市伊金霍洛旗圣圆能源风光制氢加氢一体化项目。2023年7月24日，该项目制氢部分的可行性研究报告取得实质性进展。项目将建设新能源制氢储氢站和配套的风光发电装置，设计年产绿氢能力为5445 t。

（29）中核科右前旗风储制氢制氨一体化示范项目。2023年7月19日，该项目进行环境影响信息评价公示。项目的建设内容主要包括500 MW的风电场、电化学储能50 MW/100 MW·h的装置、储氢2.75×10^5 m^3（标准状态）以及下游生产绿氨的设施。这些设施将共同作用，实现风能向氢能的转换，并进一步用于生产氨气。

（30）国能阿拉善高新区百万千瓦风光氢氨+基础设施一体化低碳园区示范项目。2023年7月18日，该项目的环境影响报告书在报批前公示。该项目是由中国国能集团有限公司投资的大型工程，总投资约50.8225亿元。项目的主要内容包括建设电解水制氢设施，其额定生产能力为5.2×10^4 m^3/h（标准状态），项目将包含52套1000 m^3/h（标准状态）中压碱性水电解制氢装置及4套200 m^3/h（标准状态）PEM水电解制氢装置作为调控和一座空压制氮站（压缩气量为24000 m^3/h）。此外，该项目还将配套建设绿氢合成氨设施，年产量达14万吨。这一设施将以电解水制得的绿氢为原料，通过一定的工艺过程，将其转化为绿氨。

（31）赤峰市能源物联网零碳氢氨一体化示范项目。2023年7月17日，该项目的第二次环境影响信息评价公示。该项目是由远景能源有限公司和赤峰国有资本运营（集团）有限公司联合申报的大型工程，总投资约43.62亿元。项目的核心内容是利用当地的绿色资源优势推动风电、光伏、储能与智能物联网系统的发展，实现100%绿电制氢。项目计划建设450 MW的风电场和50 MW的光伏电站，同时配备电化学储能75 MW/300 MW·h。预计该项目的制氢能力将达到每年24200 t。

（32）亿华通风氢一体化源网荷储综合示范工程项目。该项目是由亿华通全资子公司国创河北氢能产业创新中心有限公司在张家口市张北县实施的大型项目，总投资约17.6亿元。该项目将利用张家口市丰富的风能资源，基于“荷随源动”的可再生能源消纳技术，构建可再生能源制氢一体化新流程，实现可再生能源大规模本地消纳。具体来说，项目规划建设了200 MW风电厂、2.4×10^5 m^3/h（标准状态）的制氢站、配套的储氢装置以及40 MW的氢燃料电池发电系统。预计其中80%的风电将用于绿氢生产，年产绿氢约1万吨。配套的氢储能系统可实现长周期、季节性储能。项目基本实现了自主调峰、自我消纳，不增加电网系统的调峰压力，提高了电力系统的友好度。

（33）中国能建兰州新区绿电制氢项目。2023年7月6日，中国能源建设集团有限公司与兰州新区管委会签订《中国能建兰州新区绿电制氢项目投资合作协议》。该项目由中国能源建设集团有限公司下属的子公司——能建绿氢新能源（兰州）有限公司实施。项目总投资12.3亿元，占地约270亩（1亩≈666.67 m^2），年产2万吨绿氢和6万吨绿氨。此项目全部建成后，年产值预计可达8亿元以上，年税收可达2660万元以上。

（34）乌兰察布兴和县风光发电制氢合成氨一体化项目。2023年7月，由新天绿色能源股份有限公司牵头，联合东方电气风电股份有限公司、中国大唐集团科技工程有限公司两家央企共同投资兴建的新天氢能产业链及配套新能源项目在南漳签约落地，总投资101亿元。一期将立即启动园区制氢项目、氢燃料电池示范性生产线和绿电制氢配套风力发电等3个项目建设，投资36亿元。

（35）中煤50万吨/年离网型风光制氢合成绿氨技术示范项目。2023年6月30日，中南电力设计院中标该项目的立塔测风服务项目。项目将包括建设一个50万吨/年的离网型风光制氢合成绿氨装置，同时还将配备相应的储氢和发电设施。项目建成后，将具备年产50万吨绿氨的生产能力，同时还可以提供9万吨/年的制氢能力。该项目于2024年4月开工建设，预计将在2026年3月全面投产。

（36）中国石化新疆库车绿氢示范项目。2023年6月30日，该项目投产。这是我国首个万吨级光伏制氢项目，也是全球目前规模最大的光伏发电生产绿氢项目。该项目具有资源丰富、绿色低碳、规模应用、技术突破四大优势。项目建设包括光伏发电、输变电线路、电解水制氢、氢气储输、公用工程及配套辅助生产设施等环节。其中，电解水制氢能力达到每年2万吨，储氢能力为2.1×10^5 m^3（标准状态），输氢能力为2.8×10^4 m^3/h（标准状态）。所产绿氢将就近供应中国石化塔河炼化有限责任公司，开创绿氢炼化新路径。

（37）内蒙古自治区鄂尔多斯市准格尔旗纳日松光伏制氢示范项目。2023年6月29日，该项目投产。该项目由中国三峡新能源（集团）股份有限公司牵头投资建设，旨在利用当地丰富的风光资源进行能源转换和利用。项目的主要内容是在采煤回填区建设光伏电站，年均发电量约为7.4×10^8 kW·h。其中，20%的电量直接输送至当地电网，剩余80%的电量用于绿氢生产。项目安装了15套1000 m^3/h（标准状态）的碱性电解制氢装备，每年可产H_2约1万吨、O_2约8万吨。

（38）兴安盟京能煤化工可再生能源绿氢替代示范项目。2023年6月28日，内蒙古自治区乌兰浩特市发展和改革委员会就该项目（制氢部分）发布《项目备案告知书》。项目的主要内容是建设制氢站，配套60套1000 m^3/h（标准状态）碱性电解水制氢设备，最大生产效率为60000 m^3/h（标准状态），平均生产效率为32400 m^3/h（标准状态），年制氢 2.5 万吨。这些 H_2 将主要用于煤化工产业，以替代传统的化石燃料，减少环境污染和碳排放。

（39）丰镇年产 5 万吨绿氢暨氢能装备产线项目。2023 年 6 月 27 日，融科氢能源有限公司、中国电建集团昆明勘测设计院及丰镇市人民政府在内蒙古自治区丰镇市共同签署了年产 5 万吨绿氢暨氢能装备产线项目投资协议。该项目总投资约 330 亿元，是全球最大的新能源 PEM 制氢项目之一。它将采用国际先进的 PEM 制氢技术，利用 3 GW 的可再生风光能源进行制氢，该技术通过将水分解为 H_2 和 O_2，然后收集并利用 H_2，以实现清洁、绿色的能源生产。

（40）深能鄂托克旗风光制氢一体化合成绿氨项目。2023 年 6 月 21 日，该项目正式开工，项目将建设年产 2 万吨的绿氢电解水制氢站和配套的 500 MW 风力发电场以及长约 60 km 的 220 kW 输电线路工程。此外，该项目还将新建 5 MW 离网光伏发电柔性直流制氢科技创新项目，以及在下游新建配套年产 15 万吨的绿氢合成氨装置。同时，项目还计划建设一座综合站，包括加氢、加油和加气充电桩。

（41）中广核 100 万吨风光制氢绿色甲醇项目。2023 年 6 月 13 日，内蒙古自治区赤峰市人民政府与中广核新能源投资（深圳）有限公司、扬州吉道能源有限公司举行签约仪式，三方正式签约该项目，协议投资约 260 亿元，项目将落地巴林左旗和阿鲁科尔沁旗。

（42）国家电投、中铁、阳原县风光制绿氢合成绿氨项目。2023 年 6 月，该项目签约并启动。项目预计的风光发电装机量为 2.4 GW，其中风电部分为 2.1 GW，光伏部分为 300 MW。该项目还配套建设了 40 MW/80 MW · h 的储能装置，以保证电力供应的稳定性。此外，该项目计划每年生产 H_2 90 万吨，以及年产绿氨 50 万吨。

6.3 可再生能源利用

6.3.1 利用背景

6.3.1.1 传统化石能源消耗量增加

我国工业化进程中消耗了大量的常规化石能源，能源短缺将成为影响我国经济发展的重要因素。钢铁行业是化石能源、水资源和矿石资源消耗量巨大的资源密集型产业，且消耗总量持续上升。2006 年，我国能源消费总量为 24.62 亿吨标准煤，其中钢铁工业消耗超过 3 亿吨标准煤，占我国能源总消费量的 13%左右。2008 年，我国钢铁工业能源消耗升至 4.84 亿吨标准煤，相比 2006 年增长了 47.1%。随着国民经济的飞速发展，我国粗钢产量将逐年递增，伴随而来的是化石能源消费总量的上升。钢铁行业的能源消费总量占全国能源消费总量的比重将由过去的 10%上升至 15%以上。这样的快速增长势必对我国的能源状况造成巨大冲击，失去能源支持将严重影响我国经济的可持续发展。

6.3.1.2 传统化石能源温室气体排放量增加

化石能源在大量开发和使用过程中伴随产生的温室气体给全球带来了严重的环境问题。温室气体包括 CO_2、硫化物、氮化物以及甲烷等。工业化生产、汽车用油以及火力发电等都是温室气体的主要来源。以火力发电为例，根据美国能源信息管理局公布的全球2007—2035年化石能源用于常规火力发电所排放温室气体数量的统计和预测（见表6.8），2008年全球由于火力发电所排放的 CO_2 占总排放总量的41%，而我国这一比例约为48%。

表6.8 全球2007—2035年化石能源用于常规火力发电所排放温室气体数量的统计和预测

温室气体	2007年	2008年	2015年	2020年	2025年	2030年	2035年
CO_2/t	2.41×10^{10}	2.36×10^{10}	2.28×10^{10}	2.34×10^{10}	2.43×10^{10}	2.53×10^{10}	2.63×10^{10}
SO_2/t	8.93×10^{7}	7.61×10^{7}	4.69×10^{7}	4.23×10^{7}	3.79×10^{7}	3.70×10^{7}	3.77×10^{7}
氧化氮/t	3.29×10^{7}	3.00×10^{7}	2.05×10^{7}	2.02×10^{7}	2.04×10^{7}	2.15×10^{7}	2.07×10^{7}

近年来，我国工业化生产过程中排放了大量的温室气体，成为影响气候变化的主要因素，以我国钢铁工业排放为例，钢铁工业的温室气体来源主要是化石燃料的燃烧。钢铁企业使用的燃料主要分为煤炭、电力、石油和天然气这四大部分，燃烧每吨煤炭、石油和天然气的 CO_2 排放量分别为0.70 t、0.54 t和0.39 t，其中煤炭是排放量最高的燃料，单位热量燃煤引起的 CO_2 排放比使用石油和天然气分别高出36%和61%。而我国钢铁工业的能源消费结构中，煤炭占据主导地位。2008年，我国钢铁工业的能源消费结构为煤79.97%、电19.86%、油0.4%、天然气0.54%，这种以煤炭为主的能源消费结构导致我国钢铁工业碳排放异常严重。钢铁工业在产量不断壮大积累的同时，向大气层中排放了大量的 CO_2，占据了全球工业 CO_2 排放的15%。2008年，全球 CO_2 排放量大约为290亿吨，相比2006年，年平均增长率为28%。2008年，我国碳排总量为65.5亿吨，其中钢铁工业碳排放量约为8.75亿吨。

全球各国政府根据《京都议定书》作出了降低 CO_2 排放的承诺，提高可再生能源在现有能源结构的比重和降低 CO_2 排放已成为钢铁生产的首要任务。为了实现这一共同目标，各国纷纷制定了符合自身国情的碳中和目标。根据欧盟的规划，到2050年，欧洲的 CO_2 排放量将减少80%；美国承诺在2050年将实现碳中和；日本则确认到2050年实现碳净零排放的目标。我国继第21届联合国气候变化大会后，在2020年第七十五届联合国大会一般性辩论上正式宣布了2030年实现“碳达峰”、2060年实现“碳中和”这一庄严承诺。

我国钢铁产量逐年递增的趋势不会改变，这将直接影响钢铁企业 CO_2 排放量的继续增加，从而对气候变化和环境污染造成恶劣影响。因此，必须逐渐改变能源消费结构，大力发展以太阳能、风能为代表的清洁可再生能源，替代常规的化石能源。

6.3.2 钢铁行业可再生能源利用分析

为应对能源危机和气候变化，发展低碳经济是全球经济发展的新趋势。因此，我国应转变现有的经济发展模式，努力增强自主创新能力，节约能源并提高能源使用效率，加快建设资源节约型、环境友好型社会的步伐。

根据《中华人民共和国可再生能源法》的规定：可再生能源指风能、太阳能、水能、生物质能、地热能、海洋能等非化石能源。可再生能源不存在能源耗竭的可能，因此日益受到许多国家的重视，尤其是能源短缺的国家。积极发展可再生能源，并将其培育成新兴的支柱性能源产业，对中国发展低碳经济具有重要的战略意义。

6.3.2.1 太阳能

太阳能发电是利用太阳能辐射直接转化成电能的发电方式。光伏发电是当今太阳能发电的主流。因此，通常所说的太阳能发电指的就是光伏发电。

A 发电原理

太阳能电池发电的原理主要是基于半导体的光电效应。一般来说，半导体由硅晶体组成，硅原子旁边有四个电子。当硅晶体中掺入其他的杂质（如硼、磷等）时，因为硼原子周围只有 3 个电子，硅晶体中就会存在一个空穴，这个空穴因为没有电子而变得很不稳定，容易吸收电子而中和，形成 P（positive）型半导体。同样，掺入磷原子以后，因为磷原子有 5 个电子，所以就会有一个电子变得非常活跃，形成 N（negative）型半导体。

N 型半导体中含有较多的自由电子，而 P 型半导体中含有较多的空穴。当 P 型和 N 型半导体结合在一起时，在两种半导体的交界面处会形成一个特殊的薄层，P 型一侧带负电，N 型一侧带正电。这是因为 P 型半导体中的空穴和 N 型半导体中的自由电子扩散到对方区域后，形成了一个由 N 指向 P 的“内电场”，从而阻止扩散的进行。达到平衡后，就形成了电势差，这就是 PN 结。

当晶片受光后，PN 结中，N 型半导体的空穴向 P 型区移动，而 P 型区中的电子向 N 型区移动，从而形成从 N 型区到 P 型区的电流，之后在 PN 结中形成电势差，从而实现发电。太阳能发电原理图如图 6.26 所示。

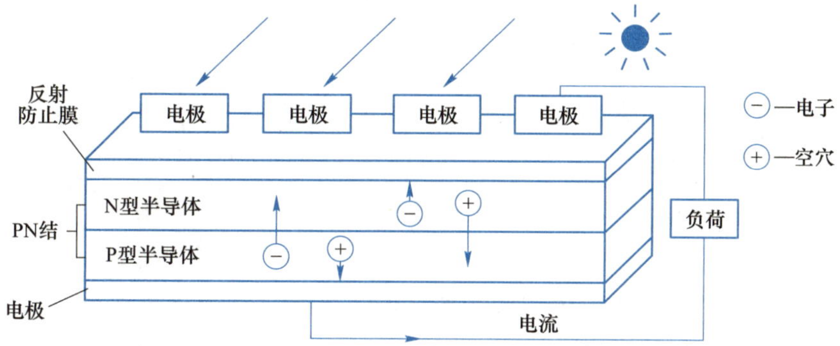

图 6.26 太阳能发电原理图

由于半导体材料本身的电导率较低，电子在通过 PN 结后如果在半导体中流动，电阻非常大，损耗也就非常大。但如果在上层全部涂上金属，阳光就不能通过，电流就不能产生，因此一般用金属网格覆盖 PN 结，以增加光照的面积。此外，硅表面非常光亮，会反射掉大量的太阳光，不能被电池利用。为此，科学家们给它涂上了一层反射系数非常小的保护膜，将反射损失减小到5%甚至更小。一个电池所能提供的电流和电压毕竟有限，因此需要将很多电池（通常是36个）并联或串联起来使用，形成太阳能光电板。

B 系统组成

光伏发电系统主要由太阳能电池板（组件）、控制器和逆变器三大部分组成。

（1）太阳能电池板：太阳能电池板是太阳能发电系统的核心部分，也是太阳能发电系统中价值最高的部分。其作用是将太阳辐射的能量转化为电能，电能可以直接供给负载或送往蓄电池中存储起来。

（2）太阳能控制器：太阳能控制器的作用是控制整个系统的工作状态，并对蓄电池起到过充电保护、过放电保护的作用。在温差较大的地方，合格的控制器还应具备温度补偿的功能。

（3）逆变器：太阳能电池板输出的电能一般都是直流电，常见的输出电压为12 V、24 V、48 V。为能向220 V交流电（AC）的电器提供电能，需要将太阳能发电系统所发出的直流电转化成交流电，因此需要使用DC-AC逆变器。

C 应用现状

钢铁企业可利用的屋顶面积通常较广泛，且用电负荷较大、新能源消纳能力强，因此具备良好的光伏安装条件。此外，光伏发电与火力发电的单位容量投资已持平。在“双碳”目标与环保压力持续加大的态势下，钢铁企业安装分布式光伏发电系统可以降低用电成本，减少环境污染，优化能源结构，提高企业竞争力。钢铁企业分布式光伏发电项目的运营方式主要分为统购统销、合同能源管理和自发自用三种模式。

D 典型案例

天津荣程40 MW渔光互补分布式光伏发电项目于2021年9月建设，该项目采用“自发自用，余电上网”的并网方式，投产后年发电量4.84×10^7 kW·h，年降碳约4.3万吨，为国内钢铁行业首个采用渔光互补方式实施的绿色新能源项目。

6.3.2.2 风能

风力发电是指把风的动能转化为电能。风能是一种清洁、无污染的可再生能源，很早就被人们利用，主要是通过风车来抽水、磨面等。当今人们感兴趣的风能利用方式为发电。

A 发电原理

风能发电的基本原理是利用风力带动风车叶片旋转，再通过增速机将旋转的速度提升，来促使发电机发电。具体来说，风能发电是一种将风的动能转化为机械能，再将机械能转化为电能的过程。

B 系统组成

风力发电所需要的装置称作风力发电机组，包括风轮（包括尾舵）、发电机和塔筒三部分。需要注意的是，大型风力发电站基本上没有尾舵，一般只有小型风力发电机组（包括家用型）才会设置尾舵。

（1）风轮：风轮是把风的动能转化为机械能的重要部件，它由若干只叶片组成。当风吹向叶片时，叶片上产生气动力驱动风轮转动。叶片的材料要求强度高、重量轻，多用玻璃钢或其他复合材料（如碳纤维）制造（还有一些垂直风轮，S 形旋转叶片等，其作用也与常规螺旋桨形叶片相同）。由于风轮的转速比较低，且风力的大小和方向经常变化，使得转速不稳定，因此在带动发电机之前，还必须附加一个把转速提高到发电机额定转速的齿轮变速箱，并加装一个调速机构使转速保持稳定，然后再连接到发电机上。为确保风轮始终对准风向以获得最大的功率，还需在风轮的后面装一个类似风向标的尾舵。

（2）发电机：发电机的作用是将风轮提供的恒定转速，通过升速传递给发电机以均匀运转，将机械能转变为电能。

（3）塔筒：塔筒是支撑风轮、尾舵和发电机的结构。它一般修建得比较高，为的是获得较大、较均匀、强度足够大的风力。塔筒的高度视地面障碍物对风速影响的情况以及风轮的直径大小而定，一般在 6~20 m 范围内。

C　应用现状

在“十四五”开局之年，沿海城市和西北地区等风力资源丰富的地区均出台了一系列风力发电的支持政策。钢铁企业开发风电对地域与环境有较高的要求，对于风力条件较好的钢铁企业，发展风电是推动自身实现碳达峰、碳中和目标的重要举措和必然选择，对保障能源供应安全，促进能源绿色转型，实现企业高质量发展具有非常重要的意义。

D　典型案例

鞍钢股份有限公司鲅鱼圈钢铁分公司在其港口码头附近安装建设了 11 台风力发电机组，装机容量达 15750 kW，年发电量约 3×10^7 kW · h，年降碳约 2.3 万吨。此外宝钢湛江钢铁有限公司、广西柳州钢铁集团有公司、盐城市联鑫钢铁有限公司、黑龙江建龙钢铁有限公司、宁夏建龙特钢有限公司等钢铁企业也都已经计划建设海上风电或阵地式风电基地。

6.3.2.3　生物质能

生物质发电是利用生物质所具有的生物质能进行的发电，是可再生能源发电的一种，包括农林废弃物直接燃烧发电、农林废弃物气化发电、垃圾焚烧发电、垃圾填埋气发电、沼气发电等方式。

我国是一个农业大国，生物质资源十分丰富，各种农作物每年产生秸秆 6 亿多吨，其中可以作为能源使用的约 4 亿吨。同时，全国林木的总生物量约 190 亿吨，可获得量为 9 亿吨，其中可作为能源利用的总量约为 3 亿吨。如加以有效利用，开发潜力巨大。

A　应用现状

近年来，生物质能逐渐在钢铁企业开始应用。生物质能是碳中性能源，除了利用其燃烧性能作为燃料外，还可以利用其还原功能作为还原剂用于钢铁冶炼。若将生物质能应用于炼铁过程，则生物炭可参与铁矿的还原过程，通过夺取炉料中的氧，充分利用碳的还原功能。国内外钢铁企业纷纷在高炉喷吹生物质原料、焦炭配煤中添加生物质原料等方面开展实践。还有部分钢铁企业计划建设秸秆发电等生物质能发电工程。

B 典型案例

结合钢铁企业丰富的余热资源，宝钢开发出一种协同处置城市废弃物制备生物质能的生产工艺。宝钢计划利用闲置的回转窑将有机废弃物气化，制备高品质合成气及生物炭。采用的技术原理为连续三段式反应：第一段为有机废物热解，第二段为氧化，第三段为还原。合成气可就近供应生产系统，替代现有燃气。黑龙江建龙钢铁有限公司拟新建一套25 MW秸秆发电机组，年发电量约 2×10^8 kW · h。同时，建龙集团积极与北京科技大学、东北大学等科研院所合作，加快生物质炭在烧结、焦化、炼铁等工序的技术研发应用。

6.3.2.4 氢能

A 应用现状

（1）氢能冶金。氢能冶炼是钢铁生产实现无化石冶炼，达到零碳排放的重要技术，被认为是钢铁工业绿色发展、深度脱碳的有效路径之一。氢能冶金主要包括高炉富氢冶炼、气基竖炉炼铁、氢基熔融还原等工艺。其中，高炉富氢冶炼仍以焦炭作为主要还原剂，但相比传统高炉炼铁，碳减排幅度可达20%~30%。而非高炉炼铁采用富氢气体或 H_2 作为还原剂，将铁矿石转化为直接还原铁或熔融铁水，再通过电炉冶炼，吨钢 CO_2 排放量可减少50%以上甚至零排放。氢能冶金在国外探索应用较早，在 H_2 制备方面基本全部采用电解水的方法制备，因此，氢能冶金大多与上游电力公司开展合作，以控制耗电成本。

（2）氢能重卡。氢能卡车能够实现零排放运输。相比电动重卡车，氢能重卡在续航里程、双重供电模式、重载启动等方面都具有较大的实用优势。钢铁行业本身对矿、煤、焦、钢等货物有大量的运输需求，同时，焦炼过程会产生大量的富氢气体。因此，近年来部分国内钢铁企业联合合作伙伴打造加氢网络，在氢能重卡运输领域展开了深入布局，运用自身丰富的 H_2 源和应用市场，打造氢燃料电池汽车运营和推广的管理平台，创造出车辆与加氢站协同发展的新模式。

B 典型案例

宝武在八钢进行了富氢碳循环氧气高炉工艺实验。该工艺通过超高富氧甚至全氧冶炼，脱除煤气中的 CO_2 后，获得高还原性煤气，实现煤气自循环利用。同时，宝武在高炉煤气中加注 H_2，进一步降低 CO_2 排放，最终实现减碳30%以上。此外，宝钢湛江钢铁有限公司于2021年9月开工建设了1座100万吨、具备全氢工艺试验条件的氢基竖炉，未来逐步采用可再生能源发电——通过高效水电解生产绿色 H_2 炼铁，目标是 H_2 的使用比例达到100%。

6.3.3 可再生能源在炼铁领域的应用难点及发展方向

相较于以化石资源为主的传统能源结构，可再生能源由于其多样的使用形式和丰富的来源可以更全面地深入炼铁流程的各个环节，从而替代化石能源的消耗，保障国家能源安全，并为提高环境质量、降低 CO_2 排放提供强有力的支撑。根据IEA的最新报告，我国正在以快速的步伐推动发展可再生能源，预计到2030年，生产1200 GW生态清洁能源的目标将提前实现，此时可再生能源在我国能源结构中的比例预计达到17%。我国可再生能源总量占全球的20%，储量十分丰富，应用前景广阔。然而，想要实现可再生能源的充分利用，还有一些问题亟待解决。

6.3.3.1 太阳能、风能和氢能的应用难点

我国的太阳能资源丰富，光伏产业发展迅速，目前已成为全球最大的光伏生产国。但是由于太阳能自身的局限性，其在炼铁领域的应用却不多。由于太阳能是一种间歇式能源，其应用在需要稳定热源的炼铁过程中较为困难。例如，在烧结过程中，太阳能难以持续提供足够的热能。但利用天然气或者碳作为还原剂并以太阳能代替化石燃料来提供过程热，可以使炼铁过程中的碳排放量大大减少。目前已有一些小型太阳能炉进行了模拟实验，结果表明炉内温度最高达到1153 K。通过对太阳炉内反应体系的热力学、动力学及其工业价值进行分析，证明了利用太阳能作为热源为炼铁工序提供过程热在理论和实践上都是可行的，这一方法可以代替大量化石燃料的使用，从而减少炼铁过程中产生的CO_2，还可以避免硫氧化物和氮氧化物等污染物的排放。但是高温太阳能在工业上的应用仍处于基础实验阶段，若想大规模利用高温太阳能还需要不断地探索。氢冶金可以“光—电—氢”，“风、水—电—氢”的形式，间接利用可再生能源。但是由于光、风和水等可再生能源普遍的不连续、波动性，无法稳定生产绿电，而钢铁企业作为一个连续生产的单位，这一缺点对于可再生能源的应用来说是致命的。因此，要想实现风能的大规模工业应用仍需要不断的技术突破。

6.3.3.2 生物质能的应用难点

我国虽然生物质能储量丰富，但资源分布分散、运输成本高，而且不同生物质燃料的差异较大，水含量和碱金属普遍较高，体积密度和能量密度较低，因此不能直接使用，需要经过预处理才能使用。此外，在生物质燃料进行预处理的过程中也会产生大量的副产物，如可燃气体，生物油等物质，如何在对生物质燃料预处理过程中收集并利用好这些副产物，提高其利用率仍然需要大量的实践。此外，生物质能的工业利用体系不够完善，其在炼铁过程中的应用基础比较薄弱。上述的问题都限制了生物质能在炼铁工业中的应用和发展，亟待深入研究。

6.3.3.3 可再生能源发展方向

我国钢铁行业是能源密集型和碳排放密集型产业，尽管目前炼铁工序的能耗已经达到极限，但基于碳素流生产的碳排放量巨大的现状暂时不能得到有效改善。为了达到减少化石资源消耗和降低碳排放量的协同目标，钢铁工业根据各项工序的特点，需要大力发展太阳能、风能、生物质能和水能等可再生清洁能源应用于炼铁生产的技术，通过引入碳中性能源来改善工业用能结构。尽管我国的可再生资源储量丰富，但想要实现大规模的工业应用还存在较多的关键技术亟待突破。因此，需要重点针对不同可再生能源的特点和大规模应用的限制性环节展开深入、系统的研究，探究出其在炼铁行业的清洁、高效应用途径，

助力钢铁行业早日实现低碳炼铁。例如，为使生物质炭以及生物质合成气能大规模应用于炼铁途径，需要开发生物质定向转化技术及相关设备，以生产出适合高炉喷吹的生物质炭微粉和生物质合成气。“以氢储电”是克服具有不连续性的光、风和水能等可再生能源在炼铁工序中应用的重要方向，其中 H_2 储存技术需要进一步开发。此外，多种可再生能源的协同利用，可以降低单一可再生能源的不稳定性对炼铁生产的影响。

6.3.4 化工行业可再生能源利用分析

6.3.4.1 太阳能在化工生产中的应用

太阳能光伏发电系统可以为化工厂提供清洁的、可再生的电力来源。光伏发电系统由太阳能电池板、逆变器、支架结构等组成，可以直接安装在化工厂的屋顶、地面或其他合适的场所。不仅可以为化工生产提供稳定的电力支持，还能降低化工厂的电力成本，并且无排放、无噪声、维护成本低，具有较长的使用寿命。

此外，太阳辐射可以通过太阳能集热器转化为热能，应用于化工生产中的蒸汽供应、热水供应和干燥等过程。太阳能集热器可以采用平板式、真空管式或抛物面反射式等不同类型，这些集热器将太阳辐射能转化为热能，然后通过管道输送至化工生产中需要的工艺环节。对于蒸汽生产，太阳能热能可以替代传统的燃煤锅炉，减少碳排放，降低能源成本。此外，还可将太阳能应用于照明及供暖等领域。太阳能照明设备是一种通过使用太阳能电池板将太阳能转化成电力的装置，为发光二极管照明设备供电，从而降低能耗。太阳能供热是将太阳能供给地暖系统或空气加热系统，为化工厂提供供暖服务，提高室内舒适度。

6.3.4.2 风能在化工生产中的应用

风力发电以风能为动力驱动发电机组生成电能，用于化工生产。化工企业可以在合适的位置建设风电场，充分发挥本地风能的作用。风力发电系统通常由风机、发电机、控制系统和输电网络等构成，通过风能为化工业提供电力，既能降低对常规化石能源的依赖，又能减少 CO_2 的排放量，缓解对环境的影响，从而达到能源的清洁生产。在一些化工生产过程中，需要对气体或液体进行输送或提升，此时可以利用风能驱动风力泵进行操作。风力泵利用风力将气体或液体抽送或提升至需要的位置，可以替代传统的电动或燃油泵，既减少了对非可再生能源的依赖，又可以降低设备的维修成本和运营成本，促进化工产业向绿色、可持续方向发展。

6.3.4.3 水能在化工生产中的应用

水力发电是将水能转化为电能的过程。化工厂可以选择在水资源充足的地区建设水力发电站，利用水能资源进行发电。水力发电站通常由水坝、水轮机、发电机和输电线路等组成。水坝拦截水流形成水库，水库中的水通过水轮机驱动发电机转动产生电能，再通过输电线路输送至化工厂。水力发电具有稳定可靠、无污染、零排放等优点，为化工生产提供了清洁、稳定的电力来源。除了用于发电外，水能还可以用于驱动化工生产中的水泵、水轮机等设备，为化工生产提供动力支持。水泵通常用于输送液体介质。例如，水泵可用于输送原料、废水和工艺液体等。水轮机则可以直接利用水流的动能驱动旋转机械设备，如搅拌机、破碎机等。这种方式不仅能充分利用水能，还可以减少能耗，降低对常规能源的依赖并减少环境污染。

6.3.4.4 氢能在煤化工生产中的应用

我国煤化工经过30余年的发展，形成了以煤制烯烃、甲醇、酸、醚等化工原料和煤制油气燃料为主的现代煤化工产业体系。2020年，现代煤化工产业CO_2排放总量约3.2亿吨，约占化工行业总排放量的22.5%。能耗高和CO_2排放量大成为制约现代煤化工发展的关键因素。在“双碳”目标下，如何实现煤化工的绿色、低碳、可持续发展成为现代煤化工发展的核心问题。现代煤化工高排放的主要原因是原材料中碳多氢少，而通过可再生能源制取的H_2可以在解决煤化工碳多氢少的同时不增加整个系统的CO_2排放。《氢能产业发展中长期规划（2021—2035年）》明确提出，扩大工业领域氢能替代化石能源应用规模，积极引导合成氨、合成甲醇、炼化、煤制油气等行业由高碳工艺向低碳工艺转变，促进高耗能行业绿色低碳发展。

A 可再生氢与煤化工耦合路径

现代煤化工主要通过煤气化与合成气变换环节来调整合成气体中的碳氢比，再经过一系列合成反应生产出需要的化学品或者燃料。在调节碳氢比的过程中，CO_2的排放量占系统总排放量的60%以上，化石燃料燃烧CO_2的排放量约占总排放量的33%。为了实现碳减排，可以通过向合成气中加入可再生氢或通过CO_2的捕集与利用实现CO_2的资源化利用。

（1）可再生氢与合成气制甲醇。一种可行的方法是通过向合成气中补充可再生氢的方式来调整合成气的碳氢比，同时将可再生氢生产过程中的副产品“绿氧”用于替代气化过程中来自空分的O_2（见图6.27）。具体来说，当可再生氢的补充量使H_2与CO物质的量比达到1∶2时，可再生氢、绿氧均可以100%替代来自合成气再变换反应中产生的H_2和空分生产的O_2。在不考虑可再生氢、绿氧制备过程中的能耗的前提下，通过该方法可有效提高碳作为原料的使用效率，降低产品单位能耗和CO_2排放量。以60万吨煤制烯烃为例，在理想状态下，通过缩小空分规模，可减少自备电厂约50%的负荷，在化工工艺过程中可实现CO_2零排放，系统总排放量可降低约70%，而碳作为原料的利用率由41.5%提升至95.77%。

（2）CO_2加可再生氢制碳氢化合物。一种方法为可再生氢加CO_2直接制备甲酸/甲酸盐。甲酸是重要的化工材料，也是一种公认的液体储氢材料，既可通过CO_2和H_2合成，也可以逆向再生成CO_2和H_2。甲酸的含氢量为53 g/L，按重量计算，纯甲酸可以储存4.3%（质量分数）的氢。CO_2和H_2转化为甲酸通常涉及从气态试剂到液态产物的相变，必须通过二次反应或分子相互作用来扰乱热力学平衡，当考虑气相反应物时发生如下化学反应：

$$H_2(g) + CO_2(g) \rightleftharpoons HCO_2H(l)$$

另一种方法为CO_2加可再生氢制甲醇/二甲醚。一步法合成二甲醚是指通过将CO_2加

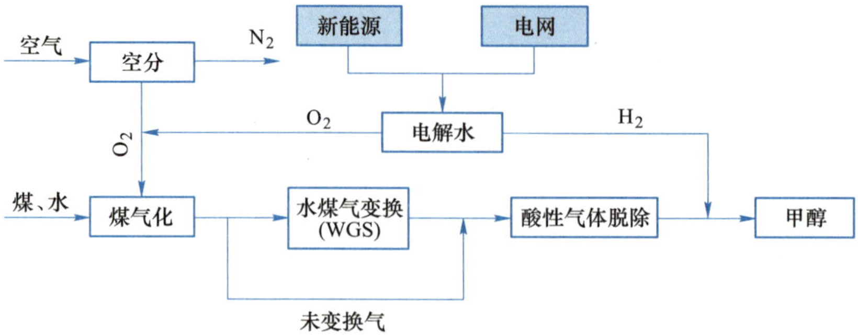

图 6.27 可再生氢耦合煤化工工艺流程图

氢制甲醇和甲醇在原位脱水转化为二甲醚的过程。与传统的甲醇合成工艺相比，CO_2加氢制甲醇具有更低的热力学限制。而甲醇脱水生成二甲醚的温度范围与甲醇合成的温度范围非常相似，这使得将 CO_2加氢制甲醇与脱水反应结合在理论上可行。一步法合成涉及的反应式如下。

CO_2加氢制甲醇主要反应：

$$3H_2 + CO_2 \rightleftharpoons CH_3OH + H_2O$$

$$H_2 + CO_2 \rightleftharpoons CO + H_2O$$

甲醇脱水制二甲醚反应：

$$2CH_3OH \rightleftharpoons CH_3OCH_3 + H_2O$$

$$6H_2 + 2CO_2 \rightleftharpoons CH_3OCH_3 + 3H_2O$$

B 应用案例

我国第一个可再生能源制氢耦合煤化工的示范项目——宁夏宝丰能源集团股份有限公司太阳能电解制氢储能及应用示范项目已于 2021 年 4 月投产。该项目通过电解水制氢，生产的 H_2、O_2 用于合成气生产甲醇，同时光伏发电接入厂区电网，光伏发电不足时由厂区自备电厂和电网提供支撑，极大地提高了电解水制氢设备的利用效率，无须另行配置储氢设施，降低了制氢成本。依托于宁夏回族自治区较低的火电和分时电价交易机制，制氢成本为 1.54 元/m^3（标准状态），制氢设备利用小时数理论上能达到 8000 h 以上，但是该项目生产的 H_2 难以满足可再生氢的认定标准。2021 年，内蒙古自治区在鄂尔多斯和包头批准了 7 个新能源制氢项目，允许这些项目将 20% 的可再生电力上网，剩余电力用于制氢。但由于制氢成本高，缺乏有效的消纳途径和应用场景，7 个项目进展均较为缓慢。2022 年，内蒙古自治区又分别批复了两批可再生能源制氢项目，前期工作在加快推进中。目前，CO_2资源化利用的理论研究取得突破性进展，兰州新区全球首套千吨级液态太阳燃料合成示范项目、山东邹城 CO_2加氢—甲醇—烯烃—汽油技术的建成投产，为 CO_2资源化利用、工业化利用探索了新的方向。中国石化新疆库车绿氢示范项目已于 2021 年 11 月启动实施，该项目采用“光伏发电+谷电”的方式生产可再生氢，用于替代天然气制氢。2023 年 2 月 16 日，全球规模最大的煤化工耦合绿氢示范项目也已正式启动。

参 考 文 献

[1] 刘思林．本钢集团能源系统分析及节能规划［D］．沈阳：东北大学，2013.

[2] 邵森涵．我国化工业能源利用现状与节能降耗研究［J］．造纸装备及材料，2022，51（7）：144-146.

[3] 石林，任小荣，张洪波，等．甲醇裂解制氢方法的研究进展［J］．山东化工，2018，47（1）：37-38.

[4] 陈馨．典型制氢工艺生命周期碳排放对比研究［J］．当代石油石化，2023，31（1）：19-25.

[5] 赵宝超，常浩．天然气制氢工艺技术研究进展［J］．化工设计通讯，2022，48（4）：96-98.

[6] 李非凡，薛贺来，李黎明，等．传统制氢工艺的发展与展望［J］．化学工程与装备，2022（4）：210-212.

[7] 王盛，卞江．可再生能源在化工生产过程中的应用及环境效益评估［J］．上海服饰，2024（4）：193-195.

[8] 高黎敏．化工副产品制氢及氢燃料电池工艺方案［J］．煤气与热力，2024，44（7）：4-9.

[9] 史君杰，何培育，熊超．我国钢铁行业清洁能源发展现状及建议［J］．中国国情国力，2022（4）：41-45.

[10] 黄宗响，谢淑贤，张荣顺，等．常用氢气纯化技术及其在电解水制氢工艺中的应用［J］．山东化工，2023，52（19）：182-185.

[11] 李建林，李光辉，马速良，等．碳中和目标下制氢关键技术进展及发展前景综述［J］．热力发电，2021，50（6）：1-8.

[12] 王梦飞，李韧．未来能源——氢及其制取工艺［J］．西安工程学院学报，1997（S1）：136-140.

[13] 白凯杰，卢伟业．电解水制氢工艺碳排放量核算方法研究［J］．广东化工，2020，47（11）：118-120.

[14] 李珍妮．新能源与主流电解水耦合制氢工艺技术研究［J］．当代化工，2023，52（6）：1396-1400.

[15] 谯开聪．可再生能源制氢与煤化工耦合研究［J］．内蒙古科技与经济，2023（19）：109-112，115.

[16] 徐润生，何晓霞，张建良，等．可再生能源实现低碳炼铁的途径探讨［J］．钢铁研究学报，2024，36（3）：275-282.

[17] 李士琦，刘超，侯明山．中国可再生能源发展分析［J］．工业加热，2011，40（4）：1-5.

[18] 郭俊，曹连进，王志强．甲醇水蒸气重整制氢技术的研究进展［J］．节能，2024，43（6）：121-123.

[19] 王小波，尹爱华，尹建华，等．甲醇制氢变压吸附提纯工艺方案讨论［J］．当代化工研究，2023（1）：164-166.

7 余热余能回收与利用

在全球经济日益重视可持续发展和资源节约的背景下，钢铁行业与化工行业的联合生产模式逐渐受到关注，尤其是在余热余能回收利用方面。钢化联产通过协同优化资源和能源的使用，形成互利共赢的局面。这一模式充分体现了两大行业之间的相互依赖与整合，标志着传统制造业向更加高效、绿色的方向迈进。

钢铁生产过程中，冶炼和轧制等工艺会产生大量的余热与余能，这些资源不仅可以用于自有生产环节的加热和供电，还可以与化工生产相结合，促进化工产品的合成与提炼。例如，利用钢铁冶炼过程中产生的高温废气，可以为化工企业提供所需的热源，从而降低化工生产的能源成本，进一步拓宽了资源的利用范围，形成循环经济的良性循环。

余热余能的回收利用还可以促进双方的环境效益提升。通过联产，钢铁行业和化工行业能够共同减少温室气体排放，提高能源的整体利用效率，降低环境污染。这种双向合作不仅符合国家对环保的政策要求，也提升了两大行业在全球市场中的竞争力。

本章将深入探讨钢铁行业与化工行业联合生产中余热余能回收利用的具体技术、案例及其面临的挑战与对策，分析两大行业如何通过协同创新，实现资源的高效利用和经济的可持续发展。通过理论与实践的结合，期待为推动钢铁与化工行业的深度融合与协同发展提供参考和借鉴。

7.1 钢铁企业余热余能分布

钢铁企业在冶炼过程中产生的大量余热余能资源广泛分布在不同的生产环节，包括高炉、转炉、焦炉、烧结机和轧制等。

7.1.1 焦炉余热余能分布

焦化工艺是将煤转化为焦炭的过程，广泛应用于钢铁冶炼和化学工业中。焦炭是一种多孔的碳材料，具有优良的燃烧特性和还原性，是高炉冶炼铁矿石的重要燃料和还原剂。在焦化过程中，煤在高温缺氧环境下加热，发生热解和气化反应，生成焦炭、焦炉煤气、煤焦油和其他副产品。焦化不仅提高了煤的能量密度，还改善了其化学性质，方便后续的冶炼和化学加工。焦化的工艺流程图如图 7.1 所示。

焦炉是焦化工艺的核心设备，其设计与操作直接影响焦炭的质量和产量。目前的大部分焦炉均采用竖直结构，通过将煤装入炉内，利用焦炉壁的高温将煤加热至 1000～1200 ℃。在这一过程中，煤中挥发分逐渐逸出，留下高碳含量的焦炭。同时，焦炉产生的焦炉煤气和煤焦油等副产品也为后续的能源利用和化学加工提供了丰富的原料。

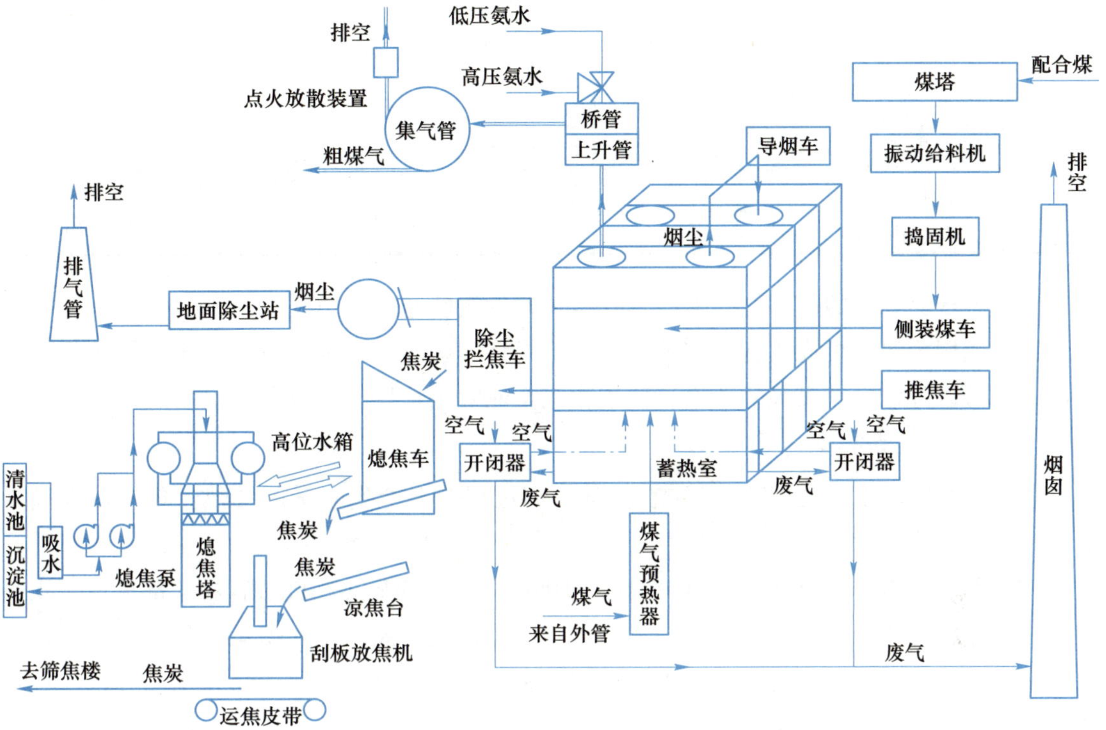

图 7.1 焦化工艺流程图

在焦化过程中，大量热能会被释放，这些余热和余能的合理利用对于提升整体能效、降低能耗具有重要意义。焦炉余热主要来源于焦化过程中炉体、焦炉煤气和焦炭的高温状态。根据不同的操作条件和设备设计，焦炉余热的分布呈现出多样化的特点。

7.1.1.1 焦炉煤气余能

焦炉煤气是炼焦过程中从煤中析出的挥发分，通过高温裂解和化学反应生成，主要成分是 H_2、CH_4、CO 和少量其他烃类气体。某钢厂产出的焦炉煤气的主要成分占比见表 7.1。

表 7.1 某钢厂焦炉煤气的主要成分（体积分数） （%）

CO	CO_2	H_2	N_2	CH_4	其他
6.0	2.0	57	5.2	24.0	5.8

焦炉煤气的热值通常在 17000～19000 kJ/m^3 范围内，具有较高的化学能，是焦炉余能中最重要的组成部分。但由于其价格昂贵，一般不直接作为燃料使用，而是作为助燃剂与其他燃料掺混使用。表 7.2 为某钢厂两种余热余能发电技术的主要运行参数，可见在设备的启动和运行阶段均需要掺入一定量的焦炉煤气来提高设备的整体运行效率。

表 7.2 某钢厂两种余热余能回收发电机组的主要运行参数

指标	燃气蒸汽联合循环发电	高炉煤气锅炉发电
年设备利用时间/h	8000	7400
年发电量/kW·h	1.98×10^9	1.44×10^9
高炉煤气利用量/$m^3\cdot h^{-1}$	4.66×10^5	1.96×10^5
焦炉煤气利用量/$m^3\cdot h^{-1}$	4.17×10^4	1.5×10^4
自用电率/%	3.66	8.5
发电效率/%	51	28

焦炉煤气除本身的化学能之外，其在出炉时的温度通常在 700 ℃左右，含有大量的显热。通过使用余热锅炉或热交换装置，不仅可以将其余热转化为蒸汽或热水，用于供热或发电，还可以降低焦炉煤气的温度，便于化工企业对焦炉煤气进行下一阶段的处理。

7.1.1.2 焦炭的显热

焦炭出炉时温度可达 1000 ℃左右，其冷却过程中会产生大量的余热。焦炭冷却通常有两种方式：湿法熄焦和干法熄焦。

（1）湿法熄焦：湿法熄焦使用水来冷却焦炭，焦炭的显热在此过程中大部分通过水蒸发流失。这种方式余热的回收利用较为困难，能量损失较大，且在熄焦过程中的污染物难以收集，全部排放到大气之中，对生态环境的影响严重。目前湿法熄焦技术已经很少被钢铁企业采用。

（2）干法熄焦：干熄焦（coke dry quenching，CDQ）利用冷的惰性循环气体，在干熄炉中与炽热红焦换热，并将热量传给干熄焦锅炉产生蒸汽，被冷却的惰性循环气体经过循环风机返回干熄炉继续冷却并熄灭红焦。相对于用水或蒸汽的湿法熄焦，干法熄焦更具有节能意义，能在熄焦过程中对红焦显热起到余热回收的作用。

干法熄焦回收的热能目前多被用于发电，干熄焦余热发电系统可分为热量回收、热量转化和热量利用三个主要过程。热量回收过程主要发生在干熄炉内，在干熄炉内惰性气体吸收红焦显热；吸收过程中的热量转化主要发生在锅炉中，在锅炉内高温惰性气体的热量将锅炉中的水转化为蒸汽；热量利用过程主要发生在汽轮发电机组，在汽轮发电机组内产生电能，实现对红焦余热的最终利用。干熄焦余热发电工艺流程图如图 7.2 所示。

7.1.1.3 焦炉其他余热分布

焦化工序中的其他余热分布有以下三种形式：

（1）煤气净化过程中的余热。在焦炉煤气的净化过程中，煤气需要经过多次冷却、脱硫、脱氨、除焦油等操作。这些过程中有大量的热量释放，特别是在煤气的冷却过程中。在煤气净化的冷却过程中，产生的低温热能（40～80 ℃）可以通过热交换装置回收，用于加热厂区的生活用水或进行低品位的供暖。

（2）废气中的余热。焦炉在运行过程中会产生大量高温废气，废气的温度通常为 400～500 ℃。通过余热锅炉或其他热回收装置，可以从这些高温废气中回收热量，用于产

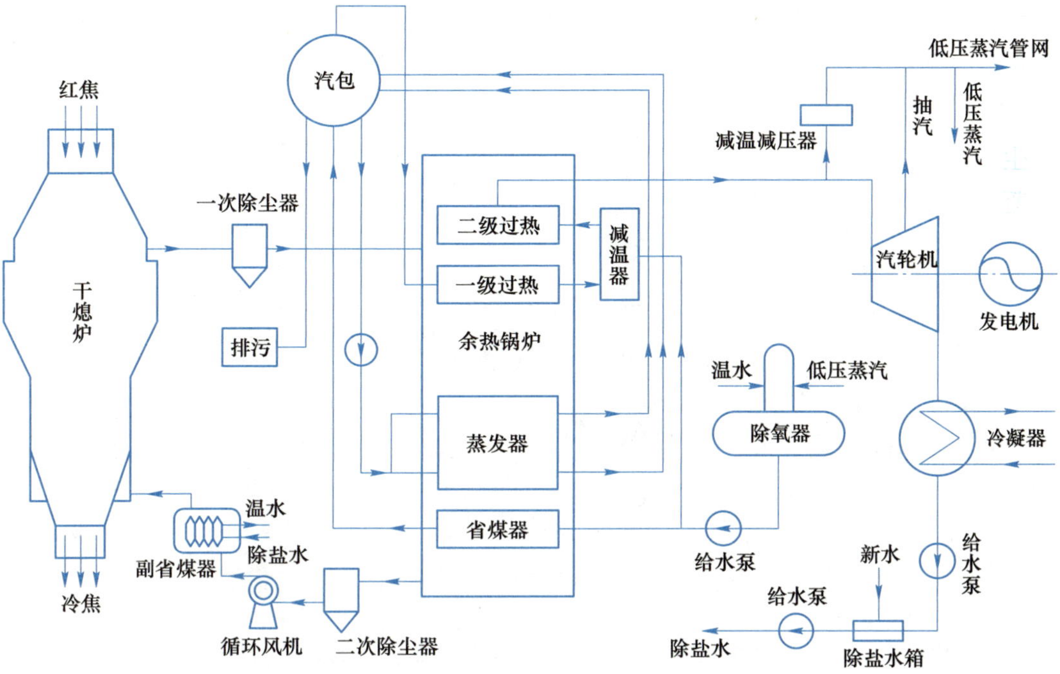

图 7.2　干熄焦余热发电工艺流程图

生蒸汽，供厂区发电或供暖。

（3）冷却水中的余热。焦炉各工艺环节（如煤气冷却、焦炭冷却、设备冷却等）都需要用到冷却水，而这些冷却水在热交换后带走了大量的热量。通过安装高效的热交换器，冷却水中的余热可以被回收，用于其他工业生产环节中的低品位加热需求或厂区供暖。

7.1.2 高炉余热余能分布

高炉是一种用于冶炼铁矿石的设备，是现代钢铁生产的核心工艺之一，其主要功能是将铁矿石还原为生铁，同时排放出炉渣和高温废气。高炉通常是一个大型的竖直圆柱形结构，分为多个区域，包括喂料区、反应区和渣区。高炉炉顶用于原料的进料，通常采用料仓结构，通过炉底排出炉渣和生铁。高炉工序的原理图如图 7.3 所示。

高炉工艺的基本流程主要包括原料准备、装炉、风口送风、还原反应、出铁和出渣几个步骤。在高炉工艺的各个环节中，伴随着化学反应和物理过程，会产生大量的余热和余能。这些余热和余能主要分布在以下方面。

7.1.2.1 高炉炉顶余能

高炉炉顶余能是指高炉煤气从炉顶排出时携带的热量和余压，既包含煤气中的热能，也包含机械能。

（1）高炉炉顶余热主要来源于高炉内的物料（如铁矿石、焦炭、熔剂等）在高温还原过程中所排放的气体，这些气体携带大量的热能。当高炉煤气从炉顶排出时，其温度通

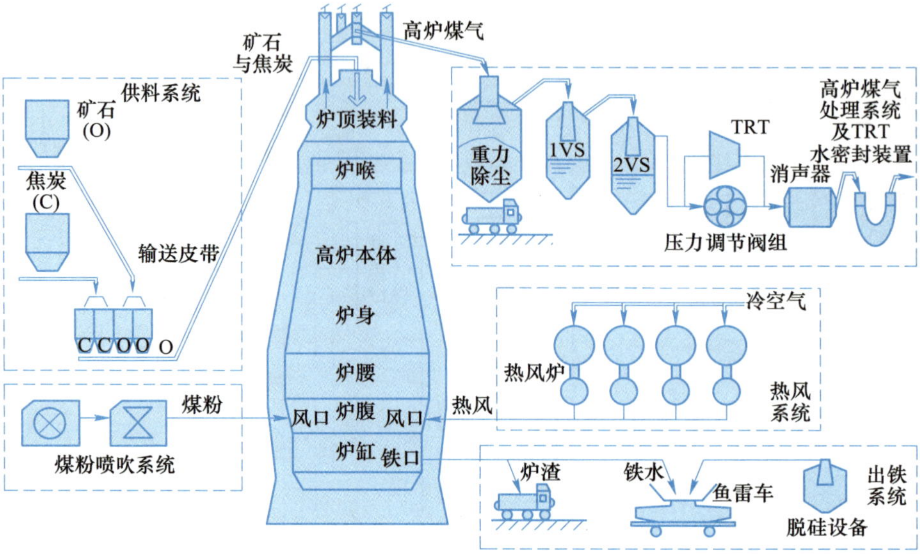

图 7.3 高炉工序原理图

常在 200~300 ℃，带有显著的热量。通过设置热交换器，可以将高温煤气中的显热传递给其他介质，如预热空气、加热水或加热工艺蒸汽。此外，煤气中的水蒸气在冷凝时也会释放出潜热，尽管这部分热量较难直接利用，但通过合适的余热回收装置，如冷凝热回收器或换热系统，也可用于低温加热、采暖或其他工艺用热。

（2）高炉炉顶余压是指高炉炉顶区域相对于大气压力所产生的压力差。高炉内部的燃烧过程需要大量的空气（或 O_2）来支持焦炭的燃烧。通过风口送入的热空气在炉内与焦炭反应，产生高温气体。在还原反应和燃烧反应中，产生的 CO 和其他气体增加了炉内气体的体积，导致气体的热膨胀，进而增加了炉内气体的压力。以上这些因素共同造成了高炉炉顶余压的产生。高炉炉顶余压的大小通常会因高炉的设计、操作条件、原料特性等因素而有所不同，但一般来说，炉顶余压通常维持在 0.5~3 kPa。通过 TRT 装置，可以利用煤气的余压进行膨胀发电，同时还可以将煤气降温，为后续工艺做准备。TRT 装置的原理图如图 7.4 所示。

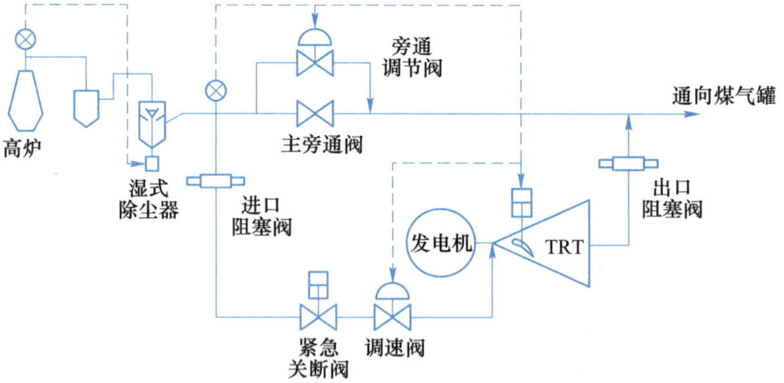

图 7.4 TRT 装置原理图

7.1.2.2 高炉煤气余能

高炉煤气的余能包括其本身作为燃料所蕴含的化学能和在高炉生产过程中未被利用的剩余热能。高炉煤气含有 CO 和 H_2等可燃气体，是一种低热值的气体燃料，可以直接燃烧用来预热或发电。以我国某钢厂举例，其配备了发电容量为 30 MW 的高炉煤气锅炉发电机组，该机组的工艺流程图见图 7.5。

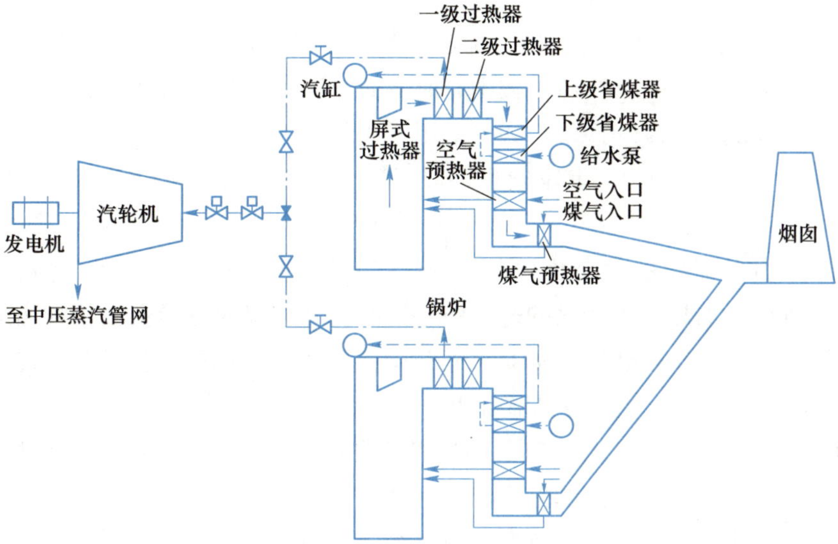

图 7.5 高炉煤气锅炉发电机组工艺流程图

该机组使用的高炉煤气燃料的热值约为 3600 kJ/m^3，其主要成分见表 7.3。

表 7.3 某钢厂高炉煤气的主要成分（体积分数） （%）

CO	CO_2	H_2	N_2	烃类	其他
26.0	17.0	2.0	54.0	0.4	0.6

该钢厂通过高炉煤气的利用，年发电量达 1.44×10^8 kW · h，年节约标准煤约 1.7 万吨。

高炉煤气的余热主要指煤气本身的显热和潜热，主要依赖煤气温度来反映其余热潜力。高炉煤气不仅从炉顶排出，还在高炉其他部分的生产环节产生。根据余热的来源和性质，可分类如下。

（1）煤气管道中的显热。在高炉煤气从高炉到下游处理设备的输送过程中，由于管道的长度和复杂的路径，煤气的温度会逐步降低。在此过程中，煤气管道中的显热可以通过热交换器进行回收。这部分显热的回收主要通过设置管道换热装置，将管道中的热量转移至其他工艺介质，如加热水或空气。

（2）煤气净化系统中的余热。高炉煤气在利用前需经过除尘、脱硫和除湿等净化步骤。净化系统中，煤气温度会继续下降，这一过程中也会释放大量余热，具体包括以下两种主要情况：

1）干式除尘系统余热：高炉煤气除尘的过程中，尤其是干式除尘设备中，高温煤气与除尘材料接触，显热会在此阶段被释放。干式除尘系统的温度一般为150~250 ℃，通过设置热回收系统（如空气预热器）可以将部分热量回收。

2）湿法净化系统余热：在湿法净化系统中，煤气经过喷淋降尘时，水与煤气的热交换会产生大量余热，尤其是湿煤气中的水蒸气冷凝释放的潜热。这部分余热可通过设置湿煤气冷凝器来回收，用于预热循环水或其他工艺介质。

（3）高炉煤气脱硫过程中的余热。脱硫是煤气净化的重要环节之一。煤气在经过脱硫装置时，热量会进一步损失。脱硫工艺中有时会通过湿法工艺进行洗涤，这一过程中也会释放显著的潜热以及产生冷却损失。如果采用干法脱硫工艺，由于煤气流经吸附剂时保持相对较高的温度（约200 ℃），其显热也可以通过干法脱硫设备中的热回收装置加以回收利用。

（4）煤气再加热系统中的余热。在部分煤气利用过程中，由于煤气的温度已显著降低，可能需要进行再加热。再加热的过程中，未能充分利用的热量会被排放出来。这部分余热通常通过高效的热交换装置（如蓄热式热交换器）加以回收。这部分余热的回收有助于提升系统整体的热效率，并减少能源消耗。

（5）高炉煤气燃烧后烟气的余热。高炉煤气在被用于燃烧供热（如热风炉、加热炉）时，燃烧后的烟气仍然具有较高的温度。这些烟气的余热通常通过余热锅炉进行回收，用于产生蒸汽，进一步驱动涡轮发电机发电或供给工厂的其他用热设备。此外，余热锅炉可进一步将烟气的温度降低，减少排放热损失。

（6）高炉煤气潜热。在整个煤气处理和利用的过程中，煤气中的水蒸气会冷凝，释放出潜热。潜热的回收难度较大，但若设置合理的冷凝装置，则可以回收这部分热量。比如在煤气净化后的输送过程中，设置冷凝器或类似设备，可将煤气中的水分冷凝，释放潜热进行回收。

7.1.3 转炉余热余能分布

转炉工艺是炼钢工业中最重要的炼钢方法之一，用于从铁水（高炉铁水）中去除杂质（如碳、硫、磷等），通过氧化反应将铁水转化为钢水。该工艺的核心设备是转炉（也称为 O_2 转炉），通过向铁水中吹入高压 O_2，实现杂质的氧化，从而达到精炼的目的。单纯的顶部吹氧无法让铁水与 O_2 充分混合，目前常使用在转炉底部喷吹 Ar 的技术，利用惰性的 Ar 在炉中搅拌铁水来达到提高反应效率的效果。两种转炉的工艺流程图如图 7.6 所示。

转炉是现代钢铁生产中不可或缺的关键设备，其高效的冶炼过程不仅提升了钢铁的生产效率，也伴随着大量热能的释放。转炉余热余能的合理利用，对提高能源效率、降低生产成本及减少对环境的影响具有重要意义。通过对转炉余热的分布及其特性的深入分析，能够更好地识别其余热余能的回收和利用潜力，从而推动钢铁与化工行业联产的可持续性发展。

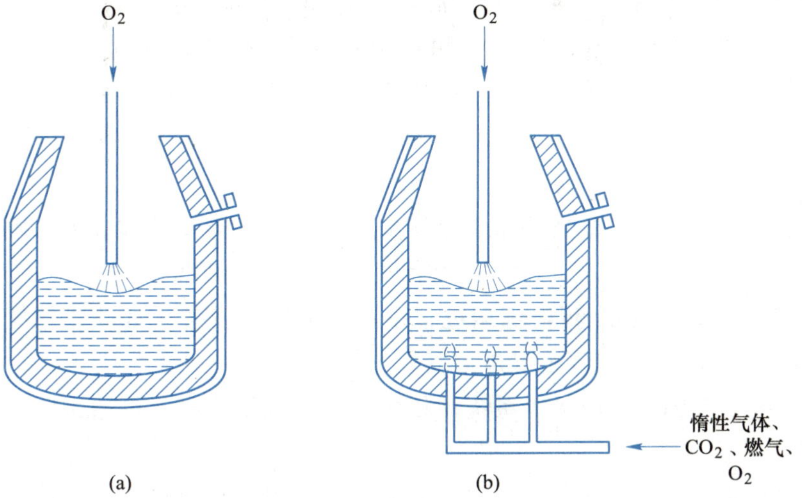

图 7.6 两种转炉的工艺流程图

（a）顶吹法；（b）顶底复吹法

7.1.3.1 转炉煤气余能

转炉炼钢过程中，转炉煤气产生于铁水和 O_2 的剧烈反应之中，这一过程释放出大量化学能和显热。

（1）化学能：转炉煤气的主要成分是 CO，其含有较高的化学能。以某钢厂产出的转炉煤气为例（见表 7.4），该转炉煤气的热值约为 7300 kJ/m^3。这部分化学能可以通过燃烧释放热量，用于加热炉或锅炉等。

表 7.4 某钢厂转炉煤气的主要成分（体积分数） （%）

CO	CO_2	H_2	N_2	烃类	其他
60.0	19.0	1.5	17.0	0.5	2.0

（2）显热：转炉煤气温度高（一般高达 1200~1600 ℃），包含大量的显热。通过设置高温换热器或余热锅炉，可以回收煤气中的显热，用于加热蒸汽或预热其他工艺介质，如 O_2 和铁水，以提升系统的热效率。

7.1.3.2 转炉其他余热分布

除转炉煤气外，转炉中还分布着以下几种余热。

（1）转炉炉渣中的余热。转炉在炼钢的过程中会生成大量的炉渣，炉渣温度较高，通常在 1500 ℃左右，蕴含丰富的余热。这些余热可以通过以下方式加以利用：

1）渣热回收：高温炉渣的余热可通过渣热回收装置（如渣罐的热交换系统）回收并用于其他工艺介质的预热，例如加热循环水或加热空气。

2）渣粒化余热回收：通过将炉渣迅速冷却并进行粒化处理，可以同时将热量转化为蒸汽，供给厂区的供热系统或驱动涡轮发电机发电。

（2）转炉冷却水中的余热。转炉炼钢需要大量的冷却水来冷却炉体和相关设备。冷却水温度通常会上升至 70 ℃左右，具有显著的余热回收潜力。

1）冷却水热回收系统：通过设置冷却水热回收系统，可将冷却水的热量用于低温供暖、生活热水或预热工艺用水。尤其在冬季和寒冷地区，冷却水余热可以显著减少对锅炉的供热需求。

2）冷却水余热回收制备蒸汽：如果冷却水系统中配有蒸发冷却装置，则冷却水余热也可以部分用于低压蒸汽的制备，为厂区其他工艺系统供给蒸汽。

（3）转炉辅助设备余热。转炉炼钢过程中的其他辅助设备（如除尘系统、空气压缩机等）也会释放余热。余热回收主要包括以下方面：

1）除尘系统的余热：转炉除尘系统的粉尘与废气温度较高，可通过除尘系统中的热交换器进一步回收这些热量。

2）压缩空气的余热：炼钢厂的空气压缩机在工作时产生热量，可以通过空气压缩机的余热回收系统将这部分热量用于供暖或其他工艺用热需求。

7.1.4 连铸连轧工序的余热分布

连铸连轧工序是现代钢铁生产中一种高度集成的生产流程，它将连铸工艺与轧钢工艺直接衔接，减少中间工序的时间和能耗，大大提高了生产效率。这一工艺特别适用于扁钢、带钢和薄板的生产，能够实现从钢水到钢材产品的连续制造。连铸工序的主要功能是将钢水连续地凝固成钢坯，具体包括钢水准备、中间包与结晶器操作、二次冷却、拉矫与定尺切割几个步骤。连铸工序的流程图如图 7.7 所示。

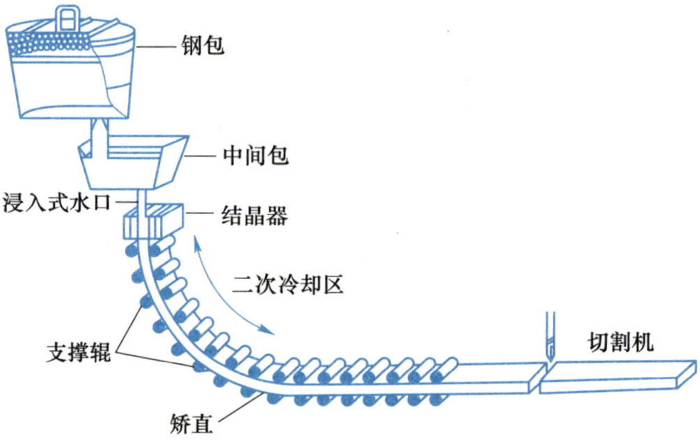

图 7.7 连铸工序流程图

连轧工序紧接着连铸工序，将铸坯加热后，通过塑性变形轧制成最终的钢材产品，如热轧卷和薄板等。其具体步骤包括铸坯运输与加热、粗轧和精轧、冷却与卷取等。连铸连轧工艺的优势在于它的连续性和高效性，使钢铁生产从钢水到成品的过程大幅缩短。不仅提高了能源利用率、生产效率和产品质量，还显著降低了生产成本和对环境的影响，是现代钢铁工业中广泛采用的关键技术。钢卷的连铸连轧流程图如图 7.8 所示。

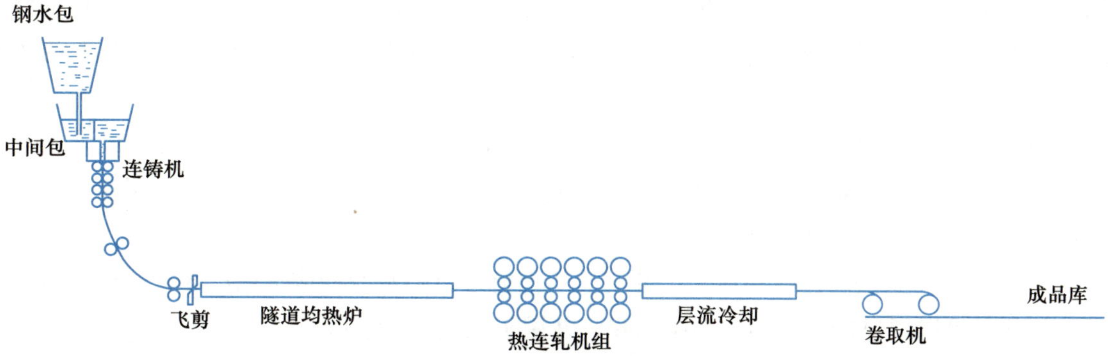

图 7.8 钢卷连铸连轧流程图

在连铸连轧工序中，余热主要来源于以下几个方面。

7.1.4.1 连铸工序余热

在连铸工序中，余热的主要来源是高温钢坯在凝固过程中散发的热量，以及二次冷却过程中水的吸热。

（1）结晶器热量。在结晶器中，钢水开始凝固，外部钢壳迅速形成，这时高温钢坯通过结晶器壁将热量传导至冷却水，冷却水吸热后可通过热交换器进行热量回收，用于其他工序中。

（2）二次冷却区热量。在钢坯离开结晶器后，二次冷却区利用水喷淋冷却钢坯。由于此时钢坯的温度仍然在 900 ℃以上，喷淋水大量吸热。这部分冷却水可以进入循环水系统，通过热交换设备回收余热，用于加热钢厂内部的水或作为预热系统的热源。

（3）拉矫机和切割区热量。铸坯在拉矫和切割的过程中，钢坯仍然保持高温，这些设备周围也会有一定的余热散发，通常通过排气和冷却系统排出部分热量。这部分热量虽然不如结晶器和冷却区余热显著，但仍可回收并用于厂房供暖或预热。

7.1.4.2 加热炉余热

加热炉用于将连铸后的钢坯加热到轧制所需的温度。加热炉是连铸连轧过程中能耗最高的设备之一，因此它的余热回收利用对整个工艺的节能效果至关重要。加热炉余热的分布有以下两种形式：

（1）烟气余热。加热炉排放的烟气温度非常高，通常可达 800~1000 ℃。排放的烟气中含有大量的热能，余热回收系统可以通过安装烟气余热锅炉或换热器，将这部分热量用于预热燃烧空气或钢坯，甚至用于产生蒸汽供厂区使用。

（2）炉墙和辐射热损失。加热炉的炉墙会因长时间处于高温环境中产生热量损失，这部分热能虽然较分散，但通过加强炉墙保温材料的利用或引入辐射屏蔽技术，也可以减少热损失。

7.1.4.3 轧制工序余热

轧制工序中，钢坯在轧机中发生塑性变形，温度从 1100 ℃以上逐步降低到成品所需的温度（通常为500~900 ℃）。在此过程中，钢坯通过与轧辊的接触和摩擦产生少量的摩擦热，但最主要的热能来自轧制后钢坯余热的散失。轧制工序余热的分布有以下两种形式：

（1）轧机区域散热。轧机区域的环境温度较高，因为钢坯经过轧制后会释放大量热量，这些热量通过设备散发或通过钢坯直接散失。可以通过废气回收系统或区域空气加热系统对这些热量进行二次利用。

（2）冷却床余热。在冷却床上，轧制后的钢材通过喷水冷却或自然冷却，这些过程中释放的热量可以通过冷却水循环系统回收，并用于预热水或供暖。

7.1.4.4 冷却水系统余热

冷却水系统在连铸、轧制过程中占有重要地位，尤其是在连铸的二次冷却和轧制后的冷却阶段，通过喷淋冷却钢材，吸收的热量可以通过热交换系统回收，这些热量可再次用于其他工序的预热系统、生活用水加热或厂房供暖。

7.1.5 其他辅助工艺中的余热余能分布

在钢铁企业中，除了焦炉、高炉、转炉、连铸连轧等主要生产工艺之外，辅助工艺也产生大量余热余能。这些辅助工艺往往支持或配合主工艺，确保钢铁生产的连续性和高效性。在这些工艺中，余热余能分布在多个环节中，回收和再利用这些能量是提高钢铁与化工联产整体能效的重要手段。

7.1.5.1 冷却塔余热

冷却塔是钢铁厂中普遍应用的冷却设备，用于排散工艺流程中吸收的热量。冷却塔的出水温度一般为30~40 ℃，相对较低，但水量大。大量的冷却水可以通过热泵技术进行回收。热泵可以提升水温，使其达到可用范围，用于供暖或满足热水需求。

7.1.5.2 烧结工序余热

烧结工艺是将铁矿粉、燃料（焦粉）、熔剂等原料混合后通过高温烧结生成烧结矿的过程。烧结机在生产中会产生大量高温烟气，特别是在烧结机头区域，烟气温度可达300 ℃以上。烧结机头烟气含有大量的热量，是余热回收的重要来源。通过余热锅炉或换热器，可以将这部分热量回收，用于产生蒸汽或预热空气，供厂区使用。部分钢厂还会将这部分烟气用于原料干燥，进一步提高能源利用效率。烧结矿在烧结过程中形成后，温度通常在700 ℃左右。冷却烧结矿时，大量热量被空气带走。高温废气可通过余热锅炉回收热能，用于发电或供热。

7.2 钢化联产流程中的余热回收技术

钢铁化工联产流程中的余热回收技术是一种将钢铁生产与化工生产相结合，通过综合利用钢铁厂产生的余热和副产品（如煤气、废气等）来提高能源利用效率，减少环境污染，并实现资源的高效循环利用的技术。该技术不仅使钢铁厂的余热得以回收利用，还为化工产品的生产提供能源和原料，实现双赢的效益。

根据余热温度的不同，余热回收技术可划分为高温、中温和低温余热回收技术三大类。高温余热通常指的是800 ℃以上的废气和钢渣中的热量，中温余热涵盖200~800 ℃的余热资源，而低温余热则是200 ℃以下的烟气和水蒸气所含的能量。不同温度的余热在其回收和利用中，面临着不同的技术难点与应用前景，各自有着特定的回收方式和利用途径。

本节将从高温、中温余热回收技术出发，系统阐述钢铁化工联产流程中余热回收的基本原理、关键技术和实际应用。帮助读者掌握钢铁化工联产余热回收的核心概念与技术，了解不同温度余热的利用策略，进而为未来推动节能减排、提高资源综合利用效率贡献力量。

7.2.1 高温余热回收技术

钢铁行业是一个高温工艺集中的行业，在炼铁、炼钢以及轧钢等过程中会产生大量高温废气和固体物料，这些余热资源的温度通常超过800 ℃。高温余热回收技术的应用，能够有效提升能源利用效率，降低生产成本，并减少碳排放。

高温余热锅炉利用钢铁行业中生产出的高温废气、废渣中的显热来加热水产生蒸汽，从而利用蒸汽来加热工质或推动汽轮机发电。该技术既能将余热资源回收利用，提高系统能效，又能降低煤气温度，便于化工行业后续将其作为原料以制备各种化工产品。目前较为成熟的高温余热回收技术如下。

7.2.1.1 转炉煤气余热回收技术

转炉产生的高温烟气通过转炉煤气余热锅炉进行回收。烟气中的热量被余热锅炉吸收后，可以转化为蒸汽，用于厂内的发电装置或为钢厂内其他工序供热。

转炉炼钢时，吹氧操作会产生大量高温废气，温度可达1200 ℃以上，废气主要成分是CO和少量的CO_2和N_2。转炉炼钢的过程是周期性的，因此废气的排放也是周期性的，余热锅炉在设计时需要考虑废气排放的周期性和不稳定性。此外，废气中可能含有一些粉尘、氧化物等杂质，需要经过处理后才能进行余热回收，防止锅炉设备受损或污染。

转炉余热锅炉主要由以下部分组成：

(1) 烟气预处理系统：由于转炉废气含有粉尘和氧化物等杂质，因此废气在进入余热锅炉之前通常需要进行净化处理（如通过除尘器或其他设备去除有害颗粒物），确保锅炉的运行稳定性和使用寿命。

(2) 余热回收系统：废气经过预处理后进入锅炉主体，锅炉内有不同的传热部件（如水管、蒸发器、过热器等）进行热量交换，将废气的热量传递给水，产生蒸汽。这些蒸汽可以用于工厂供能或发电。

(3) 蒸汽系统：锅炉产生的蒸汽经过蒸发器、过热器等装置进行热量转化和能量提升，之后通过蒸汽管网输送至其他用能设备。

（4）废气排放系统：经过余热回收后的废气温度大大降低，通常降到 300 ℃以下，这些气体经过进一步的处理后排放到大气中，减少对环境的污染。

转炉余热锅炉的基本工作原理是将高温废气中的热量转化为水蒸气的潜热或显热，从而实现能源的回收利用。转炉炼钢时产生的高温废气经过净化系统过滤后，进入余热锅炉的烟道部分。烟道具有高效的热传导特性，以便最大限度地吸收废气中的热量。之后废气通过锅炉中的加热器将锅炉水加热至沸腾，产生蒸汽。接着产生的蒸汽通过管道输送至各个用能单元，如汽轮机、厂区供暖设备等。发电系统中，蒸汽驱动涡轮机发电，电力用于工厂或并入电网。值得一提的是根据余热锅炉的设计，蒸汽的压力和温度可以根据需求进行调整。例如，高压蒸汽可用于发电，低压蒸汽则用于厂区供热。最后经过热量回收后的废气温度大幅降低，可进行后续处理。

以某炼钢厂 120 t 转炉余热锅炉为例，其采用未燃法，即在转炉冶炼的过程中，利用转炉余热锅炉活动烟罩的升降、炉口差压和风机风量控制炉气的燃烧份额，空气过剩系数最大为 0.3。转炉余热锅炉系统设备整体更换，采用全汽化型式。该厂将余热锅炉排烟温度降低了 80~100 ℃，蒸汽产量每吨钢增加了 20~30 kg，并减少了转炉一次除尘系统的喷水量，实现了每吨钢平均煤气回收量约 132 m^3的水平。在此基础上，系统蒸汽每吨钢平均产量超过了 100 kg，使系统更加节能。其主要技术参数见表 7.5。

表 7.5 转炉余热锅炉的主要技术参数

指标名称	主要技术参数
余热锅炉入口烟气量/$m^3 \cdot h^{-1}$	85000
余热锅炉入口炉气温度/℃	1200~1400
余热锅炉出口炉气温度/℃	46.62
汽包额定压力/MPa	2.5
除氧器额定压力/MPa	0.6
吨钢产汽量/kg	100

7.2.1.2 焦化工艺余热回收技术

焦化工艺是钢铁生产中用于生产焦炭的工艺，在此过程中会产生大量高温焦炉煤气，这些煤气的温度通常在 800 ℃以上。焦炉煤气中的热量可以通过余热锅炉回收，将其转化为蒸汽，用于驱动汽轮机发电或为厂内工艺提供热量。

焦化炉废气余热的特点主要包括高温高压、成分复杂和稳定性差。其中，高温高压是焦化炉废气余热最显著的特点之一。焦化炉废气的温度一般为 700~1100 ℃，而且气流速度较大，压力较高。这主要是因为焦化炉内的焦炭在高温下热解产生的烟气被带出炉外，同时炉内高压空气参与燃烧后也产生大量废气排放。这些高温高压的气体具有很大的能量潜力，但同时也带来了利用难度和安全风险等问题。焦化炉废气的成分非常复杂，含有大量的烟尘、有机物、CO、CO_2、N_2、NO、SO_2 等物质，其排放浓度和组成在很大程度上取决于焦炉的操作和管理水平。在不同的操作状态下，废气的组成和排放浓度可能会发生较大的变化，这给焦化炉废气余热的回收利用带来了一定的挑战。此外，焦化炉的停产、维修等情况也会对废气的排放产生影响，从而影响废气余热的回收利用效果。

由于焦化炉废气的复杂成分、高温高压和稳定性差等特点，其余热回收利用存在一定的难度。废气中的有害物质需要进行有效处理，以确保回收利用后不对环境和人体造成危害。同时，废气的温度和压力也需要通过相应的技术手段进行调节和转换，以便更好地利用余热。

现有的较为成熟的两种焦化余热利用技术包括烟气余热锅炉和传热管束技术。

（1）烟气余热锅炉。烟气余热锅炉是目前广泛应用的焦化炉废气余热回收技术之一。其原理是通过将烟气在锅炉内进行换热，将烟气中的余热转化为蒸汽或热水，用于工业生产或供暖。这种技术的优点是成熟、稳定、易于操作，能够有效回收焦化炉废气中的余热。但其缺点也十分明显，烟气中的灰尘、硫酸等物质会对换热管造成腐蚀，导致设备寿命缩短。此外，在烟气进入锅炉之前需要进行除尘处理，增加了成本。

（2）传热管束技术。传热管束技术是一种通过在废气流道内放置传热管束进行余热回收的技术。废气中的余热通过传热管束传递给工作介质（如水、蒸汽等），实现废气余热的回收利用。与传统的余热回收技术相比，传热管束技术具有节能效果好、占地面积小、操作维护方便的优点。通过传热管束技术，可以将焦化炉废气中的余热高效地回收，将热能转化为实用能源，从而提高能源利用效率。由于该技术采用对流传热方式，不需要使用化学药剂和填料等，操作和维护相对简单。但该技术也存在一些问题，如管束易受到高温高压气体的腐蚀，需要采取相应的防护措施。

通过以上技术回收的余热，其一个重要用途是进行余热发电。余热发电是利用余热来驱动蒸汽涡轮发电机，将废热转化为电能，从而提高能源利用效率。在焦化炉中，高温高压的废气中携带大量能量，这些能量如果得不到有效利用就会白白浪费，而余热发电技术可以将这些废气中的能量回收利用。优点在于能够将废热转化为电能，从而减少对传统能源的依赖，同时也能够降低工业生产中的能源消耗和排放，达到环保和节能的目的。此外，余热发电技术还具有一定的经济效益，可以为企业带来一定的经济收益，降低生产成本。以我国某焦化厂为例，该厂利用焦化炉废气余热进行发电，每年可发电量达到 3×10^7 kW·h，相当于减少 CO_2 排放 36000 t，减少 SO_2 排放 380 t，减少粉尘排放 29.5 t，为企业带来 800 万元的经济收益。

7.2.2 中温余热回收技术

钢铁行业在生产过程中不仅会产生大量的高温废热，还会产生大量的中温余热。中温余热的温度一般为 200~800 ℃，广泛存在于钢铁生产的各个工序。中温余热的能量密度相对较低，但其总量十分庞大，因此通过有效的中温余热回收设备加以回收利用，对钢铁企业的节能减排和提高效益具有重要意义。

7.2.2.1 烧结余热回收技术

烧结余热竖罐式回收工艺示意图如图 7.9 所示。竖罐式回收发电工艺系统主要由冷却罐体、余热锅炉和汽轮机-发电机三大部分组成。炽热的烧结矿从烧结台车进入冷却罐体，在预存段预存一段时间后，随着冷矿的不断排出逐步下降到冷却段，在冷却段与循环气体进行热交换而冷却，随后经旋转密封卸料阀等装置排出，然后经由专用皮带运输离开冷却罐体。

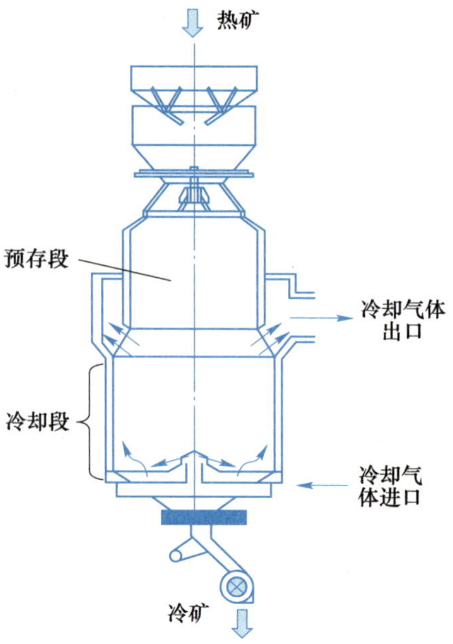

图 7.9 烧结余热竖罐式回收工艺示意图

冷却后的循环气体在罐体内与烧结矿进行热交换后，温度升高至 500~550 ℃，经环形烟道排出。气体经过一次除尘后进入双压余热锅炉，依次经过高压过热器、高压蒸发器、低压过热器、高压省煤器、低压蒸发器、低压省煤器等设备，对工质水进行加热，使冷却废气温度降低至 110~150 ℃。排出的废气经二次除尘后由循环风机送入省煤器，然后重新循环至竖罐中。低压省煤器出口的水分为两部分，一部分进入低压汽包，经低压蒸发器、汽包汽水分离后，蒸汽经低压过热器过热后作为补充蒸汽（200~260 ℃，0.3~1.1 MPa）进入汽轮机中做功；另一部分水经高压省煤器进入高压汽包，经高压蒸发器、汽包汽水分离后，蒸汽经高压过热器过热后作为主蒸汽（460~510 ℃，5~8 MPa）进入汽轮机做功，推动发电机发电。

与现行的烧结矿余热回收工艺相比，竖罐式余热回收工艺具有如下优点：

（1）冷却设备漏风率较低，粉尘排放量明显减少。冷却罐体采用密闭的腔室对物料进行冷却，冷却气体在罐体内循环流动，罐体顶部设有水封槽等密封装置，罐体底部采用旋转密封阀等装置，良好的气密性使其漏风率接近于零。

（2）气固换热效率、热载体品位高，有利于提高余热利用率。竖罐内冷却废气与烧结矿之间的逆向换热方式使得出口废气的温度趋于稳定，且保持在较高的水平上。罐式冷却由于预存段的存在，可以保证进入余热锅炉的烟气量处于一个稳定范围。

（3）余热回收效果显著。以国内某 360 m^2 大型烧结机为例，对其进行节能效益概算分析可知，竖罐式余热回收方式的热回收率可达 80%，比传统环式冷却机或带式冷却机的热回收率高出 40%。

（4）负压操作，设备简单，废气粉尘少，投资较少，吨矿发电量是环式冷却机的两倍，可达 35 kW·h 以上。

7.2.2.2 热轧加热炉余热回收技术

热轧加热炉是将钢坯加热到一定温度后进行轧制的设备。加热炉在运行过程中会排放大量的高温烟气，温度可达 800 ℃以上。通过余热锅炉回收烟气中的热量，可以将其用于加热进料水、产生蒸汽或发电。这种余热回收方式不仅提高了炉内的热效率，还减少了高温烟气的直接排放。

以某钢厂为例，该厂共有 3 套 1780 mm 热轧加热炉，在加热炉设计和生产管理中已经采取了一系列的节能措施：烟道内设置了空气预热器和汽化冷却装置，降低钢坯出炉温度，控制烟气空气过量系数等。尽管如此，烟气的实际排放温度还是比较高，一般为 330～380 ℃，烟气量为 55000～95000 m^3/h。该厂加热炉燃料全部采用天然气，燃烧后的烟气比较清洁。将烟气通过烟道引入余热锅炉生产蒸汽，可以将排烟温度降至 160 ℃左右。这不仅降低了热轧工序的能耗，还能减少对大气的热污染，具有较好的社会效益和经济效益。该厂共配备了两套余热锅炉，其基本参数见表 7.6。

表 7.6 余热锅炉的基本参数

项目	烟气参数		蒸汽参数			排烟温度/℃	给水温度/℃
	温度/℃	烟气量/$m^3 \cdot h^{-1}$	压力/MPa	温度/℃	流量/$t \cdot h^{-1}$		
数值	350	7.5	1.8	300	6.8	160	40
工况范围	330～380	5.5～9.5	1.7～1.9	280～320	4.2～10.6	140～170	4～40

该套锅炉主要由烟气系统和汽水系统两大部分组成。高温烟气在余热锅炉内经过热器、中压蒸发器、中压省煤器、低压蒸发器、给水预热器等设备与汽水系统充分换热，温度降至 160 ℃左右。然后，经变频引风机增压后，烟气通过烟气管道送至现有烟囱，并排放至大气。烟囱入口处设置了开关型电动蝶阀，便于锅炉故障时进行检修。烟气阻力损失控制在 1000 Pa 以内。

在余热锅炉正常运行时，烟道上现有的气动调节阀关闭，新增的气动调节阀打开，并与加热炉炉压联锁，与变频风机一起参与调节加热炉的炉压，使加热炉炉压控制在正常允许的范围内。当锅炉发生故障需要停炉时，锅炉控制系统会传送综合故障信号至加热炉控制系统。加热炉控制系统将自动切除新增的气动调节阀，切换回现有的气动调节阀，并按加热炉控制系统现有的控制模式控制加热炉的炉压，从而保证加热炉的正常运行。余热锅炉的烟气系统如图 7.10 所示。

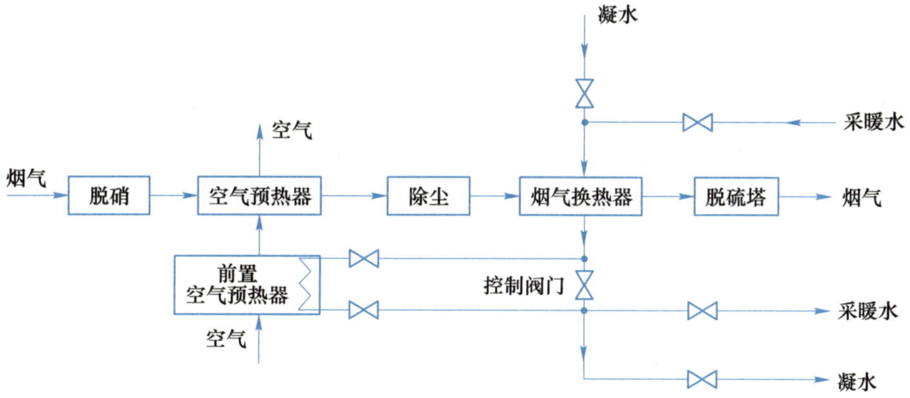

图 7.10 余热锅炉的烟气系统

锅炉的汽水系统由过热器、中压蒸发器、中压省煤器、低压蒸发器、给水预热器、本体管路（包括上升管、下降管）、汽包、自除氧除氧器等组成。受热面采用模块化内保温结构，各模块叠加后支承在框架梁上，汽包与除氧器分别支承在顶部梁上。余热锅炉采用自然循环形式，蒸汽出口的额定参数与主要用户配套，设计为 1.8 MPa、300 ℃。余热锅炉的受热面结构合理先进，能够适应加热炉负荷的大范围变化（如烟气流量和温度的波动）。在烟气量最大时，锅炉能正常运行，且汽水系统各部位内流速满足要求。

烟气余热回收排烟温度控制系统的主要作用是：余热锅炉给水在进入除氧器前，会在烟气低温区进行预热，即余热锅炉最末端受热面为给水预热器，进入除氧器的给水通过预热器后，温度通过给水旁通调节阀进行调整，温度范围为 40～159 ℃。通过调节给水预热器的流经水量，进而调节其吸热量，最终实现对排烟温度的调节。烟气余热回收排烟温度控制系统如图 7.11 所示。

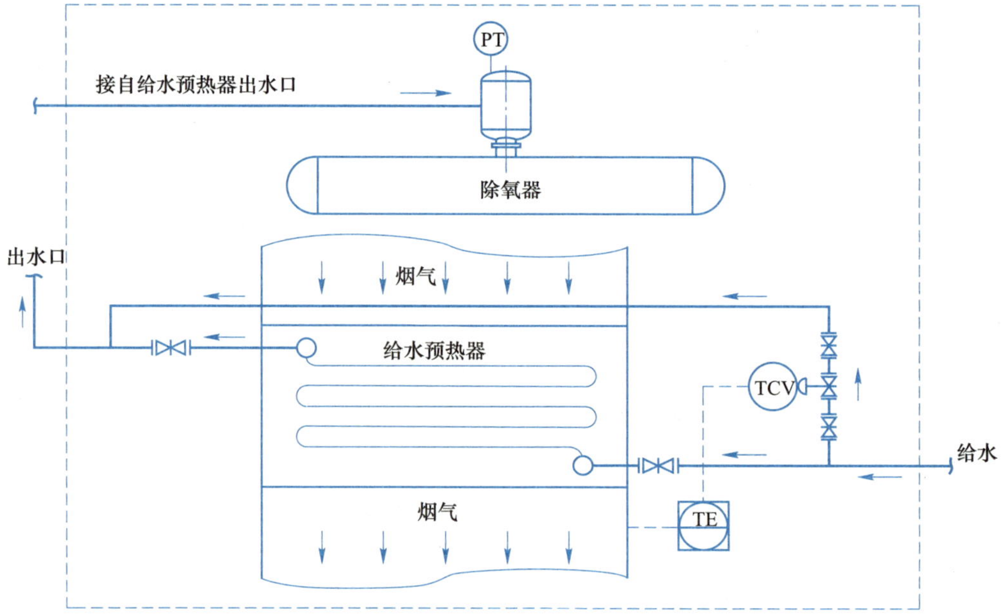

图 7.11 烟气余热回收排烟温度控制系统

（图中 PT 为电压互感器，TCV 为温度控制阀，TE 为温度检测元件）

该厂按每套加热炉余热锅炉的平均产量计算，每小时生产过热蒸汽（1.8 MPa，300 ℃）约 6.8 t。两套余热锅炉的蒸汽平均产量为 20.4 t/h。锅炉的用电设备包括锅炉补水泵、锅炉给水泵、引风机等，总用电负荷为 240 kW，消耗软水量约为 22 t/h，年作业时间为 7200 h，蒸汽价格为每吨 120 元，电价为每千瓦时 0.61 元，软水按每吨 10 元计算，年经济效益约为 1500 万元，年节约能源量折标煤 1.8×10^4 t，年减少温室气体 CO_2 排放量约为 4.49×10^4 t。

7.2.3 钢化联产中的余热综合利用

钢铁与化工联产的余热综合利用是指将钢铁生产过程中产生的大量余热资源，通过技术手段进行回收并应用于化工生产，实现能源的梯级利用和行业间的协同效应。这不仅能够有效降低能耗和生产成本，还能显著减少废气排放、提高资源利用效率，具有显著的经济效益和环保价值。

7.2.3.1 化工过程中的蒸汽余热回收再利用

在化工生产中，高温气体的产生涉及燃烧过程、高温反应以及各种热处理操作。以下是常见的几个高温气体产生环节：

（1）加热炉加热。加热炉用于加热原料、提供反应所需的高温环境。在燃烧过程中会产生高温烟气，温度可达几百到上千摄氏度。化工生产过程中常见的加热炉有裂解炉（用于乙烯、丙烯的生产）、加热炉（用于加热油气）、焚烧炉（处理有机废料）等。

（2）高温反应。化工生产中的高温反应包括裂解反应、氧化反应、水蒸气重整、高温合成反应、热解与气化反应等。这些反应都会产生释放高温的产物或副产品。

（3）焚烧与废气处理。化工企业会通过有机废气焚烧装置和尾气燃烧器等处理化工生产中产生的有害气体和有机废物，通过燃烧净化废气。焚烧过程会产生高温烟气，这些烟气的温度可高达900~1200 ℃。

在以上这些环节中产生的高温气体可以通过热交换器、余热锅炉、热泵技术、蒸汽蓄热系统和有机朗肯循环（organic Rankine cycle，ORC）等技术回收后用于厂内蒸汽网络回用、工艺预热、发电、供暖和制冷等。不仅提升了经济效益，还能缓解节能减排压力。

7.2.3.2 钢化联产过程中余热与余能的匹配和转换

如前文所述，钢铁生产涉及多个高温、高能耗的工艺过程，产生大量余热和余能。这些余热余能经过回收利用技术能为其他产业提供预热、电力、蒸汽和供暖。而化工产业，特别是炼化、氨生产、合成气生产等，需要大量的热量和能源。主要应用方向包括以下几方面。

（1）蒸汽：许多化工工艺如蒸汽裂解、反应器加热等需要大量的蒸汽。

（2）高温气体：用于各种反应的加热，如氧化、裂解、合成反应等。

（3）电能：化工设备如泵、压缩机等都需要消耗大量电能。

（4）化工原料：一些化工产品，如H_2、CO，可以从钢铁生产中的副产气中提取，作为化工反应的原料。

通过钢铁与化工联产，可以将钢铁生产中的余热、余能高效匹配到化工生产中，实现能源的综合利用。

以上海市为例，宝钢作为我国最大的钢铁生产企业之一，一直致力于推动清洁生产和节能减排，尤其在通过余热回收和副产气体利用来提高能源效率方面做了许多工作。与此同时，上海化学工业园区作为我国重要的石化产业基地，也强调资源共享与可持续发展，积极推动与周边企业的能源协同利用。宝钢将钢铁生产过程中产生的大量副产气体（如高炉煤气、焦炉煤气）通过余热回收系统转化为蒸汽或电能，这些能源通常被用于内部的加热和发电过程。部分余热可以通过区域能源中心或其他方式被外部企业如化学工业园区利用。这种跨行业的能源共享与转换模式符合当前我国工业循环经济和绿色发展的整体思路。

7.3 低品位余热利用

一般来说，离开热力系统的能量在回收时，回收利用的能级越高，能量回收率越大，做功损失就越小。能量存在不同的级别，能级如同势能一般，能量的品位越高，即能级越高。余热利用是提高经济性、节约燃料的一条重要途径。余热的可利用性和价值由数量和质量两个方面决定。余热的数量是指热量的大小，余热的质量是指余热的品位高低，可通过温度、压力及携带热量的介质给予表征。余热的品位越高、数量越大，其可用性和价值也就越大。前者指余热本身的品质和性质，它仅表示余热所具有的可用性。后者并不全由余热本身的品质所决定，还取决于余热所利用的场所、环境及利用的方法，即取决于使用余热的对象和条件，从而使不同品位的余热得到合理的利用。

虽然低品位余热的利用存在着一些困难，但由于在钢铁和化工生产过程中此类余热资源非常广泛且总量巨大，回收并利用这些余热可以带来显著的经济效益和环保效益。本节将从低品位余热的特点出发，介绍目前常见的低品位余热回收利用技术及其创新的应用模式。

7.3.1 低品位余热的特点与挑战

低品位余热有着温度低、分布分散、热量不稳定等特点，这些特点导致了利用低品位余热时面临诸多挑战。

7.3.1.1 技术挑战

低品位余热的温度通常低于200 ℃，相比中品位和高品位余热（如高温烟气、蒸汽），低品位余热中的能量密度较低，导致能量转化效率较低。低品位余热难以通过常规的热力发电方式高效转化为电能，或是直接用于其他生产用途，因而热量不易直接被利用。低品位余热主要存在于废气、废水和固体废弃物中，例如钢铁工业中产生的冷却水、低温烟气和炉渣热量等。此外，低品位余热的供应受工艺条件和生产周期的影响较大，导致热量释放的波动性较强。例如生产工序中的停产、设备检修等因素会导致余热的释放时断时续，难以实现连续稳定的回收利用。同时，低品位余热的温度和分散性使得传统的余热回收设备（如余热锅炉、汽轮机）难以适应，导致回收和利用效率低。开发适合低温工况的高效余热回收技术成为一大技术难点。这些技术需要在提升热力学转换效率和经济性之间取得平衡，同时还需考虑设备的可靠性和长寿命。

7.3.1.2 系统集成与匹配挑战

低品位余热常常在生产过程中以分散的形式存在，即热源较多，且各热源规模、温度、流量不均匀。热量分布不集中导致余热收集、集中处理和传输变得复杂，回收过程的能量损失和经济性问题显现。由于低品位余热具有不稳定性和分散性，因此如何在时间和空间上实现热量的存储与传输成为一大难题。常规的余热直接利用要求实时平衡供热与需求，但在需求低或余热供应不稳定时，热量容易浪费。热量存储技术（如蓄热装置、相变材料）和长距离传热技术的研发与应用，对余热的持续、高效利用至关重要，但这些技术的高成本和工程复杂性限制了其广泛应用。此外，低品位余热的利用需与其他能源系统（如供热、供电或制冷系统）进行集成，以最大化回收效率。然而，不同工业流程的热量需求差异较大，如何将余热与其他系统进行有效匹配，并设计出合适的耦合工艺流程是一个复杂的工程问题。特别是在区域能源供应中，钢铁厂等大型工业的余热回收如何与周边居民区、商业区等的能源需求实现精准匹配，也需要进一步的协调和优化。

7.3.1.3 经济性挑战

由于低品位余热的温度低、分布广，回收和转换所需设备的投资较高，而单位能量回收带来的效益较小，这使得企业在实施低品位余热回收项目时，往往面临较长的投资回报期，经济效益不明显，导致积极性不高。此外，改造现有生产线或安装新设备的成本也成为企业关注的关键问题。

7.3.2 低品位余热利用技术

目前，在工业体系中较为成熟的低品位余热回收利用技术包括热泵技术、低温发电技术和低温换热器技术。

7.3.2.1 热泵技术

热泵技术在低品位余热的回收与利用中具有重要作用，因为热泵能够有效将低温热源提升至更高温度，从而更适合工业、商业和居民供暖等应用。其核心原理是通过消耗少量的高品位能量（如电能），从低温环境中提取热量并将其转移到高温环境中，是低品位余热回收的理想解决方案。

热泵是一种基于制冷循环的设备，工作原理与制冷机类似，主要分为以下四个阶段：

（1）蒸发：低温的余热（如废水、废气等）进入蒸发器，导致制冷剂吸收热量并蒸发为气态。

（2）压缩：蒸发后的气态制冷剂进入压缩机，被压缩后温度和压力显著升高。

（3）冷凝：高温高压的制冷剂在冷凝器中释放热量，将热量传递给需要加热的流体（如空气或水），制冷剂则冷凝为液态。

（4）节流：冷凝后的液态制冷剂经过节流阀，压力和温度降低，重新进入蒸发器继续循环。通过上述循环，热泵可以将低品位的余热有效提升到更高的温度水平，从而使其具有更广泛的应用价值。

目前，热泵技术广泛应用于钢铁行业的冷却塔系统。冷却塔集中处理了钢铁企业大部分冷却水资源，这些冷却水中携带的余热可以通过热泵技术来进行高效的回收。

冷却塔余热回收装置如图 7.12 所示，冷却塔的循环水在经过工业设备冷却后，温度会升高至 30 ℃左右。热泵或换热器将冷却水引入余热回收系统中，并通过换热器将这部分热量传递给二次循环水。在使用热泵的系统中，低温热水经过蒸发器后会被冷媒吸收热量，冷媒在压缩机的作用下升温，并在冷凝器中释放高温热量。这个过程将冷却水的温度提升至 50~80 ℃，以便更广泛地应用于供暖和生活热水。提升温度后的热水通过循环水泵输送到各个用热终端，例如厂区供暖系统、生产工艺用水加热设备或生活热水系统。用过的水经过换热器或冷却塔降温后，继续进入循环系统。当用热需求低于热量回收量时，多余的热量会被储存在储热系统中。这样可以在用热需求高峰时释放储存的热量，保证系统的稳定供热。此外，部分钢厂会利用冷却塔的循环水作为预热设备进水，进一步提升整体能效。

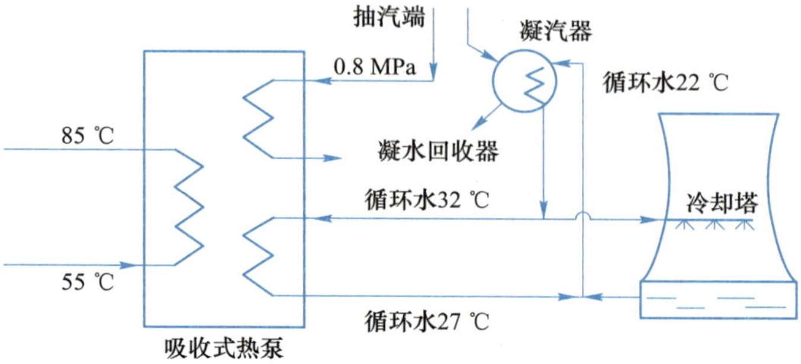

图 7.12 冷却塔余热回收装置

7.3.2.2 低温发电技术

低温发电过程的基本原理为：利用有机工质低沸点蒸发的热物理性质，经蒸发器与低温热源换热，蒸发为饱和或过热蒸汽推动膨胀机做功，将低品位热能转化为机械能，进而带动发电机发电。膨胀后的乏汽进入冷凝器冷凝为饱和液体，经工质循环泵加压进入蒸发器完成循环。

低温发电技术常用双螺杆膨胀机作为能量转化装置。螺杆膨胀机属于容积式膨胀机，适用于小流量，具有价格便宜、维修简单、运动速度相对较慢、能进行重负荷启动、允许液体参与膨胀的特点。螺杆膨胀机在气液两相的膨胀过程中，绝热效率达到 70%以上，适用于热源温度在 150 ℃以下的余热资源。

低温发电技术常用的工质主要有氨、CO_2、氟利昂类物质以及烷类物质。对于低温余热发电系统来说，这类有机工质具有突出的适应性和优越性。首先，有机工质的沸点低，可以在较低的蒸发温度下汽化，吸收汽化潜热，从而最大限度地利用热源所携带的中低温热能。其次，有机工质的潜热相对于水或其他工质要小（150~400 kJ/kg），吸收同样的热量，所能产生的蒸汽量大，这意味着，蒸发过程结束后，参与膨胀做功的工质的质量流量较大，系统的热电转换效率较高。最后，由于有机工质汽化潜热较小，传热温差小，换热过程中的不可逆损失较低。低温有机工质的双循环发电流程图如图 7.13 所示。

7.3.2.3 低温换热器技术

低温换热器是一种在低温环境下将热量从一个介质传递到另一个介质的设备，广泛应用于制冷、空调、工业过程、热泵等领域，可以有效地回收、传递和利用低温热能。低温换热器的设计和运行要求与常规换热器不同，因为它们需要在更低的温度下高效地传递热量，并应对低温操作带来的技术挑战。

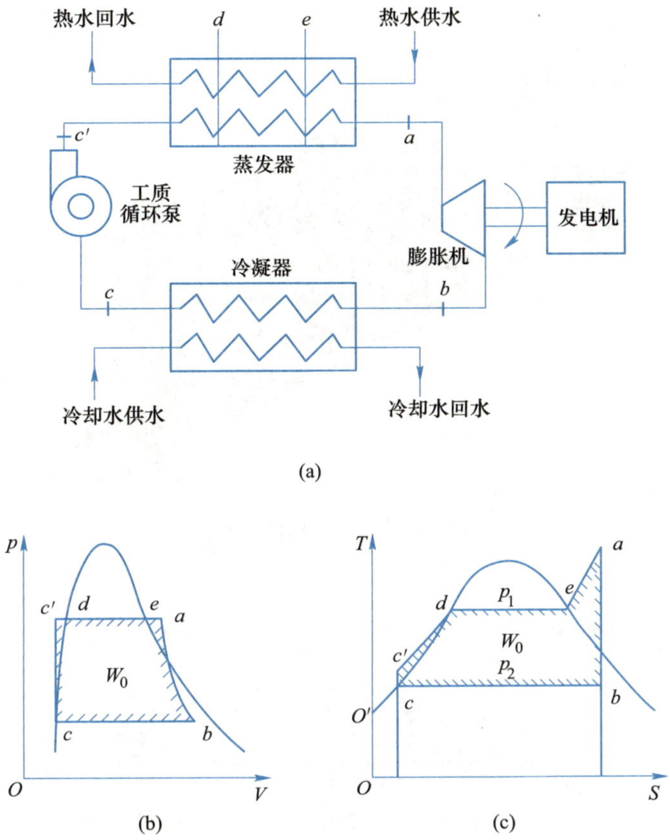

图 7.13 低温有机工质的双循环发电流程图（a）及其 p-V 图（b）、T-S 图（c）

（a—b 为等熵膨胀；b—c 为定压冷却；c—c′为等熵压缩；c′—a 为定压吸热；d 和 e 为相变点）

根据应用场景和换热器的结构设计，低温换热器主要有以下几种类型。

（1）板式换热器。板式换热器由多个薄板叠加而成，每两块板之间形成流道，冷热流体在相邻流道中流动进行热交换。板式换热器因其高效的传热性能、紧凑的结构和较大的传热面积，常用于小型和中型低温应用，如制冷设备中的蒸发器和冷凝器。板式换热器的示意图如图 7.14 所示。

（2）管壳式换热器。管壳式换热器由一束传热管和外壳构成，热流体在管内流动，冷流体则在管外（壳侧）流动。此类换热器的传热面积大，适用于工业制冷系统或大规模热泵系统中的低温操作，同时，其具有较强的机械强度，能够在较高的压力差下稳定运行。管壳式换热器的示意图如图 7.15 所示。

（3）螺旋板式换热器。螺旋板式换热器由两片金属板卷成螺旋形，形成两个独立的流道，冷热流体在其中流动进行热交换。螺旋板式换热器具有较小的压降、紧凑的结构和较高的热传导效率，常用于工业废热回收和低温制冷工艺中。螺旋板式换热器的示意图如图 7.16 所示。

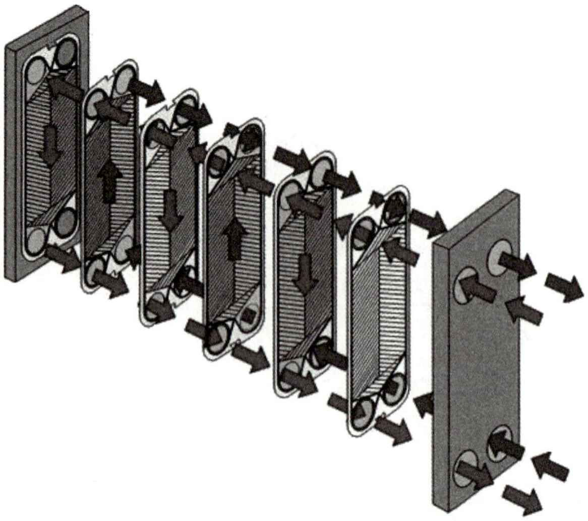

图 7.14 彩图

图 7.14　板式换热器示意图

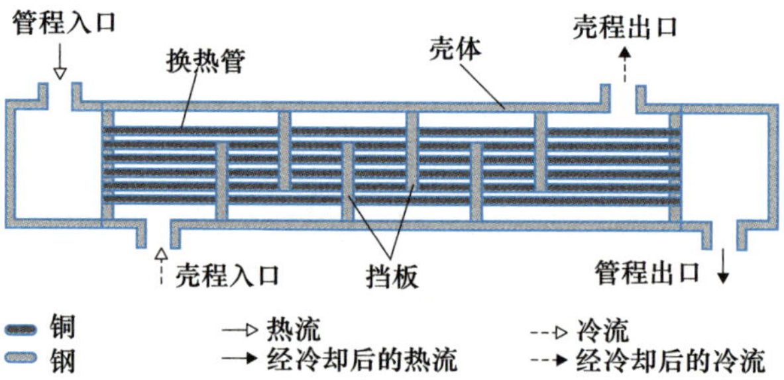

图 7.15 彩图

图 7.15　管壳式换热器示意图

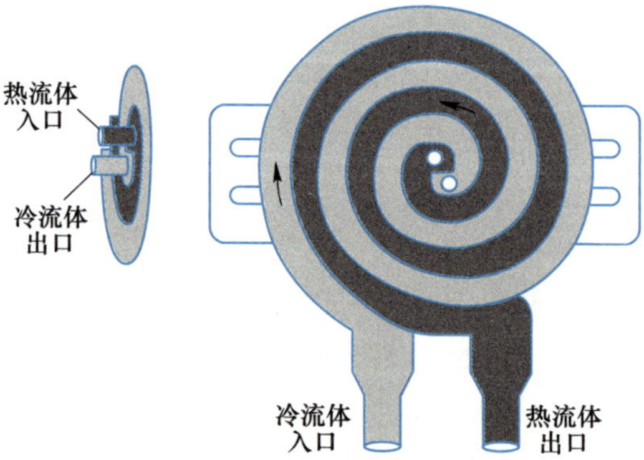

图 7.16 彩图

图 7.16　螺旋板式换热器示意图

（4）翅片管式换热器。翅片管式换热器在管外安装翅片，以增大表面积，从而提高传热效果。此类换热器常用于空气与流体之间的低温热交换（如空气源热泵中的蒸发器），因为翅片能有效增加与空气的接触面积，提高传热速率。翅片管式换热器的示意图如图 7.17 所示。

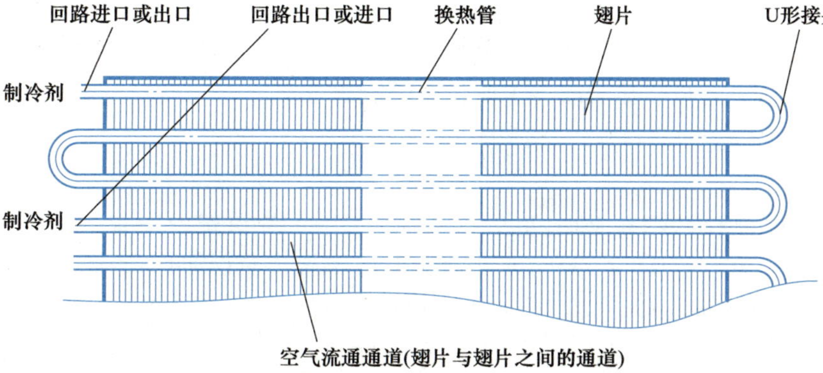

图 7.17 翅片管式换热器示意图

7.3.3 低品位余热利用的创新模式

尽管这些余热资源的温度较低，直接利用存在一定挑战，但通过创新技术的应用，可以将这些通常被忽视的能量转化为有用的形式，为多个领域的发展提供支持。低品位余热的利用方向多种多样，包括制冷与空调系统的辅助、建筑供暖、工业过程的预热系统以及农业中的温室控温技术等。这些利用方向不仅有助于显著减少化石能源的消耗和碳排放，还能在经济上为各行业带来成本节约。随着对低品位余热利用技术的不断研究和政策的推动，这一领域的发展将继续为环境和经济的双重收益提供坚实的基础。

7.3.3.1 低品位余热用于暖通空调

将低品位余热应用于暖通空调（HVAC）系统是一种有效提升建筑能源效率和环境可持续性的策略。低品位余热通常指温度较低的废热，来自工业过程、数据中心或其他热源。这些余热虽然无法直接用于高温需求，但通过创新的热交换技术和热泵系统，可以在暖通空调领域中发挥重要作用。

在供暖方面，低品位余热可以作为热泵的低温热源，通过提升温度将其转化为建筑供暖所需的热能。这种方式不仅能大幅降低化石燃料的使用，还能减少 CO_2 的排放，符合现代建筑对低碳排放的要求。在制冷方面，吸收式制冷技术可以利用余热产生冷水，从而为建筑提供冷气。这些系统在炎热的气候中尤其有用，此时空调需求高涨，而利用余热制冷可以降低电力需求高峰，平衡电力使用。

此外，通过集中供热与制冷系统，可以实现余热在城市或区域内多建筑之间的高效分配。这种系统优化了资源的利用方式，提升了整体能源使用效率。随着余热回收技术和暖通空调系统的不断创新与集成，低品位余热的利用将为建筑行业提供更广阔的节能减排空间，为实现建筑环境的绿色可持续发展提供可靠的支持。

7.3.3.2 低品位余热辅助工艺预热

低品位余热辅助工艺预热是一种旨在提高整体能源效率的技术，可以减少对额外能源的需求，从而节约能源和降低成本。

该技术通过将低品位余热导入换热器，用于加热原材料或工艺流体。利用热泵将低温余热提升到更高温度，以满足工艺需求。在热需求不平衡时，使用热储存装置来存储和调节余热。总之，低品位余热辅助工艺预热是一种经济、环保且具有潜力的节能技术。通过适当的设计和实现，它可以显著改善工业过程的能源效率。

参考文献

[1] 张敏．余热回收技术在钢铁行业的应用及节能潜力分析［J］．资源节约与环保，2015（8）：8-9.

[2] ZHANG X，WANG S，WU Z，et al. Optimizing heat transfer and solidification crystallization in dry granulation of blast furnace slag［J］. Powder Technology，2024，447：120202.

[3] XUE X，ZHU Y，LIU X，et al. 1. 05 MW molten salt furnace experimental investigation of full-conditional thermal energy storage for the transfer and storage of waste heat from blast furnace gas［J］. Renewable Energy，2024，231：120955.

[4] MA G，CAI J，ZENG W，et al. Analytical research on waste heat recovery and utilization of China's iron and steel industry［J］. Energy Procedia，2012，14：1022-1028.

[5] GUO Z，FU Z. Current situation of energy consumption and measures taken for energy saving in the iron and steel industry in China［J］. Energy，2010，35（11）：4356-4360.

[6] HE K，WANG L. A review of energy use and energy-efficient technologies for the iron and steel industry［J］. Renewable and Sustainable Energy Reviews，2017，70：1022-1039.

[7] ARIYAMA T，TAKAHASHI K，KAWASHIRI Y，et al. Diversification of the ironmaking process toward the long-term global goal for carbon dioxide mitigation［J］. Journal of Sustainable Metallurgy，2019，5：276-294.

[8] LI H，LIANG J. Utilization technology of metallurgical waste heat［J］. Advanced Materials Research，2014，886：465-468.

[9] ZHANG X，BAI H，HAO J，et al. Waste energy recovery technology of iron and steel industry in China［C］//LIU X B，LIU Z D，BRINKMAN K，et al. Energy Materials 2017. Springer：2017，3-15.

[10] 张涛，周园园，贾楠楠．钢铁行业余热资源分布与特点［J］．冶金动力，2023（5）：108-113.

[11] 郑莹，蔡九菊，董辉．烧结余热利用与竖罐式回收技术研究［C］//中国科学技术协会．钢铁工业绿色制造发展高端论坛 2018 年全国冶金能源环保会议文集，2018：7.

[12] LI G，YANG Y，XIAO Y，et al. Flue gas waste heat thermoelectric generator：Laboratory experiment and demonstration application［J］. Case Studies in Thermal Engineering，2024，61：104953.

[13] FAN C，WEI R，CHENG T，et al. The positive contributions of steel slag in reducing carbon dioxide emissions in the steel industry：Waste heat recovery，carbon sequestration，and resource utilization［J］. Chemical Engineering Journal，2024，498：155379.

[14] DUAN W，LI R，WANG Z，et al. Breaking boundaries in slag waste heat recovery：Review and future perspective of dry centrifugal granulation technology［J］. Process Safety and Environmental Protection，2024，191（PA）：315-344.

[15] 刘伟．某炼钢厂 120 t 转炉余热锅炉节能改造［J］．冶金动力，2023（4）：61-64.

[16] BROBERG V S，JONANSSON M T. Technologies for utilization of industrial excess heat：Potentials for

energy recovery and CO_2 emission reduction [J]. Energy Conversion and Management, 2014, 77: 369-379.

[17] BENIG M, MARECHAL F, FAVRAT D. Defining "Waste Heat" for industrial processes [J]. Applied Thermal Engineering, 2013, 61 (1): 134-142.

[18] ZHANG H, DONG L, LI H Q, et al. Investigation of the residual heat recovery and carbon emission mitigation potential in a Chinese steelmaking plant: A hybrid material/energy flow analysis case study [J]. Sustainable Energy Technologies and Assessments, 2013, 2: 67-80.

[19] MCHENNA R C, NORMAN J B. Spatial modelling of industrial heat loads and recovery potentials in the UK [J]. Energy Policy, 2010, 38 (10): 5878-5891.

[20] LU H, PRICE L, ZHANG Q. Capturing the invisible resource: Analysis of waste heat potential in Chinese industry [J]. Applied Energy, 2016, 161: 497-511.

[21] 方豪，王春林，林波荣. 我国钢铁余热清洁供暖现状和产能调整下的余热潜力预测 [J]. 建筑节能，2019，47 (6): 106-111.

[22] DELIKONSTANTIS E, CAMERIN M, CHION L, et al. Waste heat recovery and valorization to electricity and steam: Use of Heat2Power tool in a real case study from the steel industry [J]. Chemical Engineering and Processing-Process Intensification, 2024, 203: 109896.

[23] 刘伟. 热轧加热炉烟气余热回收利用技术 [J]. 冶金动力，2014 (8): 56-58.

[24] 李少强. 焦化炉废气余热回收利用的技术研究 [J]. 山西化工，2024，44 (2): 248-250.

[25] DENG Y. Simulation study of a flue gas waste heat and water co-recovery system [J]. Journal of Physics: Conference Series, 2024, 2835 (1): 012078.

[26] YAN L, LIU J, YING G, et al. Simulation analysis of flue gas waste heat utilization retrofit based on ORC system [J]. Energy Engineering, 2023, 120 (8): 1919-1938.

[27] YUAN Y, RONG T, YU H, et al. Investigation on formation and combustion process of carbon deposits from coke oven riser during waste heat recovery [J]. Fuel, 2024, 373: 132311.

[28] PASHCHENKO D, KARPILOV I, POLYAKOV M, et al. Techno-economic evaluation of a thermochemical waste-heat recuperation system for industrial furnace application: Operating cost analysis [J]. Energy, 2024, 295: 131040.

[29] 李虎，张于峰，李鑫钢，等. 低温发电系统在精馏工艺中的节能技术 [J]. 化工进展，2013，32 (5): 1187-1193.

[30] CHEN J, TIAN C. Thermodynamic analysis of heat pump heating system based on flue gas waste heat recovery [J]. Journal of Physics: Conference Series, 2024, 2840 (1): 012034.

[31] 杨晓晨. 低品位余热的有机朗肯循环发电系统的实验分析与优化设计 [D]. 天津：天津大学，2012.

[32] MATTEO B, AMBRA G, GIUSEPPINA L D, et al. Techno-economic analysis of a sCO_2 power plant for waste heat recovery in steel industry [J]. Energy Reports, 2020, 6 (S8): 298-304.

[33] 马光宇，李卫东，张天赋，等. 高炉煤气锅炉与CCPP的发电经济性比较 [J]. 冶金能源，2018，37 (6): 11-14，24.

[34] LIU X, SAREN S, CHEN H, et al. Dynamic performance analysis of adsorption heat transformer system driven by large pressure jump for low-grade waste heat upgrade [J]. Applied Energy, 2025, 377

(PA)：124478.

[35] 陈增良，徐伟胜，丁晨，等. 管壳式换热器换热管强化传热研究 [J]. 化工设备与管道，2024，61 (4)：19-30.

[36] LI S, XIAO Z, SHI Y, et al. An eco-friendly system of thermally regenerative battery-driven electrochemical CO_2 reduction: In-situ harvesting of low-grade heat as electrical power for reducing CO_2 emissions of flue gas [J]. Energy Conversion and Management, 2024, 321: 119029.